Charles Fort

GESAMMELTE WERKE

Charles Fort

NEULAND

Aus dem Amerikanischen übersetzt
von Jürgen Langowski

Mit einem Vorwort von
Ulrich Magin

Zweitausendeins

1 Zoll = 2,54 cm
1 Fuß = 12 Zoll = 0,3048 m
1 Meile = 1,6093 km
1 Faden = 6 Fuß = 1,829 m
1 Acre = 4046,8 m²
1 Quadratmeile = 259 ha; 1 ha = 10000 m²
1 Pfund = 16 Unzen = 453,59 g

Deutsche Erstausgabe.
1. Auflage, Juni 1996.

Die amerikanische Originalausgabe erschien 1923 unter dem Titel »New Lands«.

Lektorat Dr. Hans J. Becker.
Das Umschlagbild machte Kriki.
Das Frontispizfoto stellte freundlicherweise die Fortean Picture Library in Clwyd, Großbritannien, zur Verfügung.
Umschlaggestaltung Angelo Marabese.
Satz und Herstellung Dieter Kohler & Bernd Leberfinger, Nördlingen.
Druck Buch- und Offsetdruckerei Wagner GmbH, Nördlingen.
Gebunden bei G. Lachenmaier, Reutlingen.
Printed in Germany.

Dieses Buch gibt es nur bei Zweitausendeins
im Versand (Postfach, D-60381 Frankfurt am Main) oder
in den Zweitausendeins-Läden in Berlin, Düsseldorf, Essen, Frankfurt, Freiburg, Hamburg, Köln, München, Nürnberg, Saarbrücken, Stuttgart.

In der Schweiz über buch 2000, Postfach 89, CH-8910 Affoltern a. A.

ISBN 3-86150-172-4

Biographische Anmerkung

Charles Fort wurde am 6. August 1874 in Albany, New York, geboren. Er starb am 3. Mai 1932 in der Bronx. Den größten Teil seines Lebens verbrachte er in New York, doch in den zwanziger Jahren lebte er mehrere Jahre in London. 1919 erschien *The Book of the Damned*, dessen deutsche Übersetzung *Das Buch der Verdammten* 1995 bei Zweitausendeins herauskam. *New Lands* wurde 1923 veröffentlicht und liegt hiermit erstmals in deutscher Übersetzung vor. *Lo!* kam 1931 und *Wild Talents* 1932 heraus (deutsche Ausgaben in Vorbereitung). Neben seinen Datensammlungen veröffentlichte er auch den Roman *The Outcast Manufacturers*.

Charles Fort (1874–1932) im Alter von 19 Jahren

Ulrich Magin
Charles Forts Neuland – Betreten auf eigene Gefahr

Es ist schwer, sich einen größeren Kontrast vorzustellen als den zwischen den beiden Freunden Theodore Dreiser und Charles Fort, zwischen dem reichen Lebemann mit seiner eleganten Stadtwohnung und dem geräumigen Landhaus auf der einen und dem zurückhaltenden, stillen Philosophen auf der anderen Seite.

Theodore Dreiser gilt als der bedeutendste amerikanische Romancier des frühen 20. Jahrhunderts. Als amerikanischer Thomas Mann beschreibt er in Romanen wie »Schwester Carrie«, »Jenny Gerhardt«, »Der Titan« und »Eine amerikanische Tragödie« Aufstieg und Fall von Geldaristokratien und das Leben der einfachen Menschen.

Im Gegensatz zu Dreiser hatte es Fort als Schriftsteller finanziell nicht weit gebracht. »Das Buch der Verdammten« war nur erschienen, weil Dreiser seinen Verleger Horace Liveright zu der Veröffentlichung genötigt hatte – sollte Liveright Forts Buch nicht herausbringen, wollte Dreiser den Verlag wechseln. Doch die kleine Auflage von Forts erstem Buch verkaufte sich nur langsam, und Fort, der unermüdliche Jäger und Sammler von unerklärten Ereignissen, lebte weiterhin in bescheidensten Verhältnissen.

Dreiser war ein Bestsellerautor. Besonders hatte seine Leser wohl gelockt, daß Moralvereine ihn wegen der angeblichen Obszönität seiner Bücher attackierten, denn Dreiser beschrieb Sexualität in – für die damalige Zeit – ungekannter Offenheit. Ironisch beklagte sich Fort deshalb in einem Brief bei seinem Freund: »Hohepriester des Bösen: Verdammt! Rede mit mir! Sag mir! Was muß ich tun, um verrucht zu sein? Ich schreibe von der Anziehung zwischen Planeten und Atomen. Das sind Gelüste. Aber, selbst um mich zu retten, ich kann nichts Böses in chemischen und astronomischen Verruchtheiten zeigen.«

Dreiser bewunderte Forts unkonventionelle Sicht der Welt. Als er gebeten wurde, einen Klappentext für Forts drittes Buch »Lo!« zu schreiben, um den Verkauf des Titels anzukurbeln, gab er sich erstaunt: Ausgerechnet für Fort sollte er Werbung machen, »der faszinierendsten literarischen Figur seit Poe?«

Ja, Charles Fort, der trotz seiner Originalität und trotz seines freizügigen Umgangs mit unserem Weltbild ungelesen blieb, hatte Werbung nötig. Verrucht und verrufen waren die »verdammten Daten«, die er geduldig in Büchereien zusammensammelte, doch sie lockten die Leser nicht. Wohl war Fort für die jungen Schriftsteller Amerikas eine Art Idol. Ob es sich um Booth Tarkington (dessen »The Magnificent Ambersons« von Orson Welles verfilmt wurde) oder um Ben Hecht, den »Shakespeare von Hollywood«, handelte, sie alle bewunderten Fort und priesen seine Werke bei jeder passenden und unpassenden Gelegenheit. Die »New York Times« feierte ihn. George Grosz zeichnete ihn. Genutzt hat ihm die Bewunderung wenig. Fort blieb bis zu seinem Tod ein Autor ohne Leser. Eben das, was man heute einen »Geheimtip« nennt.

Neuland

Warum dieses Mißverhältnis zwischen Begabung und finanziellem Ertrag so kraß war, läßt sich leicht auch an »Neuland« nachvollziehen, Forts zweitem Streich nach dem »Buch der Verdammten«: Der Mann war seiner Zeit zu weit voraus. Man kann »Neuland« an jeder beliebigen Stelle aufschlagen und stellt fest, daß Fort hier, ein Vierteljahrhundert vor der Sichtung der ersten fliegenden Untertasse, bereits ein UFO-Buch geschrieben hat. Selbst Erich von Däniken und seine Prä-Astronautik finden wir bereits, etwa in Kapitel 18, wenn Fort Engelserscheinungen als Sichtungen von Außerirdischen erklärt. Als endlich UFO-Bücher zu Bestsellern wurden, war Fort nicht nur längst gestorben, die Leser bevorzugten auch leichtere Kost. Denn Forts Theorien sind ein gefährliches Glatteis, auf das er seine Bewunderer schubst. Wir brechen durch, doch der doppelte Boden hält uns.

Als er »Neuland« schrieb, hatte Fort über 60000 Zettel mit Nachrichten über das Unerklärliche zusammengetragen. Er hatte sie in jahrelanger Arbeit in den Büchereien von New York und London in wissenschaftlichen Zeitschriften und Tageszeitungen gesammelt. Er sortiert sie in »Neuland« etwas anders als im »Buch der Verdammten«. Führt er dort die »Daten«, die »Verdammten«, noch wie eine Kuriositätenparade an unseren Augen vorbei, als nimmerendende Prozession anomaler Fakten, so ordnet und systematisiert Fort sie in »Neuland«, um auf ihrer Grundlage ein neues Weltbild zu schaffen.

Forts Generalangriff auf die Astronomie in »Neuland« besteht aus zwei voneinander getrennten Teilen: Im ersten Teil beschäftigt er sich mit Fehlern und falschen Berechnungen der Astronomen. Er führt Fälle auf, bei denen das Erscheinen eines Kometen berechnet wurde, aber kein Komet auftauchte. Er berichtet von Planeten, die zwischen Erde und Sonne entdeckt und nie verifiziert wurden. Er belegt, daß aus der Unmenge voneinander abweichender astronomischer Berechnungen zum Schluß die gewählt wurden, die mit den beobachteten Fakten übereinstimmten. Er listet Entdeckungen von neuen Sternen auf, die Laien machten – monatelang hatten die Astronomen nichts gemerkt. »Der ungünstigste Ort für astronomische Beobachtungen ist wohl die U-Bahn«, meint er, »obwohl es ein Observatorium auch tut«. In den Astronomiebüchern lesen wir nur von den Siegen. Die Niederlagen mußte Fort aus den vergilbten Seiten der Fachjournale selbst zusammentragen.

Diese fehlerhafte Astronomie ersetzt er im zweiten Teil durch eine eigene Vision: Das Universum ist klein, die Sterne sind nahe. Fort erzählt von Lichtern und Luftschiffen am Himmel, von Leuchterscheinungen auf dem Mond und dem Mars, schließlich von den Städten und den Straßen auf dem Mond, die der Astronom Gruithuisen durch sein Fernglas beobachtet und genau beschrieben hat. Er zitiert Berichte über Geisterarmeen und Phantomstädte am Himmel über Alaska und Irland und stellt die provokante Frage, ob es sich bei diesen Soldaten und Luftschiffen um Besucher aus »neuen Welten« gehandelt hat – außerirdischen Welten, die wir hin und wieder als dunkle Flecken vor der Sonnenscheibe oder als exotische schwebende Städte am Firmament wahrnehmen.
Diese Beobachtungen sind nicht selten. Mit buchhalterischer Pedanterie füllt Fort Seite um Seite von »Neuland« mit Sichtungen von Lichtern und Leuchterscheinungen. Nur einmal unterbricht er diese Litanei, als sich der Dichter in ihm zu Wort meldet: »Wenn wir einmal innehalten und singen könnten, statt unablässig aus der Literatur mal diesen Band und mal jene Seitenangabe zu notieren, dann hätten wir den Stoff für neue Sagen – von denen, die in der Sonne baden und denen es weder unerträglich heiß noch ungemütlich kalt ist; und von dem Einsiedler, der über den Mond hinwegschwebt; von Helden und den behaarten Ungeheuern des Himmels. Ich sollte auf öffentlichen Plätzen stehen und unsere Daten singen – Sagen von Paraden und Forschungsreisen und Massakern am Himmel – ich sollte eine eifrige Gruppe von Begleitmusikern haben, die nebenher Feuerwerk abschießen, Ballons steigen lassen und in regelmäßigen Abständen Explosionen zünden – extrageographische Lieder von kochenden Seen und schwebenden Inseln – extra-soziologisches Versmaß, das das Trampeln der Weltraumarmeen auf interplanetarischen Wegen wiedergibt; auf Wegen, die mit kleinen schwarzen Kieseln bedeckt sind – biologische Epen über ganze Wolken aus Mammuten und Pferden und Antilopen, die vor langer Zeit einmal an der Nordküste Sibiriens vom Himmel gefallen sind. Aber es könnte schließlich

doch besser sein, wenn wir zum *Report of the British Association* zurückkehren.« So fügt sich Fort in sein Chronistenschicksal, und weiter geht es mit Luftschiffen und Mondlichtern.

Die Welt ist klein

Sind wir nicht, fragt sich Fort angesichts seiner Daten, in der Lage der Indianer im Jahre 1492? Sehen wir die Lichter von Kolumbusschiffen, aber begreifen nicht, was da auf uns zukommt? Sind nicht die Astronomen, die »Priester« der Wissenschaft, zu vergleichen mit den Medizinmännern, die die aufgebrachten Indios beruhigen mit fadenscheinigen Erklärungen, während sich ganz langsam eine außerirdische Santa Maria unserer Erde nähert?

Die Ablehnung des Kosmos der Astronomen und die Feststellung, daß Besucher von anderen Welten zu uns kommen, führt Fort dazu, das mittelalterliche Weltbild wieder anzunehmen, nach dem die Erde im Mittelpunkt des Universums steht und die Sterne an feststehenden Schalen um sie rotieren. Und diese Schalen, hinter denen sich das »Neuland« befindet, sind nicht weit entfernt - nahe genug zumindest, um einen Besuch von den Bewohnern der außerirdischen Welten bei uns zuzulassen: »Jenseits von Vorstellungen, die manchmal wie ein Fieberwahn wirken mögen, biete ich - hinreichende Gewißheit - daß es irgendwo jenseits einer rotierenden Hülle, in welcher die benachbarten Sterne Öffnungen sind, stationäre Regionen gibt, denen bei vielen Gelegenheiten »Meteore« entsprungen sind.«

Eine solche Weltsicht fällt auf den zurück, der sie verbreitet. In einer Zeit, in der nicht einmal ein neuer Start des Spaceshuttles die Zuschauer vor den Fernsehschirm lockt, in der täglich gestochen scharfe Fotos vom Jupiter zur Erde gefunkt werden und Sonden bereits unser Sonnensystem verlassen haben, klingt Forts archaisches Weltbild nur noch albern, trotzig vielleicht, auf jeden Fall kann es nicht mehr überzeugen.

Im Jahr 1970, noch ganz unter dem Eindruck der amerikanischen Mondlandungen, schrieb daher der bekannte Science-fiction-Autor und erste Biograph von Charles Fort, Damon Knight, Teile von »Neuland« seien für den modernen Leser nur noch peinlich.

Per Achterbahn durchs Universum

Aber das ist ein ganz und gar falsches Argument. Manchmal fällt es sogar Forts Anhängern schwer, ihren Meister zu verstehen. Wer wie Knight argumentiert, übersieht das breite Grinsen in Forts Gesicht. »Hin und wieder schreiben mir Bewunderer Briefe«, schrieb Fort einmal, »und wollen mich überzeugen, an meine Theorien zu glauben«. Aber: »Ich glaube kein Wort von all dem, was ich geschrieben habe. Ich kann nicht akzeptieren, daß Produkte des Bewußtseins die Grundlage eines Glaubens sein sollen.«

Charles Fort will mit seiner grotesken Konstruktion einer stillstehenden Erde in einer Schale zeigen, wie willkürlich Weltbilder aus einer Unmenge von Daten erstellt werden. Auf gut deutsch: Fort präsentiert uns die traditionelle Sicht der Welt und er präsentiert uns eine absurde Sicht der Welt. Beide basieren auf den gleichen astronomischen und empirischen Beobachtungen, beide Weltbilder klassifizieren die jeweils tragenden Säulen des anderen Weltbildes als »verdammt«. Es liegt an uns, herauszufinden, ob nun Forts Sicht die Wirklichkeit trifft oder nicht, oder ob die astronomische Sichtweise gerade so absurd ist wie Forts Thesen. Schließlich müssen wir, wenn wir »Neuland« lesen, unsere eigene Leichtgläubigkeit überprüfen – ganz gleich, ob wir Anhänger der astronomischen oder unorthodoxen Sichtweise sind. Nicht Fort ist albern, sondern wir, die wir uns von Argumenten so schnell überzeugen lassen. Wer so naiv ist, aufs gedruckte Wort zu vertrauen, der verdient ein mittelalterliches Weltbild. Fort predigt einen absoluten Skeptizismus: nicht nur gegenüber der Orthodoxie und der

Unorthodoxie, sondern auch gegenüber sich selbst und seinen Ansichten.

»Neuland« ist ein Meisterwerk der phantastischen Spekulation. Auf jeder Seite kann man Forts absurden und exzentrischen Humor finden. Das Buch liest sich wie ein von Monty Python geschriebener Wegweiser durchs Weltall – nur, und das ist das Verstörende, jede Beobachtung darin ist genau dokumentiert.

Als »Neuland« 1923 in Amerika zum ersten Mal erschien, konnte der bekannte Romanautor Booth Tarkington nur noch staunen: »Selbst die wildesten Erdbeben dieser Welt sind nur ein Sturm im Wasserglas verglichen mit den Visionen, die Charles Fort vor unseren Augen erschafft.« »Fünf von sechs Menschen, die dieses Buch lesen, verlieren den Verstand«, stellte Hitchcocks Drehbuchautor Ben Hecht fest.

»Neuland« ist Charles Forts Achterbahnfahrt durchs Universum – schnallen Sie sich an und halten Sie ihren Verstand fest.

ERSTER TEIL

KAPITEL 1

Länder im Himmel –
Daß sie in der Nähe sind –
Daß sie sich nicht bewegen.
Ich nehme als Prinzip an, daß alles Sein das unendlich Aufeinanderfolgende ist, und daß alles, was jemals war, wenn auch in Einzelheiten unterschiedlich, wieder sein wird –
Das letzte Viertel des fünfzehnten Jahrhunderts – Land im Westen!
Das erste Viertel des zwanzigsten Jahrhunderts – wir werden Zeugen von Offenbarungen sein.
Es wird Daten geben. Es werden viele sein. Hinter diesem Buch – allesamt bisher nicht veröffentlicht oder als dessen Reservetruppe zurückgehalten – stehen Hunderte weiterer Daten. Doch ganz unabhängig davon nehme ich als Prinzip an, daß alles Sein ein Fluß und ein Gegenfluß ist, wo auf Phasen der Expansion solche der Kontraktion folgen; daß nur wenige Menschen weiträumig denken können, wenn die Zeiten beengt sind, daß aber von Menschen errichtete Schranken nicht die Weiterungen der Gedanken und des Lebens und des Unternehmungsgeistes und der Souveränität unterdrücken können, wenn die Zeiten weiträumige Zeiten sind – und daß die Prachtentfaltung fremder Küsten, die sich nach dem Jahre 1492[1] hinter vormals leeren Horizonten dem Blick darboten, im Zuge der Entwicklung nicht die einzige verblüffende Aufhebung scheinbarer Leere bleiben kann – daß der Geist oder die Bewegung und die Reize und Bedürfnisse des fünfzehnten Jahrhunderts abermals auftauchen, und daß die gleiche Belohnung winkt –

[1] Christoph Kolumbus entdeckt die neue Welt.

Nachwirkungen des Krieges wie im Jahre 1492: die Notwendigkeit von Anpassungen; die wachsende und ruhelose Bevölkerung, Revolten gegen Beschränkungen, unerträgliche Behinderungen der Auswanderung. Jungen Männern wird nicht länger geraten, ihr Glück an der »Frontier« zu suchen, neues Land im Westen zu erobern[2]. Doch sie wollen oder müssen in die Welt hinaus. Wenn den Jüngling aber die Himmelsrichtungen nicht locken, hört er vielleicht eine Einladung in die Himmelsdimensionen. Es gibt viele Menschen, die nicht selbst nachgeforscht haben und dennoch glauben, daß beide Pole der Erde entdeckt wurden. Es gibt zu viele Frauen, die luxuriös ins »dunkelste Afrika« reisen. Die Eskimo in Disco, Grönland, geben eine Zeitung heraus. Ein Ausweg ist nötig, sonst kommt es zur Explosion –

Ausweg und Einladung und Gelegenheit –

San Salvadors[3] am Himmel – ein Plymouth Rock[4], der am Himmel über Serbien hängt – eine fremde Küste, von der Stürme Dinge zur Stadt Birmingham in England getragen haben.

Oder aber die geistig Erstarrten oder Sterbenden werden ihre Denkverbote bekräftigen, und der kalte Hauch ihrer Zensur wird unser Leben einengen und sogar auslöschen, bis es, ohne sich versündigt zu haben, ein Inbegriff von Materie ist, der die Bewegungsfähigkeit geraubt wurde. Ihr Ideal ist der Tod oder eine nahe Vorstufe – nur hin und wieder gerade so weit erwärmt, um gleichförmige, schmückende Eiszapfen zu bilden –, vor dem es kein Entrinnen gibt, wenn es für die Lebenden und die Sündigen und die Abenteuerlustigen nicht doch irgendwo ein neues San Salvador gibt oder einen Plymouth

[2] »Go West!« Sprichwörtlich gewordene Aufforderung des amerikanischen Journalisten und Politikers Horace Greeley (1811–1872) an potentielle Siedler und Pioniere.

[3] Gemeint ist die heutige Watlingsinsel, indianisch Guanahani, die bei der Entdeckung San Salvador genannt wurde. Dort war Christoph Kolumbus 1492 gelandet.

[4] Landeplatz der »Pilgerväter«, der ersten puritanischen Siedler in Neuengland (November 1620).

Rock mit umgekehrter Bedeutung oder Küsten von Himmelskontinenten.
Aber jedes Bewußtsein, das wir von Bedürfnissen haben, sowie all die Scharen, Trupps und Unterabteilungen von Daten, die auf eine mögliche Erfüllung unserer Bedürfnisse hinweisen, stoßen auf Widerstand – nicht auf den Widerstand der Orthodoxie der gewöhnlichen Puritaner, sondern auf den Widerstand der Puritaner der Wissenschaft mit ihrer strengen, entmutigenden, verdorrten oder erstarrten Orthodoxie.
Inseln im Raum – siehe *Scientific American*, dieser Band und jene Seite – Berichte aus den *Reports of the British Association for the Advancement of Science* – oder aus *Nature*, und so weiter – von wenigen Ausnahmen abgesehen, wird man die Quellen unserer Daten kaum einmal höhnisch belächeln können. Was unsere Interpretationen angeht, so halte ich sie freilich auch selbst eher für Vorschläge, für ein unsicheres Tasten und vor allem für Denkanstöße. Inseln im Raum und die Flüsse und die Ozeane einer Extra-Geographie –
Bleibt hier verwurzelt und verzichtet auf Erlösung – oder besteigt einen Strahl der Morgenröte und paddelt von Rigel zu Beteigeuze. Wenn nicht akzeptabel ist, daß es solche Flüsse und Ozeane jenseits der Erde gibt, dann steigt auf Dampfschiffe und reist mit ihnen nach Fahrplänen, auf die man sich verlassen kann, eßt auf ihnen gut zubereitetes und gut serviertes Essen, genießt den Komfort – oder geht eines Tages an Bord des Dings, das am 19. August 1887 über der Stadt Marseille gesehen wurde. Reist mit ihm, stürzt auf den Mond, gebt euch verloren und entkommt dem Zusammenprall dank eines wirbelnden Stroms, von dem man noch nie zuvor gehört hat.
In unserer Nähe gibt es oder gibt es nicht Städte fremder Existenzen. Sie wurden gesehen oder nicht gesehen als Spiegelbilder am Himmel über Schweden und Afrika. Wie man will. Ob es nun akzeptabel ist oder zu unsinnig, als daß es in Betracht gezogen werden könnte, sprechen unsere Daten doch von Massen lebender Dinge, die am Himmel gesehen wurden, sowie von Prozessionen militärischer Geschöpfe – Ungeheuer, die im

Himmel leben und im Himmel sterben und ihre roten Lebenssäfte auf die Erde verspritzen – Schiffe von anderen Welten, die von Millionen Einwohnern dieser Erde gesehen wurden, wie sie Nacht auf Nacht in den Himmeln über Frankreich, England, Neuengland und Kanada geforscht haben – Signale vom Mond, der bemerkenswerten Hinweisen zufolge vielleicht nicht einmal so weit von der Erde entfernt ist wie New York von London – eindeutig dokumentierte und in manchen Fällen von zahlreichen Zeugen beobachtete Ereignisse, die von unseren Gegnern nicht berücksichtigt werden –

Eine wissenschaftliche Pfaffenlist –

»Du sollst nicht!« steht in eisigen Katechismen festgeschrieben. Ich habe Daten über Daten über Daten von neuen Ländern, die nicht weit entfernt sind. Ich biete Aussichten und Stoff für neue Hoffnung und neue Verzweiflung, neue Triumphe und neue Tragödien. Ich strecke die Hände aus und deute zum Himmel – es gibt eine Hierarchie, die mir, wie ich glaube, mit Handschellen droht – es gibt eine dominante Kraft, die solche Gedanken in Gefängnisse steckt, deren Mauern aus Dogmen bestehen. Sie legt jeden Versuch der Erweiterung mit ihren Formeln in Ketten.

Aber am Himmel wurden Geräusche gehört. Sie wurden gehört, und es ist nicht möglich, die Aufzeichnungen zu vernichten. Sie wurden gehört. In den Wiederholungen und Gesetzmäßigkeiten ihrer Folgen und Intervalle werden wir vielleicht einmal eine verständliche Sprache entdecken. Türme aus Wolken, verschiedenfarbig im Sonnenuntergang, bebten unter dem Beschuß aus anderen Welten wie die Saiten einer kosmischen Harfe. Sprache blitzte auf in den dunklen Regionen des Mondes: leuchtende Rufe flatterten durch den Mondkrater Kopernikus; die Beredtsamkeit des sternenähnlichen Lichts im Krater Aristarchus; Hymnen, die in Lichtern und Schatten in Linné gesungen werden; die wildere, strahlende Musik in Plato –

Aber nicht ein Geräusch, das am Himmel gehört wurde, nicht ein Ding, das vom Himmel gefallen ist, nicht ein Ding, das »nicht sein darf«, aber dennoch am Himmel erblickt wurde, können wir halbwegs frei erforschen, wenn wir nicht zuvor etwas über den Dämon des Alpdrucks herausfinden, der in der Vergangenheit sogar Spekulationen im Keime erstickte. Ich werde es selbst herausfinden, und die, denen es wichtig ist, können mich begleiten.

Ein Schiff von einer fremden Welt segelt oder segelt nicht durch den Himmel der Erde. Hunderttausende Zeugen stimmen in ihren Beobachtungen darin überein, daß dieses Ereignis stattgefunden hat, und wenn die Zeit kommt, da sich die Aeronautik auf der Erde nicht mehr recht entwickeln will, wird man sich an diesen wichtigen Umstand erinnern – aber der ganze Vorfall und alle Begleitumstände werden unter den Teppich gekehrt. Niemand kann sich in angemessener Weise den Daten widmen, wenn sein Geist durch das respektvolle Gedenken an die Wissenschaftler abgelenkt wird, die sagen, daß es keine anderen physischen Welten gebe außer den Planeten, die Millionen Meilen entfernt sind, so weit weg, daß irgendwie vorstellbare Raumfahrzeuge diese Entfernungen nicht überbrücken könnten. Am liebsten würde ich zur Eröffnung des Bombardements die Daten von den kleinen schwarzen Steinen von Birmingham loslassen, die ein ums andere Mal über einen Zeitraum von elf Jahren offensichtlich von einem festen Punkt am Himmel herunterfielen, aber diese Freigabe wäre im Augenblick vergebene Liebesmüh. Man muß sorgfältig auf sie vorbereiten. Gleich wird jeder bei sich sagen, daß es keine festen Punkte am Himmel gebe. Warum nicht? Weil die Astronomen sagen, daß es keine gibt.

Aber hier spielt noch etwas anderes mit hinein. Es spielt hinein die verbreitete Überzeugung, daß die Astronomie das Akkurateste, Exakteste, Sorgfältigste, Quasi-Religiöseste verkörpere, das es im menschlichen Denken gibt, und daß diese Wissenschaft deshalb das letzte Wort habe.

Wer nicht durchgemacht hat, was ich durchmachte, als ich dieses Gebiet erforschte, wird fragen, wie die Grundlagen und die innere Stimmigkeit der Astronomie beschaffen sind. Die elende, wenn auch manchmal amüsante Denkverwirrung, auf

die ich in diesem Gebiet angeblicher Forschung immer wieder stoße, legt mir eine andere Frage in den Mund – was gibt es eigentlich Würdiges oder auch nur Anständiges in ihr?
Phantomdogmen, die sich mit den Schwänzen an Nichtigkeiten klammern, winden sich um unsere Daten.
Schlangen des Pseudodenkens erdrosseln die Geschichte.
Sie drücken der Entwicklung ihr »Du sollst nicht!« auf.
Neue Länder – und die Schrecken und die Lichter, die Explosionen und ihre Musik; Horden von Höllenhunden und der Marsch kriegerischer Engel. Aber es sind die Gelobten Länder, und ehe wir dorthin gelangen, müssen auch wir zuvor eine Wüste durchqueren. Vor uns liegt eine Einöde voller Parallaxen und Spektrogramme und Triangulationen. Es kann ermüdend sein, durch eine Einöde astronomischer Bestimmungen zu laufen, aber es ist womöglich der Mühe wert –
Wenn aus bedrückendem akademischem Zenit Beweise für Schwäche, Verrücktheit und Fälschung herabregnen, dann sind sie Manna für unsere Bosheit –
Oder, daß langweilige Demonstrationen durch unseren fröhlichen Zynismus zu köstlichen kleinen Lügen erhitzt werden – die Blüten und Früchte unvermuteter Oasen –
Felsen, die wir mit unserem Mißtrauen anschlagen[5] – und es bricht ein Schwall von Bloßstellungen hervor, der förmlich überschäumt vor neuen Andeutungen und Möglichkeiten.
Tyrannen, Drachen, Riesen – wenn alles mit dem Geschick und der Macht und dem Triumph über entsetzliche Widerstände vorgebracht würde wie von einem Helden, der seine eigene Geschichte erzählt –
Ich höre drei Schreie von einer bislang nicht entdeckten, grotesken Kreatur direkt am Rande der Wüste.

[5] Wie es einst Moses in der Wüste mit seinem Stab getan hat. »Siehe, ich will daselbst stehen vor dir auf einem Fels am Horeb; da sollst du den Fels schlagen, so wird Wasser herauslaufen, daß das Volk trinke.« (Zweites Buch Mose, Kap. 17/6.)

KAPITEL 2

»VORAUSSAGE bestätigt!«
»Eine zweite Bestätigung!«
»Eine dritte Bestätigung der Voraussage!«
Trotz seiner althergebrachten Nüchternheit schloß sich das *Journal of the Franklin Institute* in den Bänden 106 und 107 dreimal den Jubelrufen eines Astronomen an. Wenn der Astronom nur für sich gejubelt und sich gefreut hätte, es hätte uns nicht gekümmert. Wir wollen ja, daß jeder glücklich ist. Aber aus den drei Hahnenschreien des Professor Pliny Chase gewinnen wir unsere Ansicht, daß, soweit es um Methoden und Strategien geht, zwischen Astrologen und Astronomen kein besonderer Unterschied besteht, und daß nicht nur die Erstgenannten Sinnbilder für mittelalterliche Befangenheit sind. Lord Bacon erklärte, die Astrologen hätten sich Ansehen und Einkommen verschafft, indem sie ins Blaue schossen, ihre Fehlschüsse ignorierten und unter großem Getöse die Treffer verkündeten.
Als Professor Swift und Professor Watson im August 1878 sagten, sie hätten während einer Sonnenfinsternis zwei leuchtende Körper gesehen, die Planeten zwischen Merkur und Sonne sein konnten, verkündete Professor Chase, daß er bereits fünf Jahre zuvor eine Voraussage gemacht habe, die durch die Positionen der beiden Himmelskörper bestätigt worden sei. Dreimal schrie er in Großbuchstaben oder erklärte er – je nach Empfindlichkeit des Lesers und je nach dem Grad der vorhandenen Vorurteile –, daß die »neuen Planeten« exakt an den Positionen stünden, die er berechnet habe. Professor Chase schrieb, daß es vor seiner Zeit zwei weitere großartige Fälle gegeben habe, in denen astronomische Berechnungen bestä-

tigt wurden: die Entdeckung Neptuns und die Endeckung des »Asteroidengürtels«. Diese Behauptung ist eine bewußte Irreführung. Wenn dank mathematischer Prinzipien oder aufgrund irgendwelcher anderer eindeutiger Prinzipien jemals eine große oder kleine astronomische Entdeckung aufgrund von Berechnungen gemacht wurde, dann soll uns die Umnachtung dahinraffen, sobald wir unsere anfängliche Position beziehen; dann soll sich unsere Verantwortungslosigkeit offenbaren, und alles, was folgt, soll zunichte gemacht werden: nämlich daß unsere Daten von einer Tyrannei falscher Erklärungen unterdrückt worden sind, und daß es nie eine astronomische Entdeckung gab, die nicht durch Beobachtung oder Zufall zustande kam.

In *The Story of the Heavens* vertritt Sir Robert Ball die Ansicht, die Entdeckung Neptuns sei ein unvergleichlicher Triumph in den Annalen der Wissenschaft. Er gerät ins Schwärmen – der große Astronom Leverrier, monatelang in tiefer Meditation versunken – der dramatische Augenblick – Leverrier erhebt sich von seinen Berechnungen und deutet zum Himmel – »Siehe!« – und ein neuer Planet ist entdeckt.

Ich will nicht lange über die einzelnen Betrügereien oder Täuschungen jammern, sondern vielmehr aufzeigen, auf welche Weise die Wissenschaft der Astronomie sich etabliert und behauptet hat:

Nach Leverrier gab es einen Planeten jenseits von Uranus; nach Hansen gab es deren zwei; nach Airy war es »zweifelhaft, ob es überhaupt einen« gab.

Ein Planet wird gefunden – von Leverrier in tiefer Meditation berechnet. Werden zwei gefunden – Bestätigung für die brillanten Berechnungen Hansens. Keiner – die Ansicht des großen Astronomen Sir George Airy.

Leverrier berechnete, der hypothetische Planet müsse zwischen 35- und 37,9mal so weit von der Sonne entfernt sein wie die Erde. Der neue Planet wurde an einer Position gefunden, die 30mal so weit von der Sonne entfernt war wie die Erde. Die Diskrepanz war so groß, daß sich Astronomen in den USA weigerten, anzuerkennen, daß Neptun aufgrund von Berechnungen gefunden worden sei: siehe Publikationen aus jener Zeit wie das *American Journal of Science*.

Am 29. August 1849 hielt Dr. Babinet vor der Académie Française einen Vortrag, in dem er zeigte, daß man die Umlaufzeit Neptuns mit etwa 165 Jahren ansetzen müsse. Leverrier hatte eine Zeitspanne von 207 bis 233 Jahren berechnet. Gleichzeitig hatte Adams in England Berechnungen durchgeführt. Am 2. September 1846, nachdem er wenigstens einen Monat lang die Sterne in der Region beobachtet hatte, auf die Adams verwiesen hatte, schrieb Professor Challis an Sir George Airy, daß die Arbeit noch drei weitere Monate in Anspruch nehmen werde. Das ist ein Fingerzeig, wie groß die von Adams angedeutete Region war.

Die Entdeckung der Asteroiden, oder in Professor Chases nicht sehr sorgfältiger Sprache, die Entdeckung des »Asteroidengürtels durch eine Ableitung von Bodes Gesetz«:

Wir erfahren, daß Baron von Zach eine Gesellschaft von vierundzwanzig Astronomen gebildet hatte, die anhand von Bodes Gesetz zwischen Jupiter und Mars nach »einem Planeten« suchte, nicht nach »einer Gruppe« und nicht nach einem »Asteroidengürtel«. Die Astronomen wurden eingeteilt, der Zodiak in vierundzwanzig Zonen zerlegt, und jedem Astronomen wurde eine Zone zugeteilt. Sie suchten. Sie fanden nicht einen einzigen Asteroiden. Heute sind sieben- oder achthundert bekannt.

Philosophical Magazine, 12-62:

Daß Piazzi, der Entdecker des ersten Asteroiden, nicht nach einem hypothetischen Körper suchte, der von Bodes Gesetz abgeleitet war, sondern eine ganz andere Untersuchung durchführte. In der Nacht auf den 2. Januar 1801 zeichnete er Sterne im Sternbild des Stiers auf. Er bemerkte ein Licht, von dem er glaubte, es habe sich bewegt, und verkündete, völlig unschuldig, was Asteroiden und brillante Schlußfolgerungen anging, er habe einen Kometen entdeckt.

Ein Beispiel für die gekonnte Art und Weise, auf die manche

Astronomen heute die Geschichte erzählen, finden Sie in Sir Robert Balls *Story of the Heavens*, S. 230:
Die Lilienthalsche Gesellschaft der Astronomen, aber kein Hinweis darauf, daß Piazzi ihr nicht angehörte – »die Suche nach einem kleinen Planeten wurde bald von einem Erfolg gekrönt, der den Abend des ersten Tages im neunzehnten Jahrhundert zu einem Feiertag für die Astronomie machte«. Ball erzählt, daß Piazzi die Sterne kartiert hätte und erweckt den Anschein, Piazzi habe dies getan, um die Asteroiden deduktiv zu finden, und seine Mühen seien bald belohnt worden. Dabei wußte Piazzi überhaupt nichts von der Suche und erkannte den Asteroiden nicht als Asteroiden, als er ihn sah. »Dieser eifrige und erfahrene Astrologe hatte zur Erforschung des Himmels ein geniales System entwickelt, dessen Berechnungen vor allem darauf zielten, in der Vielzahl der Sterne einen Planeten zu entdecken ... schließlich wurde er durch einen Erfolg belohnt, der ihn für alle seine Mühen entschädigte.«
Professor Chase – die beiden großen Beispiele, nicht für eine bloße Entdeckung, sondern, wie er meint, für eine Entdeckung mit Hilfe von Berechnungen – und nun die Grundlage seiner Annahme, daß auch er selbst glänzend berechnen konnte – die Bestätigung hing davon ab, wie exakt Professor Swift und Professor Watson die Positionen der Körper bestimmen konnten, die sie erwähnt hatten –
Sidereal Messenger, 6-84:
Professor Colbert, Direktor des Dearborn Observatory und Leiter der Gruppe, der Professor Swift angehörte, sagt, daß die Beobachtungen von Swift und Watson übereinstimmten, weil Swift seine Beobachtungen mit Watsons Beobachtungen zur Übereinstimmung brachte. Der Vorwurf ist nicht, daß Swift fälschlicherweise die Entdeckung zweier unbekannter Körper verkündete, sondern daß seine präzise Positionsbestimmung vorgenommen wurde, nachdem Watsons Bestimmungen schon veröffentlicht waren.
Popular Astronomy, 7-13:
Professor Asaph Hall schreibt, Professor Watson habe ihm

mehrere Tage nach der Finsternis erklärt, er habe in der Nähe der Sonne »einen« leuchtenden Körper gesehen, und daß er die Erklärung, er habe zwei unbekannte Körper gesehen, erst abgab, nachdem man von Swift gehört hatte.
Auf zwei Täuschungen hockend krähte Professor Chase seine Verzückung heraus. Die unbekannten Körper, ob sie nun in den von ihm berechneten Umlaufbahnen gewesen sind oder nicht, wurden nie wieder beobachtet.
So ist unsere Ansicht, daß Scharen von Astronomen berechnen, daß sie wie trunken vom Rechnen immer weiter rechnen und rechnen und rechnen, und wenn einer von ihnen auf etwas am Himmel deutet, und im Umkreis von 600 000 000 Meilen (in konventionellen Maßeinheiten) wird etwas entdeckt, daß er dann sofort zum Leverrier der Lehrbücher wird; daß die anderen die Professor Chases sind, die nicht in den Lehrbüchern stehen.
Für die meisten Menschen erniedrigen die Symbole der Infinitesimalrechnung das unabhängige Denken zu einem Glauben von der Art, wie er früher von Blutstropfen bekräftigt werden mußte, die aus einer Statue rannen. Im Durcheinander und in den Konflikten des Alltagslebens ist es beruhigend, in religiösem oder mathematischem Sinne eine so starke *Übereinstimmung* mit dem Endgültigen zu empfinden. Wenn nun die vermeintliche Exaktheit der Astronomie frech oder sorglos und auf lächerliche Weise durch die Taschenspielertricks bewirkt wurde, die man Swift und Watson vorwarf, und wenn das Ansehen der Astronomie auf nichts als Großbuchstaben und Ausrufezeichen beruht oder auf dem unverhältnismäßigen Aufwiegen eines Leverrier gegen Hunderte von Chases, dann ist es vielleicht doch nicht so günstig, dies alles zu wissen, weil dann denen unter uns, die im religiösen Sinne nichts mehr haben, auf das sie bauen könnten, auch noch der letzte verbliebene Schein einer Grundlage, von vermeintlicher Exaktheit und Realität, genommen wird, den sie einmal irgendwo besaßen –
Außer, daß – wenn es in relativer Nähe Länder am Himmel gibt

und wenn Wesen von fremden Welten die Erde besuchen, dann ist das ein großes Thema, und der Müll, der eine ganze Epoche zugerümpelt hat, muß fortgeräumt werden.
Das war nun eine kleine Predigt über die Unsicherheit menschlicher Triumphe, und nachdem wir sie bis zum Höhepunkt getrieben haben, scheint jetzt der Augenblick zum Innehalten gekommen; aber es gibt doch noch einen »Triumph«, und ich will nicht, daß uns neben allem anderen auch noch mangelnde Gründlichkeit vorgeworfen wird –
Die Entdeckung des Uranus.
Wir erwähnen diesen Stimulus für die Ekstasen der Lehrbuchschreiber, weil sich aus den Phänomenen des Planeten Uranus der »Neptun-Triumph« entwickelte. Richard Proctors Gründe für die Behauptung, die Entdeckung sei kein Zufall gewesen, können Sie in *Old and New Astronomy*, S. 646, nachlesen. *Philosophical Transactions*, 71-492 – eine Schrift von Herschel – »Ein Bericht über einen am 13. März 1781 entdeckten Kometen«. Ein Jahr verging, und kein einziger Astronom auf der Welt erkannte den neuen Planeten, wenn er ihn sah. Dann entdeckte Lexell, daß der angebliche Komet ein Planet war.
Statuen, aus denen früher das Lebensblut eines Parasitenkultes tröpfelte –
Parabelgebilde, aus denen Gleichungen bluten –
Wenn wir weiterschreiten, werden wir zu akzeptieren lernen, daß Astronomen ebenso versuchen könnten, Blut aus Ikonen zu quetschen, wie sie versuchen, Symbole zu Schlußfolgerungen zu verführen, weil die angewandte Mathematik mit den Wechselwirkungen der Planeten nicht mehr zu tun hat als die Statuen von Heiligen. Wenn der Einwand akzeptiert wird, daß die Gleichungen in der Gravitationsastronomie keinen Platz haben, dann verlieren die Astronomen ihren vermeintlichen Gott; sie werden eine haltlose Priesterschaft; die Beharrlichkeit ihrer Arroganz wird welken. Wir beginnen mit einem ganz einfachen Problem der Himmelsmechanik: mit den Formeln für die Wechselwirkung zwischen Sonne, Mond

und unserer Erde. Kann dieses so einfache Problem in der sogenannten mathematischen Astronomie mit Hilfe der hehren Mathematik, der endgültigen, heiligen Mathematik, gelöst werden?

Es kann nicht gelöst werden.

Hin und wieder verkündet jemand, er hätte das Dreikörperproblem gelöst, aber es ist immer eine unvollständige oder impressionistische Demonstration, die auf Abstraktionen beruht und die Bedingungen ignoriert, denen die Körper im Raum ausgesetzt sind. Immer wieder finden wir gähnende Leere hinter angeblichen Fortschritten; kunstvolle Strukturen, die Vorspiegelungen ohne Grundlage sind. Wir lernen, daß Astronomen die Wechselwirkung von drei Körpern im Raum nicht formulieren können, aber trotzdem berechnen und etwas veröffentlichen, das sie als Formel für einen Planeten bezeichnen, der mit Tausenden anderer Körper in Wechselwirkung ist. Sie erklären. Dies wird einer unserer dauerhaftesten Eindrücke von den Astronomen sein: daß sie erklären und erklären und erklären. Die Astronomen erklären, wenn auch in schöneren Begriffen, daß die wechselseitigen Einflüsse von drei Planeten nicht bestimmt werden können, weil die Kraft der Sonne so überwältigend ist, daß alle anderen Effekte vernachlässigt werden sollten.

Vor der Entdeckung des Uranus gab es keine Möglichkeit, die Wunder der Astro-Zauberer zu überprüfen. Sie sagten, sie hätten ihre Formeln ausgearbeitet, und äußere Zweifler gerieten prompt in Panik, sobald Formeln erwähnt wurden. Aber Uranus wurde entdeckt, und die Zauberer wurden aufgefordert, seine Bahn zu berechnen. Sie berechneten, und wenn Uranus sich gleichmäßig bewegt hätte – ich will wirklich nicht behaupten, daß Astronomen oder Studenten nicht die Mathematik zur Verfügung hätten, um etwas so Einfaches zu berechnen.

Sie berechneten also die Umlaufbahn des Uranus.

Er nahm einen anderen Weg.

Sie erklärten. Sie berechneten weiter. Sie erklärten und berechneten jahrein jahraus, und der Planet Uranus nahm einen anderen Weg. Dann kamen sie auf eine mächtige störende Kraft jenseits des Uranus – da in einer Entfernung wie der des Uranus die Sonne nicht mehr ganz so dominierend ist – in welchem Falle auch die Einflüsse von Saturn auf Uranus und von Uranus auf Saturn nicht mehr vernachlässigbar sind – und immer so weiter mit komplizierten Wechselwirkungen, die einander bis ins Unendliche kumulativ verstärken, bis das ganze brillante System sich verdüstert. Die Paläo-Astronomen berechneten und deuteten mehr als fünfzig Jahre lang auf verschiedene Stellen am Himmel. Schließlich deuteten zwei von ihnen, die natürlich über den allgemeinen Hintergrund des Uranus einer Meinung waren, auf einen Punkt, der nach konventionellen Maßstäben etwa sechshundert Millionen Meilen von Neptun entfernt war, und heute wird rigoros, wenn nicht gar frech behauptet, Neptun sei nicht zufällig entdeckt worden –

Daß der Beweis, daß etwas nicht zufällig geschieht, die Wiederholbarkeit ist –

Daß es in der Macht jedes Menschen liegt, auch wenn er eine Hyperbel nicht von einem Cosinus unterscheiden kann, festzustellen, ob die Astronomen am Tage von einer Wolke aus Blödsinn und bei Nacht von einer Säule aus Unfug angeführt werden –

Wenn dank der Magie seiner Mathematik jeder Astronom auf die Position Neptuns hätte deuten können, dann soll einer auf einen Planeten jenseits von Neptun deuten. Aufgrund der gleichen Überlegungen, die zur Annahme der Existenz eines Planeten jenseits von Uranus führten, kann man einen transneptunischen Planeten annehmen. Neptun weist Bahnstörungen auf, die denen des Uranus ähnlich sind.

Nach Professor Todd gibt es einen solchen Planeten, der einmal in 375 Jahren die Sonne umkreist. Nach Professor Forbes sind es freilich deren zwei, einer hat eine Umlaufzeit von 1000 Jahren, der andere braucht 5000 Jahre. Siehe MacPhersons *A Century's Progress in Astronomy.* Nach Dr. Eric Doolittle existiert der Planet und läuft in 283 Jahren einmal herum (*Scientific*

American, 122-641). Nach Mr. Hind braucht er 1600 Jahre für einen Umlauf (*Smithsonian Miscellaneous Collections*, 20-20).

Damit haben wir einige Dinge herausgefunden, und angesichts des Drucks, den wir von unseren Gegnern zu spüren bekamen, sind wir erleichtert. Aber unsere Erkenntnisse sind auch deprimierend. Denn wenn es in dieser unserer Existenz nichts gibt, das höheres Ansehen genießt als die astronomische Wissenschaft, und wenn dieser scheinbar so gute Ruf lediglich durch eine Zusammenballung von Seifenblasen erworben wurde, in welcher Verfassung müssen dann erst all die weniger Angesehenen und die Leistungen von geringerem Rang sein?

Lassen wir drei Körper in Wechselwirkung treten. Es gibt kein Gesetz, das ihre Wechselwirkung formulieren könnte. Aber es gibt Tausende aufeinander einwirkender Körper im Sonnensystem – oder im angeblichen Sonnensystem –, und wir stellen fest, daß das höchste Ansehen hienieden auf den wirren Versicherungen beruht, es gebe Zauberer, die mit tausend Körpern rechnen könnten, obwohl sie es nicht einmal mit dreien vermögen.

Und all die anderen sogenannten menschlichen Triumphe oder bescheidenen Erfolge, die Produkte der Denkprozesse und Mühen der Menschen – was sind sie, wenn höher als sie alle, akademischer, strenger, rigoroser, exakter als sie, die Methoden und Prozesse der Astronomen sein sollen? Was soll man über unsere ganze Existenz, über ihr Wesen und ihr Ziel, da noch denken?

Daß unsere Existenz, ein Ding in einem Sonnensystem oder einem angeblichen Sonnensystem, vom Schicksal geschlagen ist und wimmernd durch den Weltraum kriecht und dabei geistreiche, gesunde Systeme verschreckt mit den wunden Stellen auf seiner Sonne, mit den totenbleichen Monden und seinen Zivilisationen, die an Ausbrüchen von Wissenschaft laborieren; ein himmlischer Leprakranker, der zitternde Gliedmaßen ausstreckt, in welche barmherzige Systeme goldene Kometen fallen lassen? Wenn unser Dasein das leprakranke Ding ist, das unsere Erkenntnisse vermuten lassen, dann sehen wir uns nicht zum Voranschreiten ermutigt. Wir können nichts entdecken: wir können nur neue Symptome entwickeln. Wenn ich ein Teil eines derart geschlagenen Dings bin, dann habe ich nichts als Krankheit und wunde Stellen und Lumpen zu bedenken: meine Daten werden wie Pusteln, meine Deutungen wie Entzündungen sein –

KAPITEL 3

Plantagen in den Südstaaten und Neger, die ihre Krausköpfe in heller Panik auf den Boden schlagen – Schreie im Norden und runde blasse Gesichter, die sich zum Himmel wenden – brennende Kugeln am Himmel – eine Studie von schwarzen, weißen und goldenen Formationen in einem alles umfassenden Glühen. In der Nacht vom 13. auf den 14. November 1833 war das sensationellste himmlische Spektakel des neunzehnten Jahrhunderts zu sehen: sechs Stunden lang strömten brennende Meteore aus dem Himmel herab und waren an der ganzen Atlantikküste der Vereinigten Staaten zu sehen.

Man darf wohl annehmen, daß Astronomen bei solchen Anlässen nicht ihren Kopf auf den Boden schlagen, und wahrscheinlich kreischen sie auch nicht, aber Gefühle haben sie dennoch. Sie wanden sich. Da gab es etwas zu formulieren. Wenn er von etwas Neuem und nicht zu Widerlegendem am Himmel hört, wird der Astronom von unzureichend unterdrückten Gleichungen befallen. Symbole suchen ihn heim und verlangen nach Ausdruck. Sein Wahn gleicht dem eines Menschen, der Automobile, Eisenbahnzüge, Fahrräder und alles mögliche anhalten will, um sie zu messen; er rennt mit einem Zollstock Spatzen, Fliegen und allen Menschen hinterher, die seine Schwelle überschreiten. Das soll wissenschaftlich wirken, aber es kann auch Besessenheit sein. Höchstwahrscheinlich waren Beunruhigung und Mitteilungsdrang bei Professor Olmstead am stärksten. Er war jedenfalls der erste, der zu formulieren begann. Er »demonstrierte«, daß diese Meteore, die Leoniden genannt wurden, einmal in sechs Monaten um die Sonne kreisten.

Sie taten es nicht.

Dann »demonstrierte« Professor Newton, daß die »reale« Periode dreiunddreißigeinviertel Jahre betrüge. Aber er kam empirisch auf diesen Wert, es war nichts Göttliches und nicht einmal etwas Aristokratisches daran, und die Sache mußte doch rational oder mathematisch angegangen werden, denn wenn solche Phänomene nicht mathematisch und in Begriffen der Schwerkraft behandelt werden, leidet der Gesundheitszustand der Astronomen. Dr. Adams, kühn geworden dank der Erfahrung, nicht in die Nähe Neptuns deuten zu müssen und dennoch von allen patriotischen Engländern als wahrer Entdecker Neptuns gefeiert zu werden, »bestätigte« mathematisch Professor Newtons »Erkenntnisse«. Dr. Adams sagte voraus, daß die Leoniden im November 1866 und im November 1899 zurückkehren und jedesmal mehrere Jahre lang einen Punkt in der Umlaufbahn der Erde berühren würden.
In der Nacht vom 13. auf den 14. November 1866 sah man Meteore. Es waren viele. Das geschieht Mitte November häufig. Sie erinnerten nicht stärker an das Spektakel von 1833, als ein gewöhnlicher Schauer einem Wolkenbruch ähnelt. Aber die »Demonstration« forderte, daß es in der entsprechenden Nacht des folgenden Jahres ein gleichartiges Schauspiel oder in manchen Aspekten sogar ein noch großartigeres Schauspiel gebe. Im folgenden Jahr gab es zwar ein Schauspiel, aber nur am Himmel über den Vereinigten Staaten. In England war es nicht zu sehen. Und noch ein weiterer Vorfall, der aber nicht mit dem von 1833 zu vergleichen war, wurde aus den Vereinigten Staaten gemeldet.
Nach der konventionellen Theorie befand sich die Erde in einem riesigen, breiten Strom von Meteoren. Die Erde drehte sich so, daß verschiedene Gebiete nacheinander dem Bombardement ausgesetzt würden. So intensiv stellte Richard Proctor sich die derart eingetauchte und bombardierte Erde vor, daß er, als in England nichts zu beobachten war, zu erklären begann. Er verbrachte den größten Teil seines Lebens mit Erklären. In *Student*, 2-254, schrieb er: »Wäre der Morgen des 14. November 1867 in England ein klarer Tag gewesen, wir hätten den Beginn

des Schauspiels, wenn auch nicht seinen prächtigeren Teil, sehen können.«
Wir haben unsere Erfahrungen mit den »Triumphen« der Astronomen: Wir sind ihrer großartig angekündigten Akkuratesse gegenüber ein wenig mißtrauisch. Wir wollen selbst herausfinden, ob der Morgen des 14. Novembers 1867 in England ein klarer Tag war oder nicht. Wir ahnen fast, daß es ein schöner Tag war –
Monthly Notices of the Royal Astronomical Society:
Ein Bericht von E. J. Lowe, Highfield House, über die Nacht vom 13. auf den 14. November 1867:
»Klar um 1.10 Uhr; hohe, dünne Kumuluswolken um 2.00 Uhr, der Himmel aber erst um 3.10 Uhr bedeckt, Position des Mondes sichtbar bis 3.55 Uhr; Himmel erst um 5.50 Uhr bedeckt.«
Die Bestimmung der Umlaufzeit auf dreiunddreißigeinviertel Jahre und der Sichtbarkeit alle dreiunddreißig Jahre nahm Professor Newton vor, indem er alte Aufzeichnungen durchging. Er stellte fest, daß es von 902 n. Chr. bis 1833 im Abstand von jeweils dreiunddreißig Jahren außergewöhnliche meteorische Schauspiele gegeben hatte. Er erinnert mich an einen Forscher, der alte Unterlagen auf Erscheinungen des Halleyschen Kometen durchsuchte und alle fünfundsiebzig Jahre, zurückgehend bis ins Römische Reich, etwas fand, das er als den Halleyschen Kometen identifizierte. Siehe *Edinburgh Review*, Band 66. Es scheint, er wußte nicht, daß die Orthodoxie dem Halleyschen Kometen keine exakt fünfundsiebzig Jahre währende Umlaufzeit einräumte. Jedenfalls bekam er, was er suchte. Ich bin keineswegs geneigt, auf Professor Newtons Kosten Späße zu treiben, weil seine Methode, wenn sie als experimentelles oder forschendes Vorgehen bezeichnet wird, sicherlich ihren Wert hat, auch wenn man vermuten könnte, daß er beim sorgfältigen Auswählen ein wenig zu eigensinnig war. Aber Dr. Adams verkündete, daß er aus mathematischen Gründen zur gleichen Schlußfolgerung gekommen sei.
Der Test:

Die nächste Rückkehr der Leoniden wurde für den November 1899 vorausgesagt.
Memoirs of the British Astronomical Association, 9-6: »Kein meteorisches Ereignis weckte je so weitgefächertes Interesse und mündete in so bitterlich enttäuschter Vorfreude.«
Im November 1899 kamen keine Leoniden.
Es wurde erklärt. Man würde sie im nächsten Jahr sehen.
Im November 1900 kamen keine Leoniden.
Es wurde erklärt. Man würde sie im nächsten Jahr sehen.
Keine Leoniden.
Prahlerei und Aufgeblasenheit und Protzerei der Symbole der Infinitesimalrechnung; der Pomp der Vektoren und die Andacht, die Quaternien umgibt; aber wenn eine Achse im Koordinatensystem ihre Ausrichtung verliert, um einer zweifelhaften Auswahl zu dienen, werden disziplinierte Symbole zu einem Pöbelhaufen. Die Allmächtigen der Mathematik – und einer der erwählten Propheten deutet zum Himmel. Nirgends in der Nähe seines Ziels wird etwas gefunden. Er deutet auf ein Datum – nichts geschieht.
In *Astronomy in a Nutshell* wartet Professor Serviss mit einer Erklärung auf. Er erklärt, daß die Leoniden nicht erschienen, als sie hätten erscheinen »sollen«, weil Jupiter und Saturn unterdessen ihre Bahnen verändert hatten.
Damals, zur Zeit der Kreuzfahrer, wurden die Leoniden durch nichts gestört – und wenn Ihr Zahlengedächtnis besser ist als meins, dann denken Sie an weitere Daten. Nichts hat die Umlaufbahn der Leoniden je gestört – weder die Entdeckung Amerikas noch die spanische Armada 1588, an die ich mich aus irgendeinem Grund immer erinnern muß. Keine Wirkung von Jupiter und Saturn – die Französische Revolution und weiter bis zum Jahre 1866, und immer noch ist alles im Lot mit den Leoniden – aber sobald sie aus der Phase der »Entdeckung« und »Identifikation« entlassen sind, geht es mit ihnen zu Ende, sie werden von Jupiter und Saturn abgelenkt, von alten Planeten, die doch mindestens so lange am Himmel sind wie sie. Wenn wir Berechnungen überhaupt akzeptieren sollen, dann muß die

Berechnung von Wahrscheinlichkeiten berücksichtigt werden. Meine Meinung, die ich durch das Lesen vieler Berichte über Novembermeteore gewann, lautet, daß sich das Schauspiel von 1833 im Jahre 1866 eindeutig nicht wiederholte: daß ein falscher Priester sündigte und ein ebenso falscher Hohepriester ihm seinen Segen gab.

Die Tragödie nimmt ihren komischen Fortgang. Ich glaube, ich kann allen guten Neo-Astronomen die folgende heitere Geschichte über einen Astronomen empfehlen, der im November 1899 und in einigen weiteren Jahren im November unberührt blieb von dem, was mit seiner Wissenschaft passierte –

Bryant, *A History of Astronomy*, S. 252:

Daß das meteorische Schauspiel von 1899 ausgeblieben war – »wie von Dr. Downing und Dr. Johnstone Stoney vorausgesagt«.

Man findet allmählich Gefallen an dieser Verrenkung, denkt man an praktisch alle Astronomen der Welt, die die Rückkehr der Leoniden vorausgesagt, und an Bryant, der zwei gefunden hatte, die dies nicht vorausgesagt hatten, worauf er nur die Meinung dieser beiden wiedergibt und die Angelegenheit ausmalt, als sei auch dies ein Triumph – aber wir werden unserem bereits heftig angeregten Mißtrauen noch größere Freuden zu verdanken haben –

Daß selbst diese beiden nichts derart Rettendes sagten –

Nature, 9. November 1899:

Dr. Downing und Dr. Stoney sagten nicht voraus, daß die Leoniden gänzlich ausbleiben würden, sondern sie rieten, einige Stunden nach der vorausberechneten Zeit nach ihnen Ausschau zu halten.

Ich stelle mir das imaginäre Paradies der Astronomen als Gelände voller mißratener Architektur und durchlöcherter Gleichungen vor, gepflastert mit leeren Symbolen. Die scheinbar reinen, weißen Fontänen formaler Eitelkeiten – Prahlereien, die aus verwesten Triumphen brechen. Wir werden feststellen, daß ihre Möbel von blinden Kometen angeschlagen sind. Wir wenden uns erwartungsvoll dem Thema der Kometen zu;

oder wir nähern uns dem Thema zynisch. Wir wenden uns boshaft dem Thema der Kometen zu. Dennoch durchzieht die Unsicherheiten unserer verschiedenen Gefühle ein Motiv, das die gleichbleibende Grundlage der Neo-Astronomie ist:
Daß bei himmlischen Phänomenen ebenso wie auf allen anderen Forschungsgebieten das Unregelmäßige oder nicht Formulierbare, oder das Unfaßbare, in mindestens dem gleichem Maße vorhanden ist wie das Uniforme: daß, wenn man irgendein klares, eindeutiges und anscheinend unveränderliches Ding am Himmel sieht, zugleich etwas anderes existiert, das nach den Maßstäben der Puristen etwas Mutwilliges oder Verantwortungsloses oder Bizarres und Unglaubliches wäre – daß die Wissenschaft der Astronomie sich nur mit einer Seite der Existenz befaßt, weil es natürlich keine Wissenschaft der gegenteiligen Phänomene geben kann – was eine gute Entschuldigung für die gewaltige Nichtbeachtung sein könnte, wenn wir davon ausgingen, daß es reale Wissenschaften gibt, was aber eher die Hoffnungslosigkeit des Versuchs zeigt, eindeutig zu werden.
Die Geschichte der Kometen, wie sie in Mr. Chambers' Buch mit eben diesem Titel nicht erzählt wird, sucht in den Annalen der Demütigung ihresgleichen. Wenn die Rückkehr eines Kometen vorausgesagt wird, ist das der Ausdruck des Glaubens an das Gesetz der Schwerkraft. Es entspricht dem Newtonschen Gesetz, daß Kometen und Planeten dem Gesetz der Schwerkraft folgen und sich in einem Kegelschnitt bewegen. Wenn ein Komet nicht zurückkehrt, wie er »sollte«, dann kann sich der Astronom nicht damit herausreden, die Planeten hätten ihn gestört, weil man ihn dann fragen muß, warum er diese Faktoren nicht in seine Berechnungen einbezogen hat. In seinem Buch meidet Mr. Chambers viel von dem, was bei uns herzliche Aufnahme finden wird, oder er deutet an, daß er nie davon gehört habe. Immerhin veröffentlicht er eine Liste mit vorausgesagten Kometen, die nicht zurückkehrten. 1909 erwähnte er weitere, für die er noch Hoffnung hatte:
Brooks' Erster Periodischer Komet (1886, IV) – »Wir müssen

sehen, was die Jahre 1909 und 1910 bringen werden.« Das ist eine recht unbestimmte Voraussage – nach den *Monthly Notices of the Royal Astronomical Society*, 1909 und 1910, brachten diese Jahre überhaupt nichts: die einzige Aufzeichnung für Brooks' Kometen stammt von Brooks selbst aus dem Jahre 1889. Giacobinis Zweiter Periodischer Komet (1900, III) – er wurde 1907 nicht gesehen – »also haben wir erst 1914 wieder Gelegenheit, mehr über ihn zu erfahren«. Im Jahre 1914 erfuhr man leider auch nicht mehr über ihn. Borellys Komet (1905, II) – »Seine für 1911 oder 1912 vorhergesagte Rückkehr wird mit großem Interesse erwartet.« Das ist eine ziemlich unbestimmte Erwartung: heute heißt es, daß der Komet am 19. September 1911 zurückgekehrt sei. Dennings Zweiter Periodischer Komet (1894, I) – wurde für 1909 erwartet, war aber noch nicht gesichtet, als Mr. Chambers sein Buch schrieb – in den *Monthly Notices of the Royal Astronomical Society* wird er nicht erwähnt. Swifts Komet vom 20. November 1894 – »muß als verloren angesehen werden, falls wir ihn nicht im Dezember 1912 wiederfinden«. In den *Monthly Notices of the Royal Astronomical Society* wird er nicht erwähnt.

Die Rückkehr von drei Kometen wurde für 1913 angekündigt – nicht einer ließ sich blicken (*Monthly Notices of the Royal Astronomical Society*, 74-326).

Bewaffnet mit den besten und neuesten Zynismen jagte ich einmal im *Magazine of Science* nach Beute und stieß auf einen Bericht über einen Kometen, der im Jahre 1848 erwartet wurde. Ich vermutete, der Komet sei eindeutig vorausgesagt worden und höchstwahrscheinlich nicht aufgetaucht, und interessierte mich nicht weiter für dieses beliebte Spiel. Aber im Wort »Triumph« stieß ich auf eine Spur Peinlichkeit – »Wenn er kommt, wird er Anlaß für einen weiteren astronomischen Triumph sein« (*Magazine of Science*, 1848-107). Die Astronomen hatten für das Jahr 1848 die Rückkehr eines gewaltigen Kometen vorausgesagt. In den *Monthly Notices of the Royal Astronomical Society* vom April 1847 schreibt Mr. Hind, die Resultate seiner Berechnungen hätten ihn soweit zufriedengestellt, daß die Identifikation gelungen sei, und daß aller Wahrscheinlichkeit nach »der Komet sehr nahe« sein mußte. Er akzeptierte Professor Mädlers Bestimmungen und sagte voraus, daß der Komet Ende Februar 1848 zu einer Position in der Nähe der Sonne zurückkehren würde.

Kein Komet.

Die Astronomen erklärten. Ich weiß nicht, wie es im Kopf eines Astronomen aussieht, aber ich stelle mir ein von Ausflüchten umkreistes Hirnsausen vor. Ein Autor liefert in *American Journal of Science*, 2-9-442, eine ausgezeichnete Erklärung. Es scheint, daß Mr. Barber aus Etwell noch einmal die Berechnungen durchging, als der Komet nicht zurückkehrte. Er fand heraus, daß die uns mittlerweile vertrauten Anziehungskräfte von Jupiter und Saturn in den Jahren 1556 bis 1592 die Umlaufzeit des Kometen um 263 Tage verkürzt hatten, daß aber anschließend etwas anderes auf ihn eingewirkt habe, woraus sich nunmehr eine Verspätung von 488 Tagen ergebe. Das ist ein Zauber, der die Arterien der blutflüssigsten Statue, die je einen Gläubigen überzeugte, versteinern könnte – ein Rückgriff auf drei Jahrhunderte der Wechselwirkungen, die ohne göttliche Einsicht nach Ablauf von nur drei Sekunden nicht mehr nachvollziehbar sind –

Aber es gab keinen Kometen.

Die Astronomen erklärten. Sie berechneten weiter, und zehn Jahre später rechneten sie immer noch. Siehe *Recreative Science*, 1860-139. Es könnte heldenhaft sein, wäre es keine Besessenheit. Was nun mit Mr. Barber aus Etwell und den intellektuellen Fangarmen, die er über die Jahrhunderte auswarf, los war, wird in den meisten zeitgenössischen Berichten nicht erklärt; aber im Jahre 1857 veröffentlichte Mr. Hind ein Pamphlet und erklärte. Es schien, als hätten die Forschungen von Littrow neue Bestätigung für einen Weg erbracht, den der Komet nehmen sollte, und daß mit Mr. Barber aus Etwell überhaupt nichts los war, außer daß er nicht genügend Daten hatte, was nun korrigiert wurde. Mr. Hind machte eine Voraussage. Er deutete in die Zukunft, aber er tat es wie jemand, der den

Daumen einklappt und vier Finger spreizt. Mr. Hind sagte, nach Halleys Berechnungen müsse der Komet im Sommer 1865 eintreffen. Doch man habe eine Beschleunigung von fünf Jahren entdeckt, weshalb man den Zeitpunkt auf Mitte August 1860 ansetzen müsse. Aber aufgrund von Mr. Hinds berechnetem Orbit könne der Komet auch im Sommer 1864 zurückkehren. Wenn man aber die Beschleunigung berücksichtige, dann sei »der Komet Anfang August 1858 fällig«.
Dann fing Bomme zu rechnen an. Er sagte, der Komet würde am 2. August 1858 zurückkehren.
Es gab keinen Kometen.
Die Astronomen rechneten weiter. Sie sagten voraus, der Komet werde am 22. August 1860 zurückkehren.
Kein Komet.
Aber ich glaube, eine Spur Erbarmen ist ein Luxus, den wir uns erlauben können; jedenfalls werden wir gnädig sein und nicht eintönig. Der Abwechslung halber werden wir von einem Kometen, der nicht erschien, zu einem Kometen springen, der erschien. Am Abend des 30. Juni 1861 breitete sich ein prächtiger Demütiger am Himmel aus. Eine der hellsten Leuchterscheinungen moderner Zeiten erschien, als wäre sie plötzlich durch die Hülle unseres Sonnensystems gestürzt – wenn es denn in der Tat ein Sonnensystem ist. In den Zeitungen erschienen Briefe: Leser wollten wissen, warum die Astronomen das Kommen dieses außergewöhnlichen Objekts nicht vorausgesehen hatten. Mr. Hind erklärte. Er schrieb, daß der Komet ein kleines Objekt sei, dessen Kommen deshalb von den Astronomen nicht bemerkt werden konnte. Niemand konnte die Pracht des Kometen leugnen; dennoch erklärte Mr. Hind, daß es ein sehr kleiner war, der nur so groß aussah, weil er der Erde nahe war. Dies ist nicht die neueste Erklärung: heute wird gesagt, daß der Komet im südlichen Himmel war, bevor er beobachtet wurde. Alle zeitgenössischen Astronomen stimmten darin überein, daß der Komet von Norden heruntergekommen war, und nicht einer von ihnen dachte an die Erklärung, daß er unsichtbar war, weil er vorher im Süden gewesen war. Ein

leuchtendes Objekt mit einem Schleier darum herum, insgesamt von der scheinbaren Größe des Mondes, war wie aus dem Nichts aufgetaucht. In *Recreative Science*, 3-143, sagt Webb, daß man auf der Erde seit dem Jahre 1680 nichts Vergleichbares gesehen hatte. Dennoch gingen die offiziellen Verlautbarungen dahin, daß das Objekt klein war und so schnell wieder verblassen würde, wie es aufgetaucht war. Siehe das *Athenaeum*, 6. Juli 1861 – »Ein so kleines Objekt wird bald wieder außer Sicht sein« (Hind).

Popular Science Review, 1-513:

Daß das Ding im April 1862 noch sichtbar war.

Etwas anderes, das unter Umständen gesehen wurde, die man nicht als triumphierend bezeichnen kann – am 28. November 1872 suchte Professer Klinkerfues aus Göttingen nach Bielas Kometen. Er sah in der Bahn des erwarteten Kometen Meteore. Er telegrafierte an Pogson in Madras, in die Nähe des Sterns *Theta Centauri* zu sehen, wo er den Kometen beobachten könne. Ich würde nicht sagen, daß man dies schon als Magie bezeichnen kann, aber es scheint doch wenigstens sehr vollkommen. Ein dramatisches Telegramm wie dieses schreckt die Gläubigen auf – ein Astronom im Norden sagt einem Astronomen weit im Süden, wo dieser nachsehen soll und benennt eindeutig einen ganz bestimmten kleinen Stern am Himmel, der im Norden unsichtbar ist. Pogson sah, wohin er sehen sollte, und verkündete, daß er sah, was er hatte sehen sollen. Aber auf den Sitzungen der Royal Astronomical Society am 10. Januar und am 14. März 1873 wies Captain Tupman darauf hin, daß Bielas Komet, selbst wenn er erschienen wäre, nie und nimmer in der Nähe jenes Sterns gewesen wäre.

Zu unseren Emotionen wird später auch die Empörung über all die Astronomen zählen, die sagen, sie wüßten, ob Sterne sich annähern oder zurückweichen. Wenn wir auf dieses Thema kommen, wird uns womöglich gerade die vermeintliche Exaktheit der Astronomen über die Maßen in Rage versetzen. Wir verweisen hier auf das viel kleinere Problem, festzustellen, ob ein Komet, der relativ nahe ist, sich nähert oder sich entfernt.

Am 6. November 1892 entdeckte Edwin Holmes einen Kometen. Im *Journal of the British Astronomical Association*, 3-182, schreibt Holmes, daß verschiedene Astronomen die Entfernung mit zwanzig bis zweihundert Millionen Meilen berechnet hätten. Der Durchmesser sei auf Werte zwischen siebenundzwanzigtausend Meilen und dreihunderttausend Meilen festgelegt worden. Professor Young sagte, der Komet nähere sich; Professor Parkhurst schrieb bloß, daß es sein Eindruck sei, der Komet nähere sich der Erde; aber Professor Berberich (*English Mechanic*, 56-316) erklärte, am 6. November sei Holmes' Komet 36 000 000 Meilen von der Erde entfernt gewesen, am 16. November aber nur noch 6 000 000 Meilen. Er nähere sich der Erde so rasch, daß er am 21. die Erde treffen werde.
Doch der Komet, der sich schon vorher entfernt hatte, entfernte sich unbeirrt weiter.

KAPITEL 4

Dennoch bezweifle ich durchaus manchmal, daß Astronomen Repräsentanten einer besonderen Inkompetenz sind. Sie erinnern mich zu sehr an Fürsorgebeamte und Krämer, an Philanthropen, Fachleute für Buchhaltung, Schließer von Verträgen, Charaktere auf internationalen Konferenzen, mediale Forscher oder Biologen. Die Astronomen kommen mir ungefähr so vor, wie Kapitalisten den Sozialisten vorkommen, oder die Sozialisten den Kapitalisten, oder Presbyterianer den Baptisten; oder wie Demokraten den Republikanern oder wie die Künstler einer Schule den Künstlern einer anderen Schule. Wenn in jeder spezialisierten Denkungsart von den Vertretern der Gegenrichtung jeweils grundlegende Mängel oder das Fehlen von Grundlagen erkannt werden können, dann liegt die Vermutung nahe, daß alle angeblichen Grundlagen unserer ganzen Existenz Mythen sind, und daß alle Diskussionen und die angeblichen Fortschritte nichts weiter sind als Konflikte der Phantome oder das Überwinden alter Täuschungen durch neue Täuschungen.

Dennoch suche ich nach einem umfassenderen Gesichtspunkt, der uns alle zur Vernunft bringt – ich denke, daß das, was wir Irrationalität nennen, unsere eingeschränkte Sicht der Teile und Funktionen eines größeren Ganzen ist; eines Ganzen, das an seiner Entwicklung arbeitet mit Faktoren wie Planeten und Säuren und Käfern, Flüssen und Gewerkschaften und Zyklonen, Politikern und Inseln und Astronomen. Vielleicht können wir uns einen tieferliegenden Zusammenhang vorstellen, in dem alle Dinge, die wir in unserer Existenz kennen, nur unterschiedliche Manifestationen sind – zerrissen von Wirbelstürmen und erschüttert von den Kämpfen zwischen Arbeit und

Kapital – und dann, um des Ausgleichs willen, ist Entspannung nötig. Es gibt dort derben Schwindel, und einige der Affen und einige der Priester, einige Philosophen und Warzenschweine bieten nichts weniger als ungestüme Spiele; aber die Astronomen sind die ironischen Sinnbilder der weniger bäuerlichen Momente – oder der köstliche Wahn, vorzugeben, man wüßte, ob ein weit entfernter Stern sich nähert oder sich entfernt, während man zugleich voraussagt, wann ein benachbarter Komet, der sich entfernt, seine Annäherung vollendet haben wird. Dies ist kosmischer Übermut; diese Ausgelassenheit ermöglicht es der Existenz, Katastrophen zu ertragen. Zerschmetterte Kometen und angewiderte Nationen und die Wasserstoffqualen der Sonne – und um der Entspannung willen muß es Astronomen geben.

Es ist uns ein Anliegen festzuhalten, daß die Astronomen in ihren Erklärungen über die Bewegungen der Sterne nicht glückloser sind, als sie es in anderer Hinsicht waren. Besonders widerwärtig ist uns aber die Doktrin, daß die Sterne veränderlich seien, weil dunkle Begleiter um sie kreisten; wir legen Wert auf die Feststellung, daß halbwegs wachen Geistern nichts Passendes für Sterne vorgelegt wurde, die von hellen Begleitern umkreist werden oder sich mit ihnen zusammen drehen. Wenn Schweigen die einzig wahre Philosophie und jede eindeutige Feststellung ein Mythos ist, dann sollten wir rasch die Erfüllung unserer negativen Vorlieben finden.

Professor Otto Struve galt als eine der größten astronomischen Kapazitäten, und die Gläubigen rechnen ihm Triumphe an. Am 19. März 1873 verkündete Professor Struve, daß er einen Begleiter des Sterns Prokyon entdeckt habe. Das war eine interessante Beobachtung, aber die Beobachtung allein war noch kein Triumph. Einige Zeit zuvor hatte Professor Auwers, der mindestens so glaubwürdig, wenn nicht gar so spaßhaft ist wie Newton und Leverrier und Adams, die Umlaufbahn eines hypothetischen Begleiters Prokyons berechnet. Auf einer Sternenkarte hatte er einen Kreis um Prokyon gezogen. Dieser Orbit wurde in Begriffen der Gravitation berechnet, und eine unserer allgemeinen Ideen lautet, daß solche Berechnungen immer bloß Idealvorstellungen sind und mit Sternen und Planeten und allem anderen nicht mehr zu tun haben als die makellosen Theorien der Fürsorgebeamten mit den Ereignissen, die sich als Schandflecken vom alles umfassenden Gemenge der Existenz abheben.

Im besonderen wünschen wir diesen »Triumph« von Struve und Auwer zu diskreditieren, aber im allgemeinen führen wir unsere Vorstellung weiter, daß die Benutzung der Differentialrechnung in der Himmelsmechanik ein untauglicher Versuch ist, und daß diese Betätigung höchstens dem ästhetischen Vergnügen dienen kann und keinen Platz in der Wissenschaft der Astronomie haben sollte, soweit man überhaupt glauben mag, daß es eine Wissenschaft dieses Namens gibt.

Auwers malte einen Kreis um Prokyon und erklärte, das sei die Umlaufbahn des Begleitsterns. Exakt am vorausberechneten Punkt auf der Kreisbahn, an dem der Begleiter am 19. März 1873 sein »sollte«, sah Struve einen Lichtpunkt, der, war er erst akzeptiert, früher oder später auch von anderen gesehen werden würde. Nach Agnes Clerke (*System of the Stars*, S. 173) betrachtete Struve unablässig den Lichtpunkt und überzeugte sich davon, daß er sich bewegte, wie er sich bewegen »sollte«, exakt in der vorausberechneten Umlaufbahn. In *Reminiscences of an Astronomer*, S. 138, erzählte Professor Newcomb die Geschichte. Nach seinen Angaben ließ es ein amerikanischer Astronom nicht damit bewenden, Struves Beobachtungen zu bestätigen: Er sah den angeblichen Begleiter nicht nur, er vermaß ihn sogar exakt.

Zwischen den Linsen von Struves Teleskop wurde ein Defekt entdeckt: Man stellte fest, daß sein Teleskop einen ähnlichen »Begleiter« im Abstand von etwa 10 Zoll zu jedem großen Stern zeigte. Man stellte fest, daß die mehr als nur »bestätigenden« Bestimmungen des amerikanischen Astronomen sich auf einen »schon lange bekannten Stern« bezogen. (Newcomb)

Jeder astronomische Triumph ist ein helles Licht, begleitet von einem Schwachsinn, der es eine Weile als Irrlicht aufscheinen läßt, bis es verlöscht. Pfaffenlist ist keine Tyrannei, sondern Notwendigkeit. Es muß beruhigendere Möglichkeiten geben, die Geschichte zu erzählen. Der brave Priester J. E. Gore (*Studies in Astronomy*, S. 104) erzählt behutsam – nichts weiter, außer daß im Jahre 1873 von Struve ein Begleiter Prokyons »stark angenommen« wurde. Eindeutige Stützpfeiler der Wissenschaften – Inseln scheinbarer Stabilität in kosmischer Sülze. Wir werden die Geschichte Algols mit einigen neuen Entdeckungen überschatten. Doch in allen Köpfen, die nicht überzeugt sind, daß aufrichtige und hingebungsvolle Fälscher den Fortschritt aufhalten, wird die Geschichte, wenn man sich überhaupt an sie erinnert, bald wieder in ihrem trügerischen Glanz erstrahlen. Wir sind Bebenzentren in wackelnder schwarzer Sülze. Eine helle, glänzende Täuschung erscheint uns wie ein Sicherheit verheißender Leuchtturm.

In *Story of the Heavens* sagt Sir Robert Ball, die Periode, mit der Algol blinkt, betrage 2 Tage, 20 Stunden, 48 Minuten und 55 Sekunden. Er nennt Details zu Professor Vogels Berechnungen über einen Lichtfleck und eine Unsichtbarkeit. Es ist ein gottähnliches Machtwort, das aus Unterschieden in der Helligkeit den Durchmesser einer schwachen Erscheinung sowie die Entfernung und die Geschwindigkeit eines Unsichtbaren entstehen läßt – daß der Durchmesser des Lichtpunktes 1054000 Meilen und der Durchmesser des Unsichtbaren 825000 Meilen betrage, und daß deren Mittelpunkte 322000 Meilen voneinander entfernt seien: die Umlaufgeschwindigkeit Algols betrage 26 Meilen pro Sekunde, die Umlaufgeschwindigkeit des Begleiters betrage 55 Meilen pro Sekunde – genau gesagt, 26,3 Meilen und 55,4 Meilen pro Sekunde (Proctor, *Old and New Astronomy*, S. 773).

Wir stoßen auf eine klassische Anmaßung wie diese und fühlen uns zunächst hilflos. Wir erfahren, daß es so sei wie beschrieben. Es ist, als seien wir Bewegungsformen und müßten weitergehen, würden aber von einem absoluten Riegel aus unzerstörbarem Stahl aufgehalten, der sich uns mit unermeßlichem Funkeln in den Weg stellt.

Aber alle Erscheinungen sind Illusionen.
Niemand, der ein Mikroskop besitzt, zweifelt daran; niemand, der vom gewöhnlichen Glauben zur akribischen Untersuchung irgendeiner Sache vorgestoßen ist, bezweifelt es, weil er selbst die konkreten Erfahrungen gemacht hat – daß nämlich, allgemein gesagt, alle Erscheinungen Illusionen sind, und daß wir aufgrund dieser Erkenntnis Widerstände, Ungeheuer, Drachen und Unterdrücker, die wir auf unserer Pilgerfahrt treffen, auflösen werden. Diese Berechnung, die wie ein Riegel scheint, ist selbst eine Bewegungsform. Das Statische kann dem Dynamischen keinen absoluten Widerstand leisten, weil es, während es sich wehrt, proportional selbst zum Dynamischen wird. Wir lernen, daß Modifikationen sich wie Rost in den Stahl unserer Opposition gefressen haben. Die Periode Algols, die Vogel bis auf die Sekunde berechnete, war schließlich so inkompetent bestimmt, daß die ganze Gedankenkette zunichte gemacht wurde –
Astronomical Journal, 11-113:
Daß nach Chandler Algol und sein Begleiter nicht nur nicht umeinander kreisen, sondern daß sie sich gemeinsam um einen weiteren unsichtbaren Körper drehten – regelmäßig.
Bulletin de la Société Astronomique de France, Oktober 1910:
Daß M. Mora zeigte, daß es in Algols Bewegungen Unregelmäßigkeiten gab, die weder Vogel noch Chandler erklärt hatten.
Der Gefährte des Sirius beleuchtet unseren Weg zu der Erkenntnis, daß die Geschichte Unfug sein muß oder Schlimmeres als Unfug – oder, daß zwei Schwänke hinter etwas Dunklerem verschwinden. Die Geschichte des Gefährten des Sirius ist dadurch entstanden, daß Professor Auwers, nachdem er die Bewegungen des Sterns Sirius beobachtet hatte – oder nachdem er in seiner Gier nach Schreibstiften und etwas zum Kritzeln die Bewegungen beobachtet zu haben glaubte –, auf die Existenz eines Trabanten geschlossen und unweigerlich dessen Umlaufbahn berechnet hat. Anfang 1862 richtete Alvan Clark Jr. sein neues Teleskop auf Sirius und sah dort, genau

dort, wo er nach Auwers Berechnungen sein sollte, den Begleiter. Die Geschichte wird von Proctor erzählt, der sie dreißig Jahre später aufgeschrieben hat: die Entdeckung des Gefährten »exakt an der berechneten Stelle«; Proctors Erklärung, daß sich der Begleiter in den folgenden dreißig Jahren »recht ordentlich an die berechnete Umlaufbahn« gehalten habe.
Nach Angaben des *Annual Record of Science and Industry*, 1876-18, hat sich der Begleiter in der Hälfte der von Proctor erwähnten Zeitspanne nicht an die berechnete Umlaufbahn gehalten. Im *Astronomical Register*, 15-186, sind zwei Diagramme von Flammarion abgedruckt: eines zeigt den Orbit des Begleiters, wie er von Auwers berechnet wurde; das zweite den Orbit, wie er sich aus dem Mittel vieler Beobachtungen ergab. Sie entsprechen einander nicht einmal recht ordentlich. Sie entsprechen einander überhaupt nicht.
Ich will vorübergehend akzeptieren, daß Flammarion und die anderen beobachtenden Astronomen recht haben, und daß Autoren wie Proctor, die nicht auf eigene Beobachtungen zurückgreifen, sich irren, auch wenn ich Daten für die Annahme habe, daß es keinen solchen Begleiter gibt. Als Clark sein Teleskop auf Sirius richtete, wurde der Begleiter genau dort gefunden, wo er nach Angaben von Auwers sein mußte. Nach Flammarion und anderen Astronomen wäre der Begleiter, hätte Clark früher oder später hingesehen, nicht an der passenden Stelle gewesen. Im Namen der einzigen Gleichung, von der anscheinend noch kein Astronom etwas gehört hat – aufgrund welcher Umstände konnte der Stern am 31. Januar 1862 exakt da sein, wo man ihn suchte, während er bei allen anderen Gelegenheiten nicht dort gewesen wäre, wo er hätte sein müssen?
Astronomical Register, 1-94:
Eine Darstellung des Sirius – aber mit sechs kleinen Sternen darum herum – ein Bericht von Dr. Dawes über Beobachtungen von Goldschmidt, der den »Begleiter« und fünf weitere kleine Sterne in der Nähe des Sirius gesehen hatte. Dr. Dawes' Anklage oder Meinung geht dahin, daß es kaum möglich scheint, daß

Clark nicht wenigstens einige dieser anderen Sterne gesehen habe. Wenn Alvan Clark sechs Sterne sah, die unterschiedlich weit von Sirius entfernt waren, und sich den aussuchte, der sich in der erforderlichen Distanz befand, als wäre er der einzige, dann verleiht er unseren Aufzeichnungen etwas, das weit über jede Komik hinausgeht. Was Goldschmidts Erklärung angeht, so können Sie sie in *Monthly Notices of the Royal Astronomical Society*, 23-181, 243, nachlesen.

KAPITEL 5

Selbstgefälligkeit und Falschheit und Serien sich anpassender Mißgeschicke – und doch ist die hypnotische Kraft der astronomischen Wissenschaft so groß, daß sie die »tödlichen« Rückschläge einfach dadurch überlebt, daß sie sie vergißt und schlichtweg leugnet, daß sie überhaupt Fehler machen kann. Auf Seite 243 in *Old and New Astronomy* sagt Richard Proctor: »Die Ansichten der Astronomen zu diesen Fragen der Distanz haben sich nicht verändert, und dank der jetzigen Stellung der Astronomie, die (in dieser Hinsicht) auf unwiderlegbare Demonstrationen baut, können sie sich auch nicht verändern.«

Geräusche, die am Himmel dröhnten, und deren Schwingungen legten Dörfer in Trümmer – wenn dies die Stimmen der Entwicklung sind, die verlangt, daß alle Meinungen sich ändern sollen, dann werden wir noch sehen, was aus den Proctors und ihren »unwiderlegbaren Demonstrationen« werden wird. Lichter, die am Himmel erschienen – daß sie das Funkeln auf den Waffen marschierender Heersäulen sind. »Es kann nur eine Erklärung für Meteore geben« – ich glaube, es ist die, daß sie die glänzenden Speerspitzen von Schlächtern der Dogmen sind. Ich deute über der kleinen Stadt Perthshire in Schottland gen Himmel – dort könnte ein neues San Salvador liegen – es könnte dort ein neuer Plymouth Rock zu finden sein. Ich deute zum Krater Aristarchus auf dem Mond – seit mehr als einem Jahrhundert sendet dort vielleicht ein Leuchtturm seine Signale aus. Ob nun aus tiefer Meditation oder Verwirrung und Verblendung – ich deute gezielt oder ungezielt hierhin oder dorthin, und wenn nur einige wenige aus der Vielfalt der Daten akzeptiert werden, verlieren unformulierbare Bahnstörungen ihre absolute Sicherheit, und unsere gleichsam geschrumpften kleinen Horizonte entspannen sich und werden weiter.

Ich weise darauf hin, daß ich auf diesen Seiten, die die Banner einer kosmischen Prozession sind, ein gewisses Verantwortungsgefühl empfinde, aber ich weiß nicht, wie ich einigermaßen ernsthaft bleiben soll, wenn unser Thema nach wie vor die astronomischen »Triumphe« sind.

Es war einmal ein junger Mann, achtzehn Jahre alt, mit Namen Jeremiah Horrox. Er war kein Astronom. Er interessierte sich zwar für die Astronomie, aber wir werden vermutlich darin übereinstimmen, daß ein Achtzehnjähriger, der keinem Astronomen seiner Zeit bekannt war, als Außenseiter gelten muß. Im Dezember 1639 fand ein Venusdurchgang statt, aber kein ausgewachsener Astronom auf der ganzen Welt erwartete ihn, weil der nicht immer große und unfehlbare Kepler den nächsten Durchgang erst für das Jahr 1761 vorausgesagt hatte. Nach Angaben von Kepler sollte Venus im Dezember 1639 unterhalb der Sonne vorbeiziehen. Aber es gab noch eine andere Berechnung: vom großen aber manchmal doch nicht so großen Lansberg: daß Venus im Dezember 1639 durch den oberen Teil der Sonne ziehen werde. Jeremiah Horrox war ein Außenseiter. Er überlegte sich, daß Venus nicht gut zugleich unterhalb und oberhalb der Sonne vorbeiziehen, womöglich aber den Mittelweg nehmen könnte. Venus ging mitten durch die Sonnenscheibe, und Horrox meldete das Ereignis, das er beobachtet hatte.

Ich glaube, dies war eine der schlimmsten Demütigungen in den Annalen geplatzter Seifenblasen. Man denkt mitfühlend an das Frohlocken der Philister des siebzehnten Jahrhunderts. Noch heute wird die Geschichte von den Proctors und den Balls und Newcombs erzählt: ein Triumph der Absorption ist die Art und Weise, wie sie die Geschichte von einem Jungen erzählen, der schließen konnte, daß etwas, das nicht zwei Extreme gleichzeitig befriedigen konnte, einen Mittelweg nehmen müsse, und der dadurch etwas sah, das kein professioneller Beobachter seiner Zeit sah. Sie erklärten die Blamage

hinweg, indem sie den Amateuer gleichsam beförderten und feststellten:
Daß der Durchgang der Venus im Dezember 1639 von Jeremiah Horrox beobachtet wurde, »dem großen Astronomen«.
Wenn wir weiterschreiten, werden wir einige Entdeckungen machen, und einige von ihnen werden uns schlimmer vorkommen als andere, aber hier wartet eine Entdeckung auf uns, die von Interesse sein könnte: das Geheimnis der Unsterblichkeit – daß alles und jedes auf Widerstand stößt, daß aber ein Ding, das seine sterblichen Widerstände sich inkorporieren oder in sich assimilieren kann, ewig leben wird. Dank ihrer Absorptionen verewigt die Wissenschaft der Astronomie ihre Seifenblasen, aber es gibt auch Anzeichen für Verdauungsbeschwerden. Siehe den *New York Herald* vom 16. September 1909. Dort behauptet Flammarion, der inzwischen wohl von dieser Behauptung abgerückt ist, Dr. Cooks »Entdeckung des Nordpols« sei eine »astronomische Glanzleistung« gewesen. Es gibt freilich andere Möglichkeiten, und man möchte fast vermuten, daß die Behandlung, die Dr. Lescarbault von Flammarion erfuhr, diese anderen Möglichkeiten illustriert.
Wie es scheint, genoß Dr. Lescarbault im Jahre 1859 als Astronom einen guten Ruf. Es scheint, damals habe er noch einen Planeten als Planeten erkennen können, wenn er einen sah, denn in einem Interview überzeugte er Leverrier einmal davon, daß er einen Planeten erkennen könne, wenn er einen sähe. So hatte er vom Planeten Venus wohl mindestens einmal gehört, denn im Jahre 1882 veröffentlichte er ein Papier, in dem er andeutete, Venus habe eine Atmosphäre. Aufgrund einer Beobachtung oder einer Ankündigung von ihm näherte sich Leverriers Fiasko seinem Höhepunkt: die Ankündigung eines intramerkuriellen Planeten, der nicht erschien, als er erscheinen »sollte«. Ich habe den Verdacht, daß die Astronomen, es sei ihnen vergeben, schwach wurden und Lescarbault auf die Abschußliste setzten, und daß im Jahre 1891 etwas geschah, das einem von ihnen eine Angriffsmöglichkeit bot. Anfang 1891 erklärte Dr. Lescarbault, er habe am Abend des 11. Januar 1891 einen neuen

Stern entdeckt. Auf der nächsten Sitzung der Académie Française erhob sich Flammarion, sprach nur kurz und setzte sich ohne großes Gehabe wieder hin. Er sagte, Lescarbault habe Saturn »entdeckt«.

Nun, wenn ein Navigator mit mindestens dreißigjähriger Berufserfahrung erklärt, er habe eine neue Insel entdeckt, und diese Insel entpuppt sich dann als Bermuda, dann wäre er mit Lescarbault vergleichbar - mit dem Bild, das Flammarion von Lescarbault hier zeichnen wollte. Auch wenn ich selbst über astronomische Themen schreibe, denke ich doch, selbst ich müßte Saturn erkennen, wenn ich ihn sehe - wenigstens in einer Zeit wie 1891, als die Ringe sichtbar waren. Es ist vielleicht ein unglaublicher Fehler. Aber wir werden zu unserer Genugtuung feststellen, daß Astronomen just solche unglaublichen Fehler begangen haben.

In *Cosmos*, n. s., 42-467, finden wir eine Liste von Astronomen, die »unbekannte« dunkle Himmelskörper meldeten, die über die Sonnenscheibe zogen:

La Concha	Montevideo	5. November 1789
Keyser	Amsterdam	9. November 1802
Fisher	Lissabon	5. Mai 1832
Houzeau	Brüssel	8. Mai 1845

Dem *Nautical Almanac* zufolge kreuzte der Planet Merkur an diesen Tagen die Sonnenscheibe.

Entweder, die Flammarions bestrafen auf diese Weise jene, die das Neue und Unerwünschte sehen, oder Astronomen »entdecken« wirklich Saturn und erkennen Merkur nicht, wenn sie ihn sehen - und daß Buckle etwas übersah, als er schrieb, daß nur die Geschichtswissenschaft zweitklassige Geister anlockt, die nicht einmal zum Pfaffen taugen.

Was wir auch von Flammarion halten, wir müssen seine Energie bewundern. Aber wir werden ein sehr handfestes Beispiel aus England für die Art und Weise betrachten, auf welche sich die Astronomie behauptet und jene kontrolliert, die sagen, sie sähen Dinge, die sie nicht sehen »dürften«. Wir blättern beiläufig die nicht sehr attraktiv aufgemachten Seiten des *English Mechanic* von 1893 durch. Jedenfalls erwarten wir nicht, dort irgendwelche Sensationen zu finden, und auf einmal starren wir eine an – die Zeichnung einer botanisch-pathologischen Monstrosität, eine Art Warzenmelone mit Reihen von Geschwüren darauf (*English Mechanic*, 20. Oktober 1893). Der Leser wird von Andrew Barclay, F.R.A.S.[6], aus Kilmarnock, Schottland, darüber unterrichtet, daß es sich dabei nach Auskunft seines vorsintflutlichen Teleskops um den Planeten Jupiter handelt.

In der nächsten Ausgabe des *English Mechanic* schreibt Captain Noble, F.R.A.S., sehr freundlich, wenn er ein solches Teleskop besäße, dann würde er die optischen Teile um das verkaufen, was sie eben einbrächten, und aus dem Rohr eine Schornsteinkappe machen.

English Mechanic, 1893-2-309 – der Planet Mars, nach Andrew Barclay – eine dunkle Kugel, umgeben von einem dicken Ring aus hellerem Material; daran klebt eine weitere Kugel, halb so groß – eine Zeichnung, so bizarr und widerlich wie der im Museum ausgestellte Mann, in dessen Körper der Kopf seines ungeborenen Zwillingsbruders steckt, während der zwergenhafte Körper an der Seite herunterhängt. Wir lesen in der Beschreibung von Mr. Barclay, daß der Hauptkörper rot und der Auswuchs blau sei.

Captain Noble – »Unverschämt ... der Tropfen, der das Faß zum Überlaufen bringt!«

Mr. Barclay meldet sich mit neuen Beobachtungen über die Buckel des Jupiter zu Wort, aber im Rest des Bandes hört man nichts mehr von ihm. Man liest weiter, interessiert sich für beschaulichere Dinge, vergißt allmählich die Kontroverse –

English Mechanic, 23. August 1897:

Eine Galerie der Monstrositäten: Andrew Barclay, der mit »F.R.A.S.« unterschreibt, stellt vor:

Der Planet Jupiter, sechsfach von Buckeln umgeben; der gezeichnete Mars, der teilweise in ihn hineingewachsene Zwil-

[6] Fellow of the Royal Astronomical Society

lingsbruder ist jetzt ein wenig verkleinert, aber immer noch beunruhigend für alle ordentlich ausgebildeten Beobachter; der Planet Saturn, geformt wie ein Pilz mit einem Ring darum herum.

Captain Noble – »Mr. Barclay ist kein Fellow der Royal Astronomical Society und würde, wäre es das Siegelwachs wert, per Gerichtsbeschluß daran gehindert, sich so zu bezeichnen!« Auf Seite 361 des *English Mechanic* nennt Captain Noble die ganze Sache die »verrückten Halluzinationen eines Pseudo-F.R.A.S.«.

Die Mitgliederliste der Royal Astronomical Society von Juni 1875 bis Juni 1896:

»Barclay, Andrew, Kilmarnock, Schottland; gewählt am 8. Februar 1856.«

Die Liste von 1897 kann ich in den Bibliotheken nicht finden. Die Liste für 1898 – Andrew Barclays Name taucht nicht auf. Du sollst keine Buckel auf Jupiter sehen.

Jede Beobachtung Barclays hatte etwas, das für sie sprach. Alle konventionellen Darstellungen Jupiters zeigen Einkreisungen von rundlichen Strängen, die wir als Wolkenformationen sehen sollen, aber im *Journal of the British Astronomical Association*, Dezember 1910, ist ein Papier von Dr. Downing veröffentlicht, das den Titel trägt: »Ist Jupiter buckelig?« Dort wird angedeutet, daß verschiedene Phänomene auf Jupiter zu der Vorstellung passen würden, daß es auf dem Planeten Auswüchse gibt. Eine gewöhnliche Erscheinung, die angeblich eine Illusion ist, zeigt Saturn als länglichen, wenn nicht gar pilzförmigen Körper: Sie können in jedem guten Nachschlagewerk nachsehen, was es mit Saturns »Breitschultrigkeit« auf sich hat. In *L'Astronomie*, 1889-135, befindet sich eine Zeichnung des Mars aus dem Jahre 1636, die auf Fontana zurückgeht – eine von einem Ring umschlossene Kugel; im Zentrum der Kugel ein großer, vorspringender Körper, der nach Fontana ausgesehen habe wie ein riesiger, schwarzer Kegel.

Doch ob dieses oder jenes uns amüsieren oder erzürnen soll, ob wir es akzeptieren oder verwerfen sollten, ist nicht das Problem; aber Andrew Barclay sagte zur Einleitung selbst:

Daß mit einem konventionellen Teleskop konventionelle Erscheinungen gesehen werden, und daß ein Teleskop anhand der Konventionalität der mit ihm gemachten Beobachtungen bewertet wird; daß es aber neue optische Prinzipien oder Anwendungen geben kann, die dem Auge und dem gewöhnlichen Teleskop das sind, was das konventionelle Teleskop einst dem Auge war – zu einer Zeit, als Wissenschaftler sich weigerten, die anmaßenden, erzürnenden, unmöglichen Monde des Jupiter anzusehen.

In *English Mechanic*, 33-327, finden wir einen Brief des Astronomen A. Stanley Williams. Er hatte schon vorher einmal über Doppelsterne, ihre Farben und ihre Leuchtkraft geschrieben. Ein weiterer Astronom, Herbert Sadler, hatte auf einige Irrtümer hingewiesen. Mr. Williams erkennt die Irrtümer an, erklärt, daß einige von ihm selbst stammten und einige aus Smyths *Cycle of Celestial Objects*. In *English Mechanic*, 33-377, erklärt Sadler, er würde Williams ernstlich davon abraten, die neue Ausgabe von Smyths *Cycle* zu benutzen, weil mit Ausnahme von Band 40, *Memoirs of the Royal Astronomical Society*, »kaum einmal ein entsetzlicherer, fehlerhafterer« Katalog von Doppelsternen veröffentlich worden sei. »Wenn Sie«, sagt ein Astronom zum anderen Astronomen, »ein Exemplar dieses elenden Machwerkes haben, dann verkaufen Sie es als Altpapier. Es ist vollgestopft mit den allerdümmsten Fehlern.«

Nun tritt eine neue Figur auf. Es ist George F. Chambers, F.R.A.S., Autor einer langen Reihe astronomischer Werke und einer Abhandlung mit dem Titel *Where Are You Going, Sunday?* Auch er meint es ernst. An seinen früheren Zuschriften fällt uns nichts Böses auf, und wir nehmen an, es ist ihm so ernst, weil es ihm um die höchste Wahrheit geht. Sagt ein Astronom über einen anderen Astronomen, dieser sei »offenbar einer jener selbstgefälligen jungen Männer, die nur auf Händel aus sind«. Aber kann Mr. Sadler denn schon vergessen haben, was bei früherer Gelegenheit mit ihm geschah, als er Admiral Smyth in Verruf gebracht hatte? Chambers fordert Sadler auf, eine Liste von nur fünfzig »dummen Fehlern« im Buch zu veröffentlichen. Er zitiert die Meinung des königlichen Astronomen: daß das Buch ein »äußerst verdienstvolles Werk« sei. »Airy gegen Sadler« hieß es nun: »Wer soll der Sieger sein?«

Wir haben nicht sehr vielversprechend begonnen. Wenig Aufregendes schien bei Objekten wie Doppelsternen, ihren Farben und ihrer Leuchtkraft auf uns zu warten; aber üble Nachrede und Beleidigung machen immer Spaß, und nun ist unsere Neugierde geweckt: Wir möchten gern erfahren, was mit Herbert Sadler geschah.

Ende 1876 wurde Herbert Sadler zum Mitglied der Royal Astronomical Society gewählt. In *Monthly Notices of the Royal Astronomical Society*, Januar 1879, erscheint seine erste wissenschaftliche Abhandlung, die vor der Society verlesen wurde: *Notes on the late Admiral Smyth's Cycle of Celestial Objects, zweiter Band, bekannt als Bedford Catalogue.* Ohne besonderen Nachdruck, wenigstens soweit wir dies nach unseren Maßstäben der Unterdrückung erkennen können, läßt Sadler sich über einige »außergewöhnliche Fehler« in diesem Werk aus.

Auf dem Treffen der Society am 9. Mai 1879 wurde ein Angriff auf Sadler vorgetragen, angeführt oder ausgeführt von Chambers, der entrüstet rief, Sadler habe einen großen Astronomen beleidigt und solle zurücktreten. Im Bericht über das Treffen, der im *Observatory* veröffentlicht wurde, findet sich keine Spur davon, daß irgend jemand versucht habe, in diesem Buch Fehler festzustellen oder zu bestreiten. Chambers ignorierte alles außer seiner Anklage der üblen Nachrede und verlangte erneut Sadlers Rücktritt. In *Monthly Notices of the Royal Astronomical Society*, 39-389, brachte der Rat der Society sein Bedauern darüber zum Ausdruck, daß man die Veröffentlichung von Sadlers Abhandlung erlaubt habe, »da sie durch die Fälle, auf die er sein Urteil stützt, absolut nicht gerechtfertigt ist«.

Wir stellen fest, daß Mr. Chambers die neue Ausgabe von Smyths *Cycle* lektoriert und veröffentlicht hatte.

In *English Mechanic* forderte Chambers Sadler auf, fünfzig

»dumme Fehler« aufzuzeigen. Siehe Seite 451, Band 33, *English Mechanic* – Sadler führt genau fünfzig »dumme Fehler« an. Er sagt, er hätte nicht 50, sondern 250 anführen können, und zwar keine trivialen, sondern »schreckliche Fehler«. Er sagt, in einer Serie von 167 Beobachtungen seien 117 falsch gewesen.

Der *English Mechanic* verabschiedet sich aus dieser Komödie, aber die Entwicklung geht weiter. Der Rat zog sein »Bedauern« wieder zurück und erlaubte die Veröffentlichung einer Kritik an Chambers' Ausgabe von Smyths *Cycle* in den *Monthly Notices of the Royal Astronomical Society*, 40-497. Die Sprache dieser Kritik, vorgetragen von S. W. Burnham, war nicht weniger beleidigend als Sadlers Worte: daß Smyths Daten »entweder grobe Näherungswerte oder krass inkorrekt waren, und zwar mit solcher Häufung, daß man sie unmöglich mit ursprünglichen Beobachtungsfehlern erklären kann«. Burnhams Fehlerliste umfaßt 30 Seiten.

Darauf folgt eine Abhandlung von E. B. Knobel, der 17 Seiten mit Beispielen dafür veröffentlicht, wo Mr. Burnham nach seiner Ansicht zu streng war. Da wir nicht wissen, ob Mr. Burnham dieser Einschränkung widersprochen hat, bleiben noch 13 Seiten anerkannter Fehler in einem astronomischen Standardwerk. Dieses Werk kann aber keinesfalls als der Durchschnitt der astronomischen Arbeit allgemein angesehen werden, war es doch nach Ansicht des königlichen Astronomen ein »äußerst verdienstvolles Werk«.

Ich glaube, wir haben nun etwas erreicht. Nach alldem sollten wir ungezwungener und liebenswürdiger miteinander umgehen können. Dreizehn Seiten voller Fehler in einem astronomischen Standardwerk sind beruhigend: die liebenswerte Fehlbarkeit sorgt für bessere Beziehungen. Wenn die Astronomen wären, für was sie sich halten, dann könnten wir mit derselben Aussicht auf Gehör ein mißbilligendes Quieken gegen Alpengipfel richten. Über Astronomen, die die Positionen von Planeten berechnen, sagt Newcomb – der einer von ihnen ist – in *Reminiscences of an Astronomer:* »Die Männer, die dies getan haben, sind deshalb die wenigen Erwählten des Menschengeschlechts – eine Aristokratie des Geistes, die über allen anderen auf der Stufenleiter des Daseins steht.« Mit solcherart Erwählten könnten wir uns nie recht wohlfühlen. Wir sind Mr. Sadler dankbar, der für angenehmere Beziehungen sorgte.

KAPITEL 6

English Mechanic, 56-184:
Daß Archidiakon Nouri am 25. April 1892 auf den Berg Ararat stieg. Er hoffte, dort oben für seine Kletterei eine archäologische Entschädigung zu finden. Er fand die Arche Noah.
Etwa zur gleichen Zeit besah Dr. Holden, der Direktor des Lick Observatory, eins der blitzblanken, geheimnisvoll aussehenden Instrumente, die in der neuen Ikonologie die Heiligenbilder ersetzt haben. Dr. Holden wartete auf den verabredeten Augenblick, in dem in der Bucht von San Francisco eine große Menge Dynamit explodieren sollte. Der Augenblick kam. Der polierte kleine »Heilige« schenkte dem gläubigen Wissenschaftler eine Offenbarung. Der schrieb gleich einen Bericht über seine Aufzeichnungen und schickte Kopien an Zeitungen in San Francisco. Dann erfuhr er, daß die Sprengladung überhaupt nicht gezündet worden war. Er schickte dem ersten Boten flugs einen zweiten hinterher, und weil Boten manchmal Geschwindigkeiten entwickeln, die zur Dringlichkeit des Botengangs proportional sind – »entging das Observatorium um Haaresbreite der Lächerlichkeit«. Siehe *Observatory*, 20-467.
Diese Enthüllung stammt von Professor Colton, der, auch wenn er selbst allen »Heiligen« treu ergeben ist, Dr. Holden nicht leiden konnte.
Das System, das Archidiakon Nouri repräsentierte, verlor seine Macht, weil seine Behauptungen über alles Einsehbare hinausgingen, und weil es sich in anderer Hinsicht unempfänglich für das Offensichtliche zeigte. Das System, das Dr. Holden repräsentierte, ist nicht anders: auch dort wird gesehen, was wünschenswert scheint, und es gibt die gleichen tiefen Meditationen

über entfernte Dinge und die gleiche Unaufmerksamkeit für halbwegs akzeptable Ausgangspunkte.
Die Astronomen erzählen ihrem Publikum gern, welche Gase auf unvorstellbar weit entfernten Sternen verbrennen, aber sie haben uns zum Beispiel noch nie auf einleuchtende Weise erklären können, daß die Erde rund ist. Natürlich will ich damit nicht sagen, daß dies oder sonst etwas eindeutig bewiesen werden könnte, aber es ist deprimierend zu hören, daß jemand mit großer Bestimmtheit sagt, der runde Schatten der Erde auf dem Mond beweise, daß die Erde rund sei, während Berichte über eckige Schatten nicht eben selten sind, und während, wenn die Erde ein Würfel wäre, ihre geraden Seiten dennoch runde Schatten auf einen konvexen Mond werfen würden. Daß der vordere Teil eines sich entfernenden Schiffs der tiefere Teil sein soll, mag auf die gleiche perspektivische Verzerrung zurückgehen wie der Eindruck, Eisenbahnschienen berührten einander in der Ferne. Meteore erscheinen manchmal über einem Teil des Horizonts und scheinen dann auf gekrümmter Bahn hinter dem gegenüberliegenden Horizont zu verschwinden, während sie überhaupt keine Kurve fliegen, weil in einer Kette von Beobachtern jeder den Eindruck hat, im Zentrum der vermeintlichen Kurve zu stehen.
Vor langer Zeit – etwa im Jahre 1870 – gab es ein ungewöhnliches sportliches Ereignis. John Hampden, der den Leuten wegen seiner Frömmigkeit und seines losen Mundwerks bekannt war, und dessen erklärter Lebenszweck es war, die Prinzipien der frühesten Geodäten hochzuhalten, wettete fünfhundert Dollar darauf, daß er beweisen könne, daß die Erde flach sei.
Irgendwo in England ist der Bedford Canal, und entlang dieses Kanals hat man auf einer Strecke von sechs Meilen einen geraden, ungehinderten Blick. Die orthodoxe Doktrin – oder die Doktrin der neueren Orthodoxie, weil John Hampden sich selbst für den Orthodoxen hielt – besagt, daß die Krümmung der Erde in folgender Formel ausgedrückt werden kann: 8 Zoll für die erste Meile, dann das Quadrat der Distanz multipliziert

mit 8 Zoll. Bei zwei Meilen wären es das Quadrat von 2, also 4, multipliziert mit 8. Ein sechs Meilen entferntes Objekt sollte demnach um 288 Zoll tiefer liegen, oder, wenn man nach Proctor (*Old and New Astronomy*) die Lichtbrechung berücksichtigt, um 216 Zoll. Hampden sagte, ein auf dem Bedford Canal sechs Meilen entferntes Objekt sei nicht so tief eingesunken, wie es eingesunken sein »sollte«. Dr. Alfred Russell Wallace nahm die Wette an. Mr. Walsh, der Herausgeber des *Field*, wurde zum Schiedsrichter bestimmt. Eine Prozession zog zum Bedford Canal hinaus. Objekte wurden durch Teleskope betrachtet oder gesucht, und die Entscheidung lautete, daß Hampden verloren hatte. Die Schar der Erwählten frohlockte, aber Hampden gab eins seiner fürchterlichsten Bombardements von Bibelversen zum besten und schrie etwas von Verschwörung und Unterschlagung und Enteignung und was weiß ich nicht alles und erklärte hitzig, daß er betrogen worden sei.

In *English Mechanic*, 80-40, schreibt jemand über den Versuch, die Wahrheit über das »Experiment vom Bedford Canal« herauszufinden. Wir erfahren, daß das Experiment wiederholt wurde. Der Autor erklärt, wenn es eine Grundlage für die Gerüchte gäbe, die er gehört habe, dann müsse mit der etablierten Doktrin etwas nicht stimmen. Auf Seite 138 erwidert Lady Blount, daß sie am 11. Mai 1904 den Bedford Canal aufgesucht habe. Sie war in Begleitung von Mr. E. Clifton, einem bekannten Fotografen, der nicht wie sie das Motiv hatte, das Ansehen des alten Herrn wiederherzustellen, der sich als erster dem Studium der Geodäsie verschrieben hatte. Doch sie verfällt weder der Pietät noch der Gottlosigkeit. Sie sagt, Mr. Clifton habe mit seiner teleskopischen Kamera ein sechs Meilen entferntes Tuch fotografiert, das nach der konventionellen Theorie hätte unsichtbar sein müssen. In einer späteren Ausgabe des *English Mechanic* wurde eine Reproduktion des Fotos veröffentlicht. Nach diesem Beweis ist die Erde flach oder eine viel größere Kugel, als man gemeinhin annimmt.

Aber auf der Sitzung der British Association for the Advancement of Science im Jahre 1901 verlas Mr. H. Yule Oldham eine Abhandlung über seine Ermittlungen am Bedford Canal. Auch er zeigte Fotografien. Auf seinen Fotos wiederum ist alles unsichtbar, was unsichtbar sein soll.

Ich akzeptiere, daß jeder, der überzeugt ist, daß es auf dem Berg Ararat noch Relikte gibt, nur auf den Berg Ararat klettern muß, um etwas zu finden, von dem man sagen kann, es sei ein Teil der Arche Noah, vielleicht versteinert. Wenn jemand anders überzeugt ist, daß man einen Fehler gemacht hat und daß der richtige Berg in Wirklichkeit der Pike's Peak ist, dann braucht er nur auf den Pike's Peak in Colorado zu klettern und zu beweisen, daß dieses tugendhafteste aller Länder einst das Gelobte Land war. Die Bedeutung, die ich aus der ganzen Sache herauslese ist die, daß in diesem finsteren Mittelalter, in dem wir leben, nicht einmal etwas so Rudimentäres wie der Umriß der Erde jemals wirklich erforscht wurde, außer hier und dort einmal, um jemandes Theorie zu stützen, weil Astronomen seit jeher instinktiv das Entfernte und nicht so leicht Verständliche, das vor äußeren Nachforschungen sicher ist, vorgezogen haben.

In *Earth Features and Their Meaning* sagt Professor Hobbs, die Erde sei wie ein Kreisel geformt, weil das die sich nach unten verjüngenden Kontinente Südafrika und Südamerika nahelegten. Nach Professor Hobbs zeigen Beobachtungen mit einem Pendel, daß die Erde wie ein Kreisel geformt sei. Vor ein paar Jahren verlas Dr. Gregory auf einer Sitzung der Royal Geographical Society eine Abhandlung, in der Daten genannt wurden, welche die Theorie der kreiselförmigen Erde unterstützten. Man lachte ihn nicht aus. Der Präsident der Gesellschaft schloß die Diskussion mit ausdrücklicher Zustimmung, indem er daran erinnerte, daß Christoph Kolumbus als erster gesagt habe, die Erde sei geformt wie ein Kreisel. Weitere Ansichten zu dieser Revolte gegen alte Dogmen finden Sie in *Bulletin de la Société Astronomique de France*, 17-315; 18-143; *Popular Science News*, 31-234; *English Mechanic*, 77-159; *Scientific American*, 100-441.

Was die angeblichen Bewegungen der Erde angeht – um ihre Achse und auf einer Kreisbahn –, so sind die Umstände die gleichen, trotz der verbreiteten Annahme, die Existenz dieser Bewegungen sei mittels der Synthese von Daten und durch unwiderlegbare Logik nachgewiesen worden. Heute blicken alle Wissenschaftler, Philosophen und frommen Menschen zurück und fragen sich, was nur mit ihren Vorgängern los war, daß diese ihnen gestatten konnten zu glauben, was sie bisher glaubten. Angenommen, es gibt eine Nachwelt, dann werden wir deren Vorgänger sein. Wird das, was heute konventionell gelehrt wird, in der Zukunft so schwachsinnig erscheinen wie den heutigen Orthodoxien die Ausdünstungen vergangener Systeme?

Beispielsweise, daß es die Erde ist, die sich bewegt, auch wenn die Sonne sich zu bewegen scheint, und zwar aufgrund der gleichen Illusion, der die Passagiere auf einem Boot unterliegen, für die sich das Ufer zu bewegen scheint, während sich das Boot bewegt.

Übertragen Sie diese Überlegung auf den Mond. Der Mond scheint die Erde zu umkreisen – aber für die Passagiere auf einem Boot scheint sich das Ufer zu bewegen, während sich das Boot bewegt – deshalb bewegt sich der Mond nicht.

Was die Bewegungen der Planeten und Sterne angeht, die mit der Vorstellung von einer sich bewegenden Erde in Einklang sind, so lassen sie sich ebensogut mit der Vorstellung von einer stationären Erde in Einklang bringen.

Im System, das von Kopernikus entworfen wurde, finde ich nichts, von dem man sagen könnte, daß es auch nur entfernt einer festen Grundlage ähnelt; nichts als den Vorzug größerer Einfachheit. Eine Erde, die sich dreht und um eine Sonne kreist, kann man sich einfacher vorstellen als eine stationäre Erde, um die sich eine starre Anordnung von Sternen dreht, die ihrerseits von einer unbekannten Substanz oder Abstoßungskraft auseinandergehalten werden. Aber wer nun glaubt, Vereinfachung sei ein Maßstab, nach dem man urteilen dürfe, der sei an Herbert Spencers Datensammlung erinnert, aus der hervorgeht, daß der Fortschritt des Wissens die Maßstäbe, mit denen das Fortgeschrittenere gemessen wird, komplizierter macht und daher größere Komplexheit und nicht Einfachheit schafft. Ich akzeptiere, daß es Strömungen in die eine wie die andere Richtung gibt: daß das Ptolemäische System komplex war und vereinfacht wurde; daß aus dem, was einst eine Klärung war, neue Komplikationen erwuchsen, und daß abermals eine Strömung zur Vereinfachung oder Klärung entstehen wird - daß die Vereinfachung von Kopernikus sich zu einem Schreckgespenst von Unerklärlichkeiten entwickelte, die um ein Gewirr von Unbeständigkeiten kreisen, denen gegenüber die Kompliziertheiten des Ptolemäus eine klare Geometrie sind: Wunder, Unglaublichkeiten, Narrheiten; wankende Schlußfolgerungen, die auf fadenscheinigen Übereinkünften beruhen; vergewaltigte Beobachtungen, die verblendeten Prinzipien als Sklaven dienen -

Und über dem Getöse der Anpassungen und Zusammenbrüche hört man einen klaren Ruf - den Ruf nach einer Neo-Astronomie - die vielleicht nicht unsere Neo-Astronomie ist.

Professor Young sagt beispielsweise in seinem *Manual of Astronomy*, es gebe keine allgemeingültigen, offensichtlichen Beweise dafür, daß die Erde um die Sonne kreise, sondern es gebe drei Sinnwidrigkeiten, die alle in modernen Zeiten festgelegt worden seien. Wenn Kopernikus das heutige System begründete, dann gründete er es auf nichts. Er hatte nichts, auf das er es gründen konnte. Er hatte von diesen Sinnwidrigkeiten entweder noch nichts gehört oder konnte sie nicht entdecken. Seine ganze Logik läßt sich in seiner Überlegung zusammenfassen, daß die Erde rund sei - daß die Erde rund sei, weil es eine allgemeine Neigung zur Kugelform gebe, die sich beispielsweise auch bei Früchten und Wassertropfen zeige - was wiederum belegt, daß er nicht nur von Sinnwidrigkeiten, sondern auch von Eiszapfen, Bananen und Austern nichts wußte.

Ich will nicht überheblich die bescheidenen, mehr als fragwürdigen Vorfahren der modernen Astronomie lächerlich machen. Ich will nur darauf hinweisen, daß eine Doktrin entstand, die keine Grundlage hatte – kein Datum, nicht eine einzige Beobachtung, auf die sie sich stützen konnte; keine astronomischen Prinzipien, keine mechanischen Prinzipien, die sie rechtfertigen könnten. Unsere Untersuchungen werden sich auf die Frage richten, wie es in den Annalen der falschen Architektur dazu kommen konnte – außer durch ein Wunder natürlich –, daß diesem unbegründeten Bau später eine Grundlage untergeschoben, untergegraben oder druntergerammt werden konnte, die Gott weiß wie erfunden und modelliert wurde.

KAPITEL 7

Die drei Sinnwidrigkeiten:
Die Aberration des Lichts, die jährliche Parallaxe der Sterne, die regelmäßigen, jährlichen Verlagerungen in den Spektrallinien der Sterne.
Mit der Aberration des Lichts ist eine Verlagerung aller Sterne im Laufe eines Jahres gemeint. Die Sterne in der Nähe des Pols der Ekliptik beschreiben Kreise, die Sterne näher an der Ekliptik beschreiben Ellipsen, und die Sterne auf der Ekliptik lediglich kleine gerade Linien. Man nimmt an, daß das Licht eine bestimmte Geschwindigkeit hat, und daß diese Formen das Verhältnis zwischen der Lichtgeschwindigkeit und der angenommenen Geschwindigkeit der Erde auf ihrer Umlaufbahn zum Ausdruck bringen. Im Jahre 1725 dachte Bradley sich die heutige orthodoxe Erklärung für die Aberrationsformen der Sterne aus: daß sie den Weg reflektieren oder repräsentieren, den die Erde um die Sonne beschreibt, wenn er von den Sternen aus gesehen würde. Er würde von den Sternen am Pol der Ekliptik aus beispielsweise kreisförmig erscheinen. In Bradleys Tagen gab es noch keine eindeutigen Täuschungen darüber, daß die Erde andere Bahnen am Himmel kreuzt, weil sie Teil eines ganzen sich bewegenden Systems ist, und deshalb war Bradley mit seiner einfachen Erklärung zufrieden. Etwa ein Jahrhundert später beschlossen die Astronomen aufgrund einiger der amüsantesten Überlegungen, die man sich nur denken kann, daß das ganze angebliche Sonnensystem sich mit einer Geschwindigkeit von etwa 13 Meilen pro Sekunde von der Region des Sirius entfernt und auf einen Punkt in der Nähe der Wega zusteuert. Dies spielt sich am nördlichen Himmel ab, weil die südlichen Astronomen damals noch nicht viel zu sagen

hatten. Wenn sich die Erde nun zu einer gewissen Zeit im Jahr und auf einem bestimmten Abschnitt ihrer Umlaufbahn in die Richtung bewegt, in die sich das ganze Sonnensystem bewegt, dann setzt sich die Geschwindigkeit der Erde aus der Summe aus ihrer Eigengeschwindigkeit und der allgemeinen Bewegung zusammen; wenn die Erde dann herumschwingt und zurückläuft, müssen wir ihre Eigengeschwindigkeit von der allgemeinen Geschwindigkeit abziehen. Die erste Sinnwidrigkeit wird damit schon durch ihre technischen Bedingungen ausgehebelt, denn die Aberrationsformen reflektieren dann überhaupt nicht die jährliche Bewegung der Erde. Wenn der Weg der Erde um die Sonne nach konventionellen Begriffen zwar kreisförmig oder elliptisch ist, dann ist er es relativ zu den Sternen nicht mehr, sobald die Erdbewegung mit der Bewegung der Sonne zusammenfällt; dann muß man eine andere Erklärung für die Aberrationsformen finden.

Der zweite angebliche Beweis dafür, daß die Erde um die Sonne kreist, ist die Parallaxe der Sterne. In konventionellen Begriffen sagt man, daß zwei einander gegenüberliegende Punkte auf der Umlaufbahn der Erde 185 000 000 Meilen auseinander liegen. Man sagt, daß Sterne, die von diesen unterschiedlichen Standorten aus betrachtet werden, vor dem Hintergrund um eine Winzigkeit verschoben seien. Abermals die Bewegung der Sonne – wenn die Erde in konventionellen Begriffen als Teil des Sonnensystems vom Sirius zur Wega reist, dann legte sie in 2000 Jahren 819 936 000 000 Meilen zurück. Dies ist 4500mal die Entfernung, die als Grundlinie für die Parallaxe aufgrund der Umlaufbahn herangezogen wird. Die Verschiebung der Sterne aufgrund der Parallaxe durch die Bewegung der Sonne sollte in diesen 2000 Jahren 4500mal so groß sein wie die Verschiebung aufgrund der Parallaxe der Umlaufbahn in einem Jahr. Wenn die Parallaxe der Umlaufbahn so winzig ist, wie es die Voraussetzungen nahelegen, dann müßte bei einem 4500mal größeren Wert der Große Wagen eine Delle und die Sichel des Sternbilds Löwe eine Scharte bekommen, und vielleicht würde der Drache wie ein Drache aussehen. Aber kein Stern am Himmel hat sich mehr als nur eine Winzigkeit bewegt, seit Hipparchus vor 2000 Jahren die Sterne katalogisierte. Wenn es winzige Verlagerungen der Sterne gibt, die auf die orbitale Parallaxe zurückgeführt werden, dann müssen sie auf andere Weise erklärt werden, weil die Sonne offenbar nicht von Sirius zur Wega zieht, und weil, was genauso vernünftig ist, die Erde sich nicht bewegt.

Professor Youngs dritter »Beweis« ist spektroskopisch.

In welchem Maße können wir uns in der Astronomie auf die Spektroskopie verlassen?

Bryant, *A History of Astronomy*, S. 206:

Daß Venus sich nach Bélopolsky in etwa 24 Stunden um sich selbst dreht, wie mit dem Spektroskop ermittelt wurde; daß Venus sich nach Dr. Slipher in 224 Tagen um sich selbst dreht, wie mit dem Spektroskop ermittelt wurde.

Nach Beobachtungen, deren Vielzahl uns der Notwendigkeit enthebt, auch nur eine zu zitieren, zeigen die scheinbaren Bewegungen der Sterne, die vom Mond verdunkelt werden, daß der Mond eine Atmosphäre hat. Laut Spektroskop hat der Mond keine Atmosphäre (*Pubs. Astro. Soc. Pacific*, Bd. 6, Nr. 37.)

Der leuchtende Ring um die Venus, der während der Durchgänge von 1874 und 1882 beobachtet wurde, legt die Vermutung nahe, daß Venus eine Atmosphäre hat. Die meisten Astronomen sagen, daß Venus eine extrem dichte Atmosphäre habe, welche die Oberflächenstruktur des Planeten verberge. Nach der Spektralanalyse von Sir William Huggins hat Venus keine Atmosphäre (*English Mechanic*, 4-22).

Im *English Mechanic*, 89-439, sind die Resultate einer spektroskopischen Untersuchung des Mars von Direktor Campbell vom Lick Observatory veröffentlicht: daß es auf dem Mars keinen Sauerstoff und keinen Wasserdampf gibt. In *Monthly Notices of the Royal Astronomical Society*, 27-178, werden die Resultate einer spektroskopischen Untersuchung des Mars von Huggins veröffentlicht: ein Überfluß an Sauerstoff; die gleichen Dämpfe wie auf der Erde.

Dies sind die Amüsements unserer Pilgerreise, die ein neues San Salvador zum Ziele hat oder einen neuen Plymouth Rock erwartet – aber die Erfahrungen der Pilger unterscheiden sich voneinander –

1895 unternahm Professor Keeler am Allegheny Observatory den Versuch, die Rotationszeit der Saturnringe spektroskopisch zu ermitteln. Es gehört zum Evangelium der Schwerkraft, daß sich die Partikel am Außenrand der Ringe mit einer Geschwindigkeit von 10,69 Meilen pro Sekunde bewegen; die Partikel am Innenrand mit 13,01 Meilen pro Sekunde. Professor Keelers Bestimmungen wurden von Sir Robert Ball als »brillante Bestätigung mathematischer Deduktion« gelobt. Professor Keeler verkündete, daß sich nach dem Spektroskop die Außenseite der Ringe des Saturn mit einer Geschwindigkeit von 10,1 Meilen pro Sekunde bewege, während die inneren Partikel 12,4 Meilen pro Sekunde schnell seien – »wie es sein sollte«, sagt Professor Young in seinem Evangelium, den *Elements of Astronomy*.

Da liest man von einem kleinen Wunder wie diesem, da werden auf mehrere Dezimalstellen genau die verschiedenen Geschwindigkeiten verschiedener Partikel an verschiedenen Stellen eines Lichtpunktes berechnet, dessen Einzelteile man ohne Teleskop nicht einmal sehen kann und die selbst im Teleskop wie ein einziges massives, regloses Gebilde wirken, und man empfindet Bewunderung oder Verehrung, je nach dem Grad der eigenen Unerfahrenheit –

Oder man bekommt eine Ahnung von fast unerträglicher Anmaßung und Unverschämtheit. Anmaßung oder Unverschämtheit oder Faszination – und es ist, als wären wir gefangen und in einen sich drehenden Käfig gesteckt worden. Einige Stäbe drehen sich mit unvorstellbarer Geschwindigkeit, und andere Stäbe drehen sich noch schneller, auch wenn man es sich nicht vorstellen kann. Da können wir noch so ungläubig sein, noch so laut hohnlachen und anklagen und an all die anderen falschen Beweisführungen denken, die wir sahen – wir werden das Summen der Stäbe um uns vernehmen. Die Erfindung, die uns gefangen hält, ist eine der brillantesten Dirnen der modernen Prostitution: Wir sind Gefangene und dienen einer Lieblingsfrau im Harem des Gottes der Gravitation zur Zerstreuung. Darin liegt eine gewisse Erleichterung: das ist die Sprache immer – aber wie sollen wir nun »bestimmen«, daß die Ringe Saturns sich nicht bewegen, wie sie sich bewegen »sollten«, um noch ein wenig zur Diskreditierung der Spektroskopie in der Astronomie beizutragen?

Ein Funke auf einem Planeten, wie der Glanz auf einem Schwert, soll uns erlösen –

Der Weiße Fleck Saturns –

Ein heller, glänzender Erlöser.

Dort gibt es einen Schimmer, der Erfindungen zerschmettern und Geschwindigkeiten bremsen wird. Auf dem Planeten Saturn gibt es ein glänzendes Ding, und der Schlag, der sich daraus ergibt, ist ein wahrer Blitzschlag. Bisher galt eine Drehgeschwindigkeit von 10,1 Meilen pro Sekunde, aber sie hält inne durch Magie und Gegenmagie; kein Summen mehr von einer Drehgeschwindigkeit von 12,4 Meilen pro Sekunde – daß die Ringe Saturns sich vielleicht nicht bewegen wie sie »sollen«, um einem kleinen Gott zu schmeicheln, weil sie dank der Handwerkskunst der Universalität womöglich unbeweglich sind.

Oft wurde ein weißer Fleck auf den Ringen Saturns gesehen: von Schmidt, Bond, Secchi, Schroeter, Harding, Schwabe, de Vico und ganzen Heerscharen anderer Astronomen.

Er ist stationär.

Im *English Mechanic*, 49-195, veröffentlicht Thomas Gwyn Elger eine Zeichnung davon, wie er ihn an den Abenden des 18. und 20. April 1889 sah. Der Fleck nahm eine Position teils auf einem und teils auf dem anderen Ring ein und zeigte keine Verzerrung. Lassen wir aber Professor Keeler breitbeinig auf zwei konzentrische Karussels steigen, die sich mit unterschiedlichen Geschwindigkeiten drehen, so wird es eine Verzerrung geben. Siehe Bd. 49, *English Mechanic*, wo sich Beobachtungen auf Beobachtungen von Astronomen über diese Erscheinung finden, die im Jahre 1889 mehrere Monate lang zu sehen war. Die Beobachter sind sich darin einig, daß der unbewegliche Fleck, ungeachtet dessen, was die Theorie verlangt, darauf hinweist, daß sich die Ringe Saturns nicht bewegen.

Der Weiße Fleck auf Saturn hat die niedere Magie zerstört. Er hat kleine, schwarze Helfer, die im Sinne der Vollständigkeit wirken – die kleinen, schwarzen Punkte auf Saturn –

Nature, 53-109:

Daß Professor Mascari vom Observatorium in Catania im Juli und August 1895 dunkle Punkte auf dem dünnen Ring Saturns sah. Der Autor schreibt in *Nature*, daß die Dauer der Beobachtung nicht leicht zu erklären sei, wenn die Ringe Saturns Formationen sich bewegender Teilchen wären, weil unterschiedliche Teilchen der verfärbten Bereiche verschiedene Geschwindigkeiten hätten, so daß sich solche Punkte bald auflösen und verflüchtigen müßten.

Gewiß wurde hier – ganz im Sinne meines Zieles, es selbst herauszufinden und es zusammen mit jedem herauszufinden, der gleichermaßen von der Notwendigkeit beflügelt ist – ein brillantes, kriminelles Ding von einem noch helleren Strahlen erschlagen. Gewiß ist damit, nachdem einer seiner wichtigsten Exponenten hingerichtet wurde, das ganze Thema der Spektroskopie in der Astronomie in die Flucht geschlagen und in Ungnade gefallen – aber natürlich nur in unseren und nicht in den Augen der Hersteller von Spektroskopen; doch was ein Phantom ist, stirbt wie ein Phantom und muß immer und immer wieder erschlagen werden.

Ich sollte sagen, daß die meisten Leute nicht recht wissen, was man unter dem Spektrum eines Sterns versteht. Es ist eine der größten Ungewißheiten in der Wissenschaft. Das Spektrum eines Sterns ist zunächst einmal ein Gespenst, aber dieses Gespenst muß von einem sekundären Prozeß noch weiter verflüchtigt werden, bis schließlich die ganze Erscheinung wabert wie ein blinzelnder Stern und bis die Geschichten, die die Spektren erzählen, dem Keuchen zitternder Phantome gleichkommen.

So geschieht es, daß angesichts einer der größten Unbestimmtheiten der Wissenschaft ein Astronom verwirrt etwas abliest, das mit jedem Erfordernis in Einklang gebracht werden kann. Wir akzeptieren daher: Wenn eine schwache, tattrige Geschichte, die ein Spektrum erzählt hat, zum Standard wird, dann erfährt der konventionelle Astronom von seinem Spektroskop, was er erfahren soll. Wenn aber irgend etwas Neues auftaucht, für das es noch keine Konvention gibt, dann tritt die Verwirrung der Astronomen zutage, und die Wertlosigkeit der Spektroskopie in der Astronomie offenbart sich allen außer denen, die sie nicht vor Augen geführt bekommen wollen. Am 1. Februar 1892 entdeckte Thomas D. Anderson aus Edinburgh einen neuen Stern, der als Nova Aurigae bekannt wurde. Er war ein Ding, für das es keine dogmatische »Bestimmung« gab. Jeder Astronom mußte nicht das sehen, was er sehen sollte, sondern das, was er sehen konnte. Uns wird rasch klar, daß die Astronomen ihre Informationen besser bei einem von Mrs. Pipers »Herbeigerufenen« eingeholt hätten als zu glauben, sie könnten sich auf ihre eigenen Geister verlassen.

In den *Monthly Notices of the Royal Astronomical Society*, Februar 1893, wird gesagt, daß etwa sieben Wochen lang, bis zum Zeitpunkt der Berechnung, ein Teil des neuen Sterns mit einer Geschwindigkeit von 230 Meilen pro Sekunde zurückgewichen sei, während ein zweiter Teil sich mit einer Geschwindigkeit von 320 Meilen pro Sekunde näherte. Damit waren die Bestandteile 550 Meilen x 60 x 60 x 24 x 49 voneinander entfernt, was auch immer da herauskommt.

Aber es gab eine weitere Séance. Dieses Mal war Dr. Vogel das Medium. Die Geister sagten Dr. Vogel, daß der neue Stern drei Teile hätte. Einer näherte sich der Erde mit etwa 420 Meilen pro Sekunde, einer näherte sich mit einer Geschwindigkeit von 22 Meilen pro Sekunde, ein dritter entfernte sich mit 300 Meilen in der Sekunde. Siehe *Journal of the British Astronomical Association*, 2-258.

Danach wurden die »Herbeigerufenen« hysterisch. Sie gaben flackernd zu verstehen, daß der neue Stern – nach Dr. Lowells

Evolution of Worlds, S. 9 –, sechs Teile habe. Die Gläubigen werden zu ihrem Kummer lesen, daß Lowell sich auflehnte. Er sagte: »Auf der Bühne des kosmischen Dramas ist für so viele kein Platz.« Wenn Sie weitere Gründe suchen, um die Spektroskopie oder den Spiritualismus in der Astronomie zurückzuweisen, lesen Sie, was Lowell sonst noch zum Thema zu sagen hat.

Nova Aurigae verblaßte. Dementsprechend »fand« Professor Klinkerfues heraus, daß zwei Körper einander überholt und sich gegenseitig verbrannt hätten, und daß das Licht ihrer wechselseitigen Störung bald verschwinden würde (*Journal of the British Astronomical Association*, 2-365).

Nova Aurigae aber wurde heller. Dementsprechend »bestimmte« Dr. Campbell, daß er sich der Erde mit einer Geschwindigkeit von 128 Meilen pro Sekunde näherte (*Journal of the British Astronomical Association*, 2-504).

Dann fiel Dr. Espin in Trance. Ihm wurde offenbart, daß es sich bei dem Objekt um einen Nebel handelte (*English Mechanic*, 56-61). Eine Mitteilung von Dr. und Mrs. Huggins an die Royal Society – kein Nebel, sondern ein Stern (*English Mechanic*, 57-397). Siehe *Nature*, 47-352, 425 – daß nach M. Eugen Gothard das Spektrum von Nova Aurigae »perfekt« mit dem Spektrum eines Nebels übereinstimmte; daß nach Dr. Huggins kein Kontrast stärker wäre als der Unterschied zwischen dem Spektrum von Nova Aurigae und dem eines Nebels.

Einen Bericht über die Offenbarungen im Stonyhurst Observatory können Sie in *Memoirs of the Royal Astronomical Society*, 51-129, nachlesen – daß es nie eine Gruppe von Körpern gegeben habe, die sich mit den so eindeutig verkündeten Geschwindigkeiten bewegt hätten, weil Nova Aurigae ein einziger Stern sei.

Ich habe zwar einige aus dem Jenseits stammende Mitteilungen von »Rector« und »Dr. Phinuit« an Mrs. Piper gelesen, aber ich kann mir nicht vorstellen, daß sie alberneres Geplapper von sich gaben als das, was den Astronomen von den Sternengeistern im Jahre 1892 zugeflackert wurde. Wir erinnern uns an Professor

Klinkerfues' »Erkenntnis«, daß zwei Sterne einander überholt hätten, und daß das Licht von ihren gegenseitigen Störungen bald verblassen würde. Das Licht verblaßte nicht. Noch zehn Jahre später können wir in *Monthly Notices of the Royal Astronomical Society*, 62-65, Beobachtungen zu Nova Aurigae nachlesen. Zwanzig Jahre später veröffentlichte Professor Barnard seine Beobachtungen im *Scientific American Supplement*, 76-154.

Das Spektroskop ist im Labor ein nützliches Gerät. Löffel sind in einer Küche nützlich. Wenn ein Pilger auf eine Gruppe Ingenieure stieße, die versuchten, mit Löffeln einen Kanal zu graben, ginge es ihm vermutlich nicht viel anders als uns bei der faszinierten Beobachtung von Astronomen, die versuchen, Spektroskope einzusetzen. Ich weiß nicht, wie akzeptabel nun noch der dritte angebliche Beweis dafür sein soll, daß sich die Erde um die Sonne dreht, aber wir halten es nicht für notwendig, auf die technischen Einzelheiten dieses angeblichen Beweises einzugehen. Ich glaube, wir haben das Phantom getötet, aber ich hoffe, wir waren nicht ganz erfolgreich, denn wir werden eher von der Ästhetik des Abschlachtens als von purer Mordlust getrieben: Wir werden die Ganzheit finden, indem wir den dritten »Beweis« auf die gleiche Weise beseitigen, wie wir die beiden anderen beseitigt haben –

Die regelmäßige Verlagerung der Spektrallinien steht gegen die Bewegung der Sonne –

Daß, wenn sich die Erde um die Sonne dreht, von wissenschaftlichen Spiritisten eine Verlagerung gefunden wird, die genau das beweist –

Aber daß, wenn sich die Erde zeitweise als Teil eines sich bewegenden Systems mit einer Geschwindigkeit von 19 plus 13 Meilen pro Sekunde und dann wieder mit 19 minus 13 Meilen pro Sekunde bewegt und zu den Zeiten des Richtungswechsels für große Kompliziertheiten sorgt, das Ende der regelmäßigen jährlichen Verlagerung gekommen ist, die auf die Bewegung in einer Umlaufbahn bezogen sein soll.

Wir hätten eigentlich nicht einräumen müssen, daß die drei

Sinnwidrigkeiten Widerstände sind: Doch auch wir haben eine Vorliebe für Enthüllungen. Aberration und Parallaxe und Spektrallinien weisen nicht nur darauf hin, daß sich die Erde relativ zu den Sternen bewegt: ebenso überzeugend weisen sie darauf hin, daß sich die Sterne, die auf einer konkaven Fläche rings um die Erde angeordnet sind, als Gruppe relativ zu einer zentralen und stationären Erde bewegen. Wenn einige von ihnen eine leichte Parallaxe zeigen, dann wäre der Grund, daß die Erde nicht ganz im Zentrum des sich drehenden Ganzen liegt.

Etwas, das ich noch nicht erwähnt habe, auch wenn ich mich bereits auf Lowells Aussagen bezog, ist die Tatsache, daß Astronomen heute zugeben oder erklären, daß die Verlagerung der Spektrallinien, die ihrer Meinung nach beweist, daß die Erde um die Sonne kreist, genauso gut jeweils eine beliebige von drei weiteren Bedingungen oder Gruppen von Bedingungen belegt.

Man könnte nun fragen, warum ich nicht sofort darauf hingewiesen und das sinnlose Thema von vornherein fallen lassen habe. Vielleicht war es eine Schwäche von mir – eine Art sportlicher Instinkt, dem ich, wie ich fürchte, von Zeit zu Zeit folge. Ich verweilte vielleicht ein wenig berauscht beim köstlichen Professor Keeler und seinen Dezimalstellen – wie jemand auf einer Rennbahn, der bestimmt, daß ein Pferd mit einer Geschwindigkeit von 2653 Fuß und 4 Zoll pro Minute rennt und dazu eine Methode benutzt, die nicht mehr zu sagen hat als die Aussage, das Pferd sei braun, mache klackernde Geräusche oder habe einen erfrischenden Geruch.

Wenn Sie den Geisteszustand kennenlernen wollen, dem viele Kirchenleute verfallen, sobald sie versuchen, gleichzeitig an Moses und an Darwin zu glauben, können Sie beispielsweise die Werke von Professor Young betrachten. Dieser Astronom lehrt die konventionelle spektroskopische Doktrin und erwähnt manchmal die anderen Umstände, die diese Doktrin sinnlos machen. Solche Widersprüche sind die Phänomene aller Übergänge vom Alten zum Neuen.

Drei Riesen sind gegen uns angetreten. Ihre Herzen sind Seifenblasen, ihre Knochen verwelken. Sie sind die lahmen Karyatiden, die die Phantomstruktur der Paläo-Astronomie aufrecht erhalten. Mit Hilfe welchen Wunders, fragen wir, konnte eine Grundlage unter ein grundloses Ding gebaut werden. Aber drei Geister können sich überall einfinden.
Manchmal zitieren Astronomen das Foucaultsche Pendel als »Beweis« für die Bewegungen der Erde. Die Umstände dieser Demonstration lassen sich nicht leicht erklären: folglich läßt sich ein normal mißtrauischer Mensch wahrscheinlich beeindrucken. Aber meine praktische und vernünftige Behandlung besteht darin, das Experiment und seine Kompliziertheiten zu vernachlässigen und zu fragen, ob es funktioniert oder nicht. Es funktioniert nicht. Siehe *American Journal of Science*, 2-12-402; *English Mechanic*, 93-293, 306; *Astronomical Register*, 2-265. Wir erfahren auch, daß die Experimente mit fallenden Körpern bewiesen hätten, daß sich die Erde um ihre eigene Achse dreht. Ich werde es so müde zu demonstrieren, daß es nie eine geistige Evolution gab, außer bei uns selbst, daß ich, wenn ich könnte, gerne sagen würde, daß diese Experimente wundervoll funktionieren. Vielleicht funktionieren sie ja wirklich. Siehe Proctors *Old and New Astronomy*, S. 229.

KAPITEL 8

Man geht gemeinhin davon aus, daß ein Laie astronomische Themen und Prinzipien und Methoden nicht verstehen kann. Ich glaube das auch. Wir werden uns einige Prinzipien der Astronomie vornehmen, weil wir darlegen wollen, daß sie für den nicht Hypnotisierten natürlich nicht besser zu verstehen sind als die Geschichten über die Arche Noah und Jonas und den Wal, daß wir aber unserem Verständnis, wenn wir eines haben, dennoch etwas Material zur Übung geben wollen.

Die Lichtgeschwindigkeit ist eins dieser Prinzipien. Ein großer Teil des astronomischen Systems beruht auf dieser angenommenen Geschwindigkeit: Bestimmungen von Entfernungen und das Maß von Aberrationen hängen davon ab. Wir werden zum Ausdruck bringen, daß es dabei im Grunde um das Verhältnis zwischen Unterstellung und Hokuspokus geht, was zu so komischen Ergebnissen führt, daß Formeln zu dummen Streichen geraten.

Wir werden Skrupel haben, uns dieses Thema überhaupt vorzunehmen, weil wir viel harte Arbeit vor uns haben und schließlich noch Gewissensbisse bekommen, wenn wir dauernd innehalten, um uns zu amüsieren. Aber in einer sentimentaleren Stimmung denke ich manchmal, daß die hübsche Geschichte von der Geschwindigkeit des Lichts und deren »Bestimmung« uns eines Tages wirklich von Nutzen sein wird. Man wird sie in Reime fassen und dereinst Kindern in Kindergärten erzählen.

Sie wird die Geschichte von der kleinen Schäferin Bo-Peep ersetzen, erzählt sie doch von einem Planeten, der seine Satelliten verlor und nicht wußte, wo er sie wiederfinden konnte, bis die guten Zauberer daherkamen und das Unbestimmbare formulierten und bestimmten.[7]

Olaus Rømer, ein dänischer Astronom des siebzehnten Jahrhunderts, fand heraus, daß die Monde Jupiters manchmal nicht hinter dem Planeten verschwanden oder wieder auftauchten, wenn sie »sollten«. Er fand heraus, daß die Verzögerungen zunahmen, wenn die Entfernung zwischen Erde und Jupiter wuchs. Er folgerte, daß die Verzögerungen darauf zurückzuführen seien, daß das Licht der Monde eine größere Entfernung zurücklegen mußte. Er fand heraus oder glaubte herausgefunden zu haben, daß, wenn die Erde am weitesten von Jupiter entfernt war, das Licht eines Satelliten um 22 Minuten später zu sehen ist, als wenn die Erde Jupiter am nächsten ist. Man nehme die Distanz zwischen zwei entgegengesetzten Punkten auf der angenommenen Umlaufbahn der Erde und die Zeit, die nötig ist, um diese Distanz zu überbrücken - und schon weiß man die Lichtgeschwindigkeit.

Ich sage immer noch, daß dies eine hübsche Geschichte ist, die in Reime gefaßt werden sollte; aber wir werden herausfinden, daß Astronomen ebensogut versuchen könnten, die Bocksprünge der Schafe im Kinderreim von Little Bo-Peep zu formulieren, wie zu versuchen, irgend etwas in Zusammenhang mit Jupiters Satelliten zu formulieren.

In *Annals of Philosophy*, 23-29, schreibt Colonel Beaufoy, daß er am 7. Dezember 1823 zu der Zeit, die im *National Almanac* notiert war, auf das Erscheinen von Jupiters drittem Mond wartete. Zwei Stunden schaute er und sah den Mond nicht auftauchen. In *Monthly Notices of the Royal Astronomical Society*, 44-8, schreibt ein Astronom, am Abend des 15. Oktober 1883

[7] Little Bo-Peep has lost her sheep / and doesn't know where to find them. / Leave them alone, / And they'll come home, / wagging their tails behind them.
Etwa:
Die kleine Bo-Peep hat ihre Schäfchen verloren / (Das gibt zu Haus ein Tänzchen!) / Laß sie nur sein, / Dann kommen sie heim / Und wackeln mit dem Schwänzchen.

habe sich einer von Jupiters Monden um sechsundvierzig Minuten verspätet. Am 8. Februar 1907 wurde auf der Sitzung der British Astronomical Association eine Arbeit über einen Mond verlesen, der sich um zwanzig Minuten verspätet hatte. In *Telescopic Work*, S. 191, schreibt W. F. Denning, daß er und zwei weitere Astronomen in der Nacht des 12. September 1889 den Mond IV überhaupt nicht gesehen hätten. Siehe *Observatory*, 2-227 - zwischen dem 9. Juni und dem 2. Juli 1878 war sechs Mal ein Satellit sichtbar, wenn er nach der Voraussage hätte unsichtbar sein sollen. Einige weitere Beispiele für extreme Unzuverlässigkeiten dieser Monde finden Sie in *Monthly Notices of the Royal Astronomical Society*, 43-427, und *Journal of the British Astronomical Association*, 14-27: Beobachtungen von Noble, Turner, White, Holmes, Freeman, Goodacre, Ellis und Molesworth. In astronomischen Periodika findet man dank dieser Beobachtungen mühelos Material für Ketzereien. Wir werden weitere Beispiele betrachten. Sie finden sich beispielsweise auch in großer Zahl in *English Mechanic*. Aber trotz einer Vielzahl solcher Beobachtungen erklärt Professor Young (*The Sun*, S. 35), die Zeit, die das Licht brauche, um von den Monden zu kommen, sei »höchstens um einen Sekundenbruchteil« falsch berechnet worden. Das ist natürlich ein weiteres Beispiel für einen Astronomen, der sehr wenig von Astronomie versteht.

Es wäre würdelos gewesen, wenn die Astronomen Little Bo-Peeps Schäfchen für ihre Bestimmungen benutzt hätten. Sie benutzten lieber die Monde Jupiters. Sie erklärten, die Lichtgeschwindigkeit betrage etwa 190000 Meilen pro Sekunde.

Das sagten die Physiker auch.

Unsere eigene Ansicht geht dahin, daß es keine Lichtgeschwindigkeit gibt: daß man etwas sieht oder nicht; daß wenn die Monde Jupiters sich je nach Nähe zur Erde unterschiedlich verhalten, der Grund dafür der sein kann, daß die Erde sie beeinflußt, und daß die Planeten auf diese Weise beeinflußt werden können, weil sie vielleicht, wie wir noch sehen werden, nicht einmal ein Tausendstel der »demonstrierten« Distanz von der Erde entfernt sind.

Wir lesen in den Lehrbüchern, daß die Vorstellungen von der Lichtgeschwindigkeit durch die Vorstellungen von der Geschwindigkeit des Schalls gestützt werden. Wenn das so ist, dann werden sie aber durch die Vorstellungen von Schwerkrafteinflüssen nicht gestützt, weil diese nach den gleichen Lehrbüchern keine Geschwindigkeit haben.

Die Physiker stimmten den Astronomen zu. Ein Lichtstrahl wird durch eine rotierende Blende geschickt und noch einmal hindurch reflektiert – aber das ist kompliziert, und wir sind einfach: Wir werden sehen, daß es nicht notwendig ist, auf die Einzelheiten dieses Mechanismus einzugehen. Es ist nicht, daß eine Maschine angeblich eine Geschwindigkeit von 186000 Meilen in der Sekunde registrieren soll: es ist, weil das Auge wahrnehmen soll –

Und es gibt keinen Physiker auf der Welt, der es sehen könnte, wenn ein Zauberer im Salon Spielkarten verschwinden läßt. Wenn man das Licht hören oder fühlen oder wenn man es riechen könnte, dann könnte man eine Behauptung aufstellen – aber da sind die bekannten Beschränkungen des Sehens; schon kleine Jungen wissen, daß man einer Fackel, die im Dunklen geschwenkt wird, nicht mit den Augen folgen kann. Die Grenze des Wahrnehmbaren liegt angeblich bei zehn Veränderungen pro Sekunde.

Ich glaube, die Astronomen haben einen kleinen eigenen Strudel im kosmischen Dunkel besetzt, in dem alle Dinge, wenigstens in diesem einen angenommenen Sonnensystem, herumwanken. Nennen Sie es Dunkelheit oder nennen Sie es Hypnose – aber daß es niemals absolut ist, und daß jeder von uns sich manchmal seines Zustandes bewußt ist und Augenblicke hat, in denen er sich fragt, was das alles soll und warum wir die Dinge tun und denken, die wir mitunter, wenn wir einen Moment erwachen, mit neuen Augen ansehen.

Auf Seite 281 in *Old and New Astronomy* wird Richard Proctor einen Augenblick wach und sagt: »Die Übereinstimmung zwischen diesen Resultaten scheint groß genug, aber wer die mannigfaltigen Schwierigkeiten bei der zeitlich exakten Beobachtung der Phänomene der Jupitermonde kennt, ganz zu schweigen vom gegenwärtigen Stand der Theorie über ihre Bewegungen, der kann nicht viel Vertrauen zu einer Lichtgeschwindigkeit haben, die aus solchen Beobachtungen abgeleitet ist.«

Auf den Seiten 603–607 bespricht Proctor dann einige Beobachtungen, die ich hier nicht aufführe – Monde, die auf so verwirrende Weise verschwanden, die zurückkamen, verschwanden und noch einmal zurückkehrten, daß er schrieb, was wir gerade zitierten – dazu Beobachtungen von Gorton, Wray, Gambart, Secchi, Main, Grover, Smyth-Maclear-Pearson, Hodgson, Carlisle, Siminton.

Das war sein letzter bewußter Moment: danach fällt Proctor wieder in Trance. Er greift die Bestimmung der Lichtgeschwindigkeit durch die Physiker auf, als könnte man sich darauf verlassen, akzeptiert jedes Wort, schreibt sein Evangelium, rühmt dieses Wunder der Wissenschaft. Ich nenne das einen Kuhhandel zwischen Physikern und Astronomen, und ich bin dabei noch zurückhaltend. Wenn die Astronomen mit einer Methode, mit der man nichts herausfinden konnte, bestimmten, daß die Lichtgeschwindigkeit etwa 190000 Meilen pro Sekunde betrage, und wenn die Physiker durch eine andere Methode zum gleichen Ergebnis kommen, welche andere Harmonie könnte es da geben außer der Anrüchigkeit zweier verwandter Düfte?

Proctor schrieb, daß man sich auf etwas, das mit Jupiters Monden zusammenhinge, kaum verlassen könne. Ihm kam nicht in den Sinn sich zu fragen, aufgrund welchen Wunders die Physiker mit diesen unzuverlässigen Berechnungen übereinstimmten. Just diese Situation wiederholt sich oft in den Annalen der Astronomie – ein Ding ohne Grundlage, dem eine Grundlage untergeschoben oder untergekeilt oder Gott weiß wie eingeführt oder angehängt werden soll. Ich will gar nicht erst fragen, wie die Physiker etwas bestimmen konnten, das

öfter als zehnmal in der Sekunde wechselt. Wenn wir akzeptieren, daß die Physiker recht haben, dann ist die Frage: Aufgrund welchen Wunders hatten die Astronomen recht, wenn sie doch »sehr wenig« hatten, auf das sie sich verlassen konnten?
Bestimmungen der Entfernungen von Planeten und Bestimmungen der Lichtgeschwindigkeit ranken sich umeinander: Entweder sind sie ein angenehmes Bild der Zusammenarbeit oder eine Studie in gegenseitiger Unterstützung sich windender Unverschämtheiten. Mit besonderem Nachdruck habe ich die Position eingenommen, daß die Unzuverlässigkeit der Jupitermonde so groß ist, daß man sich so gut wie gar nicht auf sie verlassen kann. Aber jetzt scheint es mir, als sollte der Nachdruck eher auf dem Eingeständnis liegen, daß es, abgesehen von den erwähnten Unsicherheitsfaktoren, bis in Proctors Tage niemals auch nur mit annähernder Genauigkeit bekannt war, wann die Monde auftauchen und wieder verschwinden würden. Aus diesem Grunde macht man sich Gedanken über den Zustand der Theorie in Rømers Tagen. Rømer setzte es sich in den Kopf, daß die beiden »Bestimmungen«, die wir hier betrachten, eine höchst bemerkenswerte Affinität aufwiesen: gegenseitige Unterstützung durch Lichtgeschwindigkeit und Entfernungen in diesem angeblichen Sonnensystem. Auf der Grundlage dieses Dritten Gesetzes, das, wie wir noch sehen werden, auf mindestens drei Abwesenheiten von irgend etwas beruhte, auf das man hätte bauen können, hatte Kepler nach Beobachtungen auf dem Mars geschlossen, daß die Erde 13 000 000 Meilen von der Sonne entfernt sei. Mit der gleichen Methode, der inzwischen diskreditierten Methode der simultanen Beobachtung, bestimmte Rømer diese Entfernung auf 82 000 000 Meilen. Ich zerbreche mir nicht so sehr den Kopf über diese große Diskrepanz, als vielmehr über die Gründe der Astronomen, mit Entfernungen von Millionen Meilen statt mit einigen hundert oder tausend Meilen zu beginnen.
In Keplers Tagen war der stärkste Einwand gegen das kopernikanische System der, daß wenn sich die Erde um die Sonne drehe, die Sterne jahreszeitliche Verlagerungen aufweisen

müßten – und erst dank der modernen »Verfeinerungen« tun die Sterne dies um eine Winzigkeit. Vielleicht. Die Antwort auf diesen Einwand lautete, daß die Sterne viel weiter entfernt seien, als man gemeinhin annahm. Diese Antwort brachte die Notwendigkeit mit sich, die allgemein verbreiteten Annahmen zu erweitern. Kepler bestimmte oder riet, wie man eben will, und dann übertrumpfte Rømer ihn. Auf Rømer folgte Huygens, der das Übertrumpfen fortsetzte: 100000000 Meilen nach Huygens. Der nahm als Grundlage für seinen Glauben an, daß die Größe der Erde zwischen der von Mars und Venus liege. Die heutigen Astronomen sagen, daß die Erde nicht richtig dazwischen liegt. Wir sehen, daß in der zweiten Phase der Entwicklung die frühen Astronomen, die nicht wissen konnten, ob die Sonne tausend oder eine Million Meilen entfernt war, die Entfernungen auf 8200000 Meilen und 100000000 Meilen schätzten oder bestimmten, um die Unveränderlichkeit der Sterne zu erklären. Wenn das Mittel dieser Extreme in etwa die Distanz ist, die den jetzigen Dogmen entspricht, dann wüßten wir gern, aufgrund welchen Wunders eine wahre Distanz dem Mittel zwischen den Produkten zweier wilder Methoden entsprechen kann.

Unserer Ansicht nach hatten diese Entwicklungen ihren Ursprung in Verschwörung und Prostitution, wenn man schon eine Vorliebe für solche Anklagen hat; oder, wenn alle anderen schon so freundlich sind, dann wollen wir auch unsererseits liebenswürdiger sein und denken, daß alles nur daran lag, daß man sich gemütlich miteinander einrichten wollte, weil man einander verpflichtet war. Unsere Ansicht ist, daß die Astronomen von Anbeginn der Zeit an gesehen und berechnet haben, was sie sehen und berechnen sollten. Wenn die Entfernung zwischen Erde und Sonne beispielsweise mit 95000000 Meilen angenommen wurde, dann berechneten alle Astronomen, ausgehend von der Position des Mars, die Entfernung auf 95000000 Meilen. Wenn die Distanz aber auf 92000000 Meilen heruntergesetzt wurde, dann berechneten alle Astronomen, die von der Position des Mars ausgingen, die Distanz auf 92000000 Meilen. Das mag zynisch klingen, aber ich zitiere hier nur, was Richard Proctor in einem klaren, mißtrauischen Augenblick zum Ausdruck brachte (*Old and New Astronomy*, S. 280).

Da uns nichts bleibt als monotone Wiederholung, und da uns nichts Erlösung verheißt, fahren wir mit den Daten der Verschwörung oder der Kooperation fort. Ausgehend von wertlosen Beobachtungen über Durchgänge der Venus in den Jahren 1761 und 1769 stellte Encke fest, daß die Umlaufbahn der Erde etwa 190000000 Meilen durchmaß (die Entfernung zur Sonne betrug etwa 95000000 Meilen). Man war nun über die wilden Berechnungen von Huygens hinaus und näherte sich den ungestümen Berechnungen von Rømer. Um mit dieser Veränderung, wenn nicht gar diesem Fortschritt, übereinzustimmen, zog Delambre wertlose Beobachtungen über die Jupitermonde heran, schnitt Rømers wertlose Bestimmungen zurück und verkündete, das Licht durchquere die Ebene der Erdumlaufbahn in 16 Minuten und 32 Sekunden – genau wie es sein sollte, wie Professor Young sagen würde. In diesem Moment begannen die verständlicherweise etwas verletzten Physiker sich zu drehen und zu winden und berechneten, wie wir erfahren, ganz »unabhängig«, daß Delambre recht hatte. Alles war wieder im Lot – alle waren beruhigt – siehe Chambers' *Handbook of Astronomy*, das damals herauskam –, daß die Entfernung der Sonne »mit großer Genauigkeit« auf 95298260 Meilen bestimmt worden war –

Aber dann geschah etwas, das in den meisten astronomischen Büchern mehr schlecht als recht erklärt wird. Foucault störte den Genuß der 95298260 Meilen. Man kann in vielen Büchern über dieses Thema nachschlagen, und man wird überall lesen, daß der Physiker Foucault mit einer »unabhängigen« Methode oder mit einer »absolut unabhängigen« Methode ein wenig davon abwich. Die »Abweichung« wird so dargestellt, daß man den Eindruck bekommt, dort hätten unabhängige Wissenschaftler einander nicht sklavisch unterstützt, sondern gewissenhaft jeder für sich gearbeitet, seien aber allesamt doch über der Marke von 90000000 Meilen geblieben und stimmten so im Grunde doch überein. Aber wir stellen fest, daß Foucaults »Experimente« nicht unabhängig waren. Wir stoßen auf die gleichen widerlichen Absprachen oder die gleiche freundschaftliche Gefälligkeit wie zuvor. Siehe Clerkes *History of Astronomy*, S. 230. Wir erfahren, daß die Astronomen, um Oszillationen der Sonne zu erklären, beschlossen hatten, daß die Sonne nicht 95 298 260 Meilen, sondern etwa 91 000 000 Meilen entfernt sein müsse. Um sich ihnen anzupassen, vielleicht aber auch ganz unschuldig, weil er nie von ihnen gehört hatte, obwohl sie seit zehn Jahren erklärten, daß man eine neue Bestimmung brauchte, »fand« Foucault heraus, daß die Lichtgeschwindigkeit niedriger war, als man früher für notwendig gehalten hatte, als die Sonne noch ungefähr 95 000 000 Meilen entfernt sein mußte. Er »fand heraus«, daß die Geschwindigkeit exakt die sein sollte, die sie sein mußte, damit die Sonne 91 000 000 Meilen entfernt sein konnte. Das war dann das, was die Astronomen verkündeten. Nicht, daß sie die Entfernung der Sonne aufgrund von Beobachtungen über Oszillationen der Sonne zurückgenommen hätten, sondern weil sie so sehr von den »unabhängigen« Beobachtungen des Physikers Foucault zur Lichtgeschwindigkeit beeindruckt waren. Diese Windung wurde auf der Sitzung der Royal Astronomical Society im Februar 1864 vorgeführt. Und dabei konnte es nicht bleiben. Wenn man demgemäß »herausfand«, daß der Durchmesser der Erdumlaufbahn kleiner war als von Delambre angenommen, dann mußte auch jemand herausfinden, daß das Licht von den Jupitermonden ein wenig langsamer käme, als Delambre »bewiesen« hatte. Daraufhin »fand« Glassenapp heraus, daß die Zeit 16 Minuten und 40 Sekunden betrage, was dem entspricht, was er finden sollte oder »finden mußte«. Woraufhin man wiederum Enckes Berechnungen der Entfernung zur Sonne anpassen mußte, die auf wertlosen Beobachtungen über Venusdurchgänge beruhten. Woraufhin sich wiederum Newcomb noch einmal genau die Beobachtungen vornahm, durch welche Encke gezwungenermaßen in Übereinstimmung mit den Dogmen seiner Tage gekommen war. Newcomb berechnete, wie es erforderlich war, daß die Entfernung mit Foucaults Reduzierung übereinstimmte. Ganz gleich, ob Encke überhaupt gerechnet hatte oder nicht, seine Bestimmung befand sich in Übereinstimmung mit der von Laplace im siebten Buch von *Méchanique Céleste.* Natürlich behauptete er, daß er alles unabhängig berechnet habe, weil seine Methode die Triangulation sei, während Laplace von der Schwerkraft ausgegangen war.

Daß das Wort »wertlos« auf einige Beobachtungen von Venusdurchgängen angewendet werden kann:

In *Old and New Astronomy* sagt Proctor, daß die Beobachtungen der Durchgänge von 1761 und 1769 »insgesamt unbefriedigend« gewesen seien. Man sollte eigentlich vermuten, daß etwas, das insgesamt unbefriedigend war, nicht viel wert sein kann. Beim nächsten Durchgang im Jahre 1874 arbeiteten mehrere Nationen zusammen. Die Beobachtungen waren so enttäuschend, daß die Regierungen von Rußland, Italien und Österreich es ablehnten, an den Expeditionen von 1882 wieder teilzunehmen. In *Reminiscences of an Astronomer*, S. 181, sagt Newcomb, die United States Commission, deren Sekretär er war, habe bis 1902 nicht einmal all ihre Beobachtungen publiziert und würde es vermutlich nie tun, weil bis dahin alle anderen Mitglieder entweder tot oder im Ruhestand wären.

Die Methode bei Mars – noch mehr Monotonie: Aufgrund von Kritik am Verfahren, die Parallaxe durch simultane Beobachtungen zu ermitteln, fuhr Dr. David Gill während der Mars-Opposition von 1877 auf die Insel Ascension, um allein und mit Hilfe täglicher Messungen anhand der Positionen des Mars die Entfernung zwischen Erde und Sonne zu bestimmen. Einzelheiten über Gills Methode können Sie beispielsweise in *Solar System* von Poor, S. 86, nachschlagen. Dort sagt Professor Poor, daß man bei Professor Gills Berechnungen natürlich den Umlauf des Mars berücksichtigen müsse. Wenn das zutrifft, dann muß man natürlich auch den Umlauf der Erde berücksichtigen. Wenn Dr. Gill wußte, welche Entfernung die Erde auf ihrer Umlaufbahn zurücklegte und wenn die Krümmung der Umlaufbahn bekannt war, dann kannte er die Form der

Umlaufbahn und konnte daraus auf die Entfernung zur Sonne schließen. Somit nahm er als Grundlage für seine Schätzung an, daß die Erde etwa 93000000 Meilen von der Sonne entfernt ist und berechnete, daß die Erde etwa 93000000 Meilen von der Sonne entfernt ist. Für diese bekannte Schlußfolgerung vom Bekannten auf das gleiche schon Bekannte verlieh man ihm eine Goldmedaille.

In unseren früheren Untersuchungen haben wir uns mit der irrigen Behauptung beschäftigt, die Himmelsmechanik könne irgendwie auf himmlische Phänomene angewendet werden. Aber in späteren Fällen ist die Methode eine andere. Die Methode all dieser Berechnungen ist die Triangulation oder trigonometrische Messung.

Eine einfache Frage:

In welchem Maße kann man sich auf die Triangulation verlassen?

In großem Maße, wenn man die Höhe eines Gebäudes messen oder die geringen Entfernungen bestimmen will, mit denen Landvermesser sich befassen. Es ist bekannt, daß die Astronomen das Teleskop nicht erfunden, sondern wie das Spektroskop aus einer anderen Wissenschaft übernommen haben. Ihre wichtigste mathematische Methode, die Triangulation, übernahmen sie von den Landvermessern, denen sie hienieden gute Dienste leistet. Das Dreieck ist ein weiteres Symbol für die Sterilität der Wissenschaft der Astronomie. Auf das Wappen dieses großen Bastards der Wissenschaften würde ich ein Prisma innerhalb eines Dreiecks zeichnen.

KAPITEL 9

Nach Professor Newcomb zum Beispiel ist die Entfernung Erde–Sonne etwa 380mal so groß wie die Entfernung zum Mond – bestimmt durch Triangulation. Auf Seite 22 in *Popular Astronomy* erwähnt Newcomb freilich eine andere Beweisführung, die zu verblüffend abweichenden Resultaten führte – ebenfalls bestimmt durch Triangulation.

Ein gespaltener Gott.

Der Gott der Triangulation ist keine ungeteilte Gottheit.

Die andere Methode, die zu verblüffend abweichenden Ergebnissen führte, ist die Methode des Aristarchus. Ihr zufolge ist die Sonne nicht mehr 380mal, sondern nur noch ganze 20mal so weit von der Erde entfernt wie der Mond. Wenn ein Beobachter auf dieser Erde den halb erleuchteten Mond betrachtet, dann ist der Winkel am Mond zwischen Beobachter und Sonne ein rechter; eine dritte Gerade zwischen Beobachter und Sonne vervollständigt ein Dreieck. Nach Aristarchus ist die dritte Gerade in einem Winkel von 86 Grad so geneigt, daß die Sonne-Erde-Linie 20mal länger ist als die Mond-Erde-Linie.

»Im Prinzip«, sagt Newcomb, »ist die Methode korrekt und sehr erfindungsreich, aber sie kann in der Praxis nicht angewendet werden.« Er sagt, daß Aristarchus falsch gemessen habe; der Winkel zwischen der Linie Mond-Erde und der Linie Erde-Sonne betrage fast 90 Grad und nicht lediglich 86 Grad. Weiter sagt er, daß die Methode nicht angewendet werden kann, weil niemand den Winkel genau bestimmen könne, der seiner Aussage nach annähernd 90 Grad betrage. Er sagt etwas, das so wenig mit den Aufgeblasenheiten der Astronomen übereinstimmt, daß diese in heißes Wasser geraten würden, wenn ihre hypnotisierten Leser in der Lage wären, gleichzeitig zu

lesen und zu denken. Newcomb sagt, die Methode des Aristarchos könne nicht angewendet werden, weil kein Astronom bestimmen kann, wann der Mond halb beleuchtet ist.
Wir haben da so unsere Erfahrungen gemacht.
Kann jemand, der durchlebt hat, was wir durchlebt haben, auch nur annehmen, daß nicht sofort irgendwo auf der Welt ein Professor Keeler hervorspringt, der sogleich erklärt, er habe, bis auf die letzte erbärmliche oder köstliche Dezimale genau, trigonometrisch und spektroskopisch und mikrometrisch den exakten Moment bestimmt, in dem der Mond zur Hälfte erleuchtet ist, woraufhin ein Mathematiker, der mindestens so gut ist wie er, auf diese Beweisführung die Bestimmung gründen kann, daß die Sonne nur 20mal so weit entfernt sei wie der Mond? Aber angenommen, wir geben zu, daß etwas so Einfaches nicht möglich ist.
Dann denken wir sofort an einige extravagante Behauptungen, mit denen die Astronomen schiefe und wacklige Glaubenssätze gestützt haben. In die unschöne Konfusion, die sich nach Vereinfachung sehnt, kriecht folgende Beleidigung der Harmonie:
Daß die Astronomen zwar bis auf die Dezimalstelle genau sagen können, bei welchem Kreuzzug in welchem Augenblick ein Licht von einem Stern ausgegangen ist, daß sie aber nicht sagen können, wann das Licht eine bestimmte Linie auf dem Mond erreicht –
Ruhm und Triumph und Erwähltheit und Aufgeblasenheit – oder, daß wir eines Tages als Evangelisten bekannt sein werden, die die reizlose, aber gesunde Doktrin der Demut lehren. In *Chats on Astronomy* erzählt uns Hollis, daß der Durchmesser der Erde am Äquator 41851160 Fuß betrage. Aber selig sind die Bescheidenen, erwidern wir ihm. In *Observatory*, 19-118, ist die Bestimmung des Astronomen Brenner zur Rotationszeit der Venus veröffentlicht, die von den Werten anderer Astronomen um Hunderte von Tagen abweicht. Nach Brenner beträgt die Zeit 23 Stunden, 57 Minuten und 7,5459 Sekunden. Ich bemerke, daß diese besondere Genauigkeit dem Herausgeber

des *Observatory* ein wenig zu ätherisch ist: Er hofft, Brenner werde ihm verzeihen, aber ob es nötig sei, die Bestimmung bis zur vierten Dezimalstelle zu treiben?
Ich will damit aber nicht sagen, daß alle Astronomen so akribisch sind wie Brenner. Im *Journal of the British Astronomical Association*, 1-382, bringt Edwin Holmes, vielleicht auf etwas ungeschliffene Weise, einige Ansichten zum Ausdruck. Er sagt, eine »Exaktheit« wie die von Capt. Noble, den Durchmesser Neptuns auf 38133 Meilen und den des Uranus auf 33836 Meilen festzulegen, bringe die ganze Wissenschaft in Verruf, weil kaum etwas über diese Planeten bekannt sei: daß nach Neison die Durchmesser 27000 Meilen und 28500 Meilen betragen. Macpherson zitiert in *A Century's Progress in Astronomy* Professor Serviss: daß die durchschnittliche Parallaxe eines Sterns, die eine gebräuchliche astronomische Einheit ist, »etwa der scheinbaren Distanz zwischen zwei Nadeln entspricht, die einen Zoll auseinander stehen und aus einer Entfernung von hundertachtzig Meilen betrachtet werden«. Stecken Sie in New York zwei Nadeln in ein Kissen und fahren Sie nach Saratoga, um sie anzusehen – sie werden überwältigt sein von den übermenschlichen Kräften, welche die wissenschaftlich Gesalbten besitzen – es sei denn, Sie fragen sie, wann Halbmond ist.
Die Oberfläche des Mondes ist unregelmäßig. Ich sage nicht, daß jemand, der Hirn genug hat zu wissen, wann er einen Schuh halb geputzt hat, auch wissen müßte, wann die Sonne den Mond halb glänzen läßt. Ich sage aber, wenn man etwas so Einfaches nicht bestimmen kann, dann ist das Gekrähe der Astronomen über sehr viel schwierigere Bestimmungen wirklich nichts weiter als ein Gackern im Hühnerhof.
Der Gott der Triangulation, der nach dem Willen seiner kleinen Priester rittlings auf Umlaufbahnen sitzt und im Scheitelpunkt einen Stern trägt, ist ein falscher Koloß; er weicht, wenn Daten ihn berühren, von den Sternen zurück und sinkt unter Sonne und Mond in sich zusammen; er wird unter die Wolken der Erde so zurückgestutzt, daß die unterschiedlichen

Geschichten, die er Aristarchus und Newcomb erzählte, die widersprüchlichen Prahlereien eines Erdhockers sind –
Der Schlag, der einen Gott zerschmettert:
Daß durch Triangulation kein Astronom der Welt die Entfernung eines Dings bestimmen kann, das nur fünf Meilen entfernt ist.
Humboldt, *Cosmos*, 5-138:
Die Höhe des Mauna Loa: 18410 Fuß nach Cook; 16611 nach Marchland; 13761 nach Wilkes – und das immer laut Triangulation.
In *Scientific American*, 119-31, zieht ein Bergsteiger den Herausgeber zur Rechenschaft, der geschrieben hatte, der Mount Everest sei 29002 Fuß hoch. Er sagt, seiner Erfahrung nach gebe es immer eine Fehlerquote von mindestens zehn Prozent, wenn man die Höhe eines Berges berechnen wolle. Alles, was man sagen könne, sei deshalb, daß der Mount Everest zwischen 26100 und 31900 Fuß hoch sei. In *Scientific American*, 102-183 und 319 zitiert Miss Annie Peck zwei Messungen eines Berges in Indien: sie weichen um 4000 Fuß voneinander ab.
Die wirkungsvollste Art und Weise, diese Angelegenheit zu behandeln, wäre es, eine Liste von Messungen der Höhe eines Berges zu finden, die vor seiner Besteigung gemacht wurden, und sie mit den barometrischen Bestimmungen zu vergleichen, nachdem der Berg bestiegen wurde. Eine Liste mit 8 Messungen durch Triangulation zur Bestimmung der Höhe des Mount St. Elias finden Sie in *Alpine Journal*, 22-150: Die Angaben schwanken zwischen 12672 und 19500 Fuß. D'Abruzzi kletterte am 1. August 1897 auf den Mount St. Elias. Siehe einen Artikel in *Alpine Journal*, 19-125. D'Abruzzis barometrische Bestimmung – 18092 Fuß.
Angenommen, man mißt ein fünf Meilen entferntes Objekt mit der Triangulation, und der Fehler beträgt, sagen wir, zehn Prozent. Wir wissen nicht, wie groß die Abweichung wird, wenn etwas zehn Meilen entfernt ist. Mittels Triangulation wurde »festgestellt«, daß der Mond 240000 Meilen entfernt ist. Er könnte aber wohl auch 240 oder 240000000 Meilen entfernt sein.

KAPITEL 10

Das Pseudoherz eines Phantoms – das ist der Keplerismus, der mit Sir Isaac Newtons Regelmäßigkeiten pulsiert.

Wenn man sich nicht darauf verlassen kann, daß die Triangulation verläßliche Meßergebnisse liefert, sobald mehr als eine oder zwei Meilen zwischen Objekt und Beobachter liegen, dann sollten uns die Aspekte des Keplerismus, die auf Triangulation beruhen, nicht mehr interessieren als zwei Nadeln in einem 180 Meilen entfernten Kissen: Dennoch sind wir durch die wackligen Schlußfolgerungen der Konventionalisten mit so etwas wie Seekrankheit derart geschlagen, daß wir eine direkte Behandlung oder unabhängige Ansichten brauchen, wo immer wir sie bekommen oder vermeintlich bekommen können.

Kepler sah ein System von Planeten und glaubte, wenn das System in Begriffen der Proportionalität formuliert werden konnte, so müßten alle Maße des Systems gefolgert werden können, sobald er eine seiner Beziehungen quantitativ erfaßt hatte. Ich entnehme Newcombs *Popular Astronomy*, daß nach Keplers Meinung in der Anordnung und den Bewegungen der vier kleinen Verräter, die um Jupiter schleichen, ein System steckt; daß Kepler, der den kleinen Betrügern ohne Mißtrauen begegnete, zu dem Schluß kam, daß dieser zentrale Körper und seine Trabanten in kleinerem Maßstab eine Darstellung des ganzen Sonnensystems seien.

Kepler fand heraus, daß die Quadrate der mittleren Entfernung zwischen benachbarten Monden Jupiters geteilt durch die Quadrate ihrer Umlaufzeiten zu den gleichen Quotienten führten. Er überlegte sich, daß die gleiche Beziehung zwischen

den Planeten bestehen müßte, wenn das Sonnensystem nur eine Vergrößerung des Jupiter-Systems wäre.
Observatory, Dezember 1920: »Die Unstimmigkeiten zwischen Theorie und Beobachtung (was die Bewegungen der Jupitermonde angeht) sind von einer solchen Größenordnung, daß ständige Beobachtungen der exakten Momente ihrer Eklipsen äußerst wünschenswert wären.« Im Bericht der Jupiter-Sektion der British Astronomical Association (*Memoirs of the British Astronomical Association*, 8-83) findet sich ein Vergleich zwischen beobachteten Zeiten und berechneten Zeiten für diese Monde. 65 Beobachtungen aus dem Jahr 1899 sind aufgeführt. In einem Fall stimmen Voraussage und Beobachtung überein. Viele Abweichungen von 3 oder 4 Minuten sind festgehalten, und es gibt sogar Abweichungen von 5 bis 6 Minuten.
Kepler formulierte sein Gesetz der Proportionalität zwischen Zeiten und Entfernungen der Jupitermonde ohne zu wissen, wie die Zeitabläufe aussahen. Man sollte anmerken, daß die Beobachtungen des Jahres 1899 bereits Abweichungen berücksichtigten, die von Rømer lange nach Kepler festgestellt wurden.
Nur um etwas zu haben, das wie eine Gegenposition aussieht, wollen wir uns vorzustellen versuchen, daß Kepler dennoch auf wundersame Weise recht hatte. Wenn etwas, das Keplers Drittem Gesetz ähnelt, für die Jupitermonde gilt, die Kepler bekannt waren, mit welcher der Logik ähnlichen Überlegung können wir dann diese Proportionalität auf das ganze Sonnensystem übertragen, soweit wir überhaupt ein Sonnensystem annehmen?
Im Jahre 1892 wurde ein fünfter Jupitermond entdeckt. Vielleicht hielte er sich an Keplers Gesetz, falls tatsächlich jemand genau herausfinden könnte, wie lange der blasse Fleck für einen Umlauf braucht. Der sechste und der siebte Jupitermond kreisen so exzentrisch, daß sich ihre Umlaufbahnen von unserem Blickpunkt aus überschneiden. Ihre Entfernungen unterliegen sehr starken Schwankungen; aber insofern, als man sagen könnte, daß ihre mittleren Entfernungen mit Keplers

Drittem Gesetz übereinstimmen oder übereinstimmten, falls jemand herausfände, wie groß ihre mittleren Entfernungen sind, wenden wir uns den anderen zu. Der achte und neunte Mond stimmen mit überhaupt nichts überein. Wenn einer von ihnen einmal auf einer Umlaufbahn herumläuft, dann nimmt er beim nächsten Mal eine andere und wechselt auf eine andere Ebene. Weil nun also Keplers Drittes Gesetz, das aus dem System der Jupitermonde abgeleitet wurde, offenbar nicht einmal innerhalb dieses kleinen Systems durchgängig gültig ist, wenden wir uns lieber der Frage zu, wie wohl zwei Nadeln in einem Kissen in Louisville, Kentucky, einem Beobachter in der Bronx erscheinen würden, statt länger bei der Vorstellung der Erweiterung einer solchen Pseudo-Proportionalität auf das ganze angebliche Sonnensystem zu verweilen.

Es scheint, vielen von Keplers Beweisführungen liegt der Fehler zugrunde, daß er keinen Ausgangspunkt hatte, bevor er seine Schlüsse zog. Er lehrte die Doktrin der Sphärenmusik und vergab die Baßstimmen an Saturn und Jupiter, den Tenor an Mars, den Alt an die Venus und den Sopran oder besser das Falsett an den kleinen Merkur. Das ist alles schön und gut und im Detail schlüssig ausgearbeitet, und es scheint nur vernünftig, daß der gewichtige, wenn nicht gar klobige Jupiter den Baß singt und die anderen Planeten je nach Geschlecht und Stimmlage einfallen – aber man ist nicht ganz zufrieden.

Wir haben uns bereits mit Newcombs Bericht beschäftigt. Aber andere Konventionalisten sagen, daß Kepler sein Drittes Gesetz mit Hilfe der Triangulation auf Venus und Merkur formulierte, als sie in der größten Elongation waren. So »fand« er, daß das Verhältnis zwischen Merkur und Venus das gleiche ist wie das zwischen Venus und Erde. Auch wenn es nach Ansicht der Konventionalisten zu Keplers Zeit noch keinen »Beweis« dafür gab, daß sich die Erde bewegt, ging Kepler von der Annahme aus, daß sich die Erde zwischen Venus und Mars bewegt; er nahm an, daß die Entfernung zwischen Venus und Sonne zur Zeit der größten Elongation die mittlere Entfernung dar-

stellt; er nahm an, daß Beobachtungen Merkurs auf dessen Umlaufbahn schließen ließen, auf eine Umlaufbahn also, die sich bis heute jeder Analyse widersetzt.
Aber nur um den Anschein der Existenz einer ernstzunehmenden Opposition aufzubauen, wollen wir versuchen uns vorzustellen, daß Keplers Daten ihm tatsächlich das Material zur Formulierung seines Gesetzes geliefert hätten. Seine Daten waren vor allem die Beobachtungen von Tycho Brahé. Aber mit Hilfe genau der gleichen Daten hatte Tycho demonstriert, daß sich die Erde nicht zwischen Venus und Mars bewegt; daß die Erde stationär ist.
Richard Proctor, der standhafteste der Konventionalisten, der dennoch zugleich wie ein Kollege von uns scheint, sagt, daß Tycho Brahés System mit allen Daten übereinstimme. Ich habe noch nie einen Astronomen gehört, der dies leugnet. Dann ist das Herz der modernen Astronomie aber nicht der Keplerismus, sondern ein Mißbrauch von Daten, der an Monstrosität sogar siamesische Zwillinge übertrifft, dient er doch gleichzeitig dem Keplerismus und dem System Tychos. Ich fürchte, einige unserer Versuche, eine Gegenposition zu finden, verlaufen nicht besonders erfolgreich.
Die mittelalterliche Doktrin, die sich auf Umlaufzeiten und Entfernungen beschränkt, wenngleich die Planeten, soweit ich weiß, ebenso proportional singen wie sie sich proportional bewegen, besitzt nun also Daten, die man interpretieren oder fehlinterpretieren kann. Aber wenn es darum geht, Keplers Drittes Gesetz auf die äußeren Planeten anzuwenden, dann habe ich noch von keinem Weg gehört, den Kepler gehabt hätte, um ihre proportionalen Entfernungen zu bestimmen. Er sagte einfach, Mars und Jupiter und Saturn befänden sich in Entfernungen, die zu ihren Umlaufzeiten in Proportion stünden. Er behauptete, was im Grunde ganz vernünftig war, daß die langsameren Planeten die entfernteren sind; doch das hat nichts mit proportionaler Entferntheit zu tun.
Das ist das Pseudoherz der Phantom-Astronomie.
Ihr gab Sir Isaac Newton den Anschein von Schlüssigkeit.

Ich vermute, daß die Geschichte eines Apfels nicht zufällig gleich in zwei Mythologien eine so wichtige Rolle spielt. Die Geschichte von Newton und dem Apfel wurde erstmals von Voltaire erzählt. Man muß sich allerdings fragen, was Voltaire eigentlich damit sagen wollte. Angenommen, Newton sah einen Apfel zu Boden fallen und war so inspiriert oder getroffen, daß er auf die Begriffe der universellen Anziehungskraft kam. Aber hätte er versucht, einem Hund einen Knochen wegzunehmen, dann hätte er einen ganz anderen Eindruck gehabt und hätte mit der gleichen Berechtigung die Dinge in Begriffen der universellen Abstoßung erklärt.

Wenn in allen inter-agierenden Dingen - elektrischen, biologischen, psychologischen, ökonomischen, soziologischen, magnetischen, chemischen und hündischen - die Abstoßung ebenso bestimmend ist wie die Anziehung, dann ist das Gesetz der Schwerkraft, das ein Versuch ist, die Dinge nur in Begriffen der Anziehung zu erklären, ebenso falsch, wie es die Dogmen über alle anderen Dinge wären, sofern diese sich nur auf die Begriffe der Anziehung verließen.

Deshalb ist das Gesetz der Schwerkraft eine Richtlinie für Kummer und Fehlschläge geworden. Ein gewisser Dr. Adams, der jedes seiner Symbole akzeptiert oder gar inbrünstig an sie glaubt, hat berechnet, daß die Leoniden im November 1899 zurückkehren werden - aber Kummer und Fehlschlag - die Leoniden tauchen nicht auf. Der Planet Neptun wurde nicht mathematisch entdeckt, denn obgleich er im Jahre 1846 irgendwo in der Nähe der durch die Formel gefundenen Position war, befand er sich im Jahre 1836 oder 1856 nirgendwo in der Nähe der von Leverrier und Adams berechneten Umlaufbahn. Vor einiger Zeit brachten wir gegen das Getöse, ein transuranischer Planet sei mathematisch entdeckt worden, unsere Annahme vor, daß, wenn dies kein Mythos sein soll, die Astronomen nun auch den transneptunischen Planeten mathematisch entdecken sollen. Daß es trotz einer beliebigen Anzahl gelehrter Abhandlungen keine solche Mathematik gibt, wird uns weit deutlicher bewußt durch die leuchtenden kleinen

Unglücksraben, die Monde Jupiters. Mond auf Mond wurde um Jupiter entdeckt, aber nur durch Zufall oder Beobachtung und nie durch Berechnung: Nie waren die Bahnstörungen der bereits bekannten Monde die Grundlage, auf die Positionen weiterer Trabanten zu schließen. Astronomen deuteten zum Himmel, und da war nichts. Einer von ihnen deutete gleichzeitig in alle vier Himmelsrichtungen und deutete noch viermal, und da war immer noch nichts; und viele Male deuteten sie überhaupt nicht, und siehe, da war etwas.

Äpfel fallen auf den Boden und Hunde knurren, wenn man ihnen einen Knochen wegnimmt; im Frühling blühen Blumen, und ein getretener Wurm krümmt sich.

Dennoch ist die Täuschung stark, es gebe eine auf Schwerkraft beruhende Astronomie, und die große Macht des Gesetzes der Schwerkraft, sein allgemeines Ansehen, beruht darauf, daß es mathematisch ausgedrückt wurde. Meiner Ansicht nach könnte man genausogut sagen, daß es fetischhaft ausgedrückt wurde. Descartes war ein ebenso großer Mathematiker wie Newton: Mit einigem Recht könnte man also sagen, daß er die analytische Geometrie erfand oder entdeckte; nur aus Patriotismus behaupten die Engländer, daß Newton die Infinitesimalrechnung erfand oder entdeckte. Auch Descartes formulierte ein Gesetz der Planeten, das den Gläubigen um keinen Deut weniger verwirrend und überzeugend erschien, aber sein Gesetz beruhte nicht auf der Schwerkraft, sondern auf kreisförmigen Wirbeln. Im Jahre 1732 verlieh die Académie Française einen Preis an Johann Bernoulli für seine prächtige mathematische Beweisführung, die so unverständlich war wie jede andere. Auch Bernoulli hatte die planetarischen Wechselwirkungen formuliert oder behauptete wenigstens, sie formuliert zu haben – so mathematisch, wie es sich seine hypnotisierten Bewunderer nur wünschen konnten: Auch er berief sich nicht auf die Schwerkraft.

Der Fehler, den ich in einem großen Teil der astronomischen Mathematik finde, ist der Fehler, den ich in der Architektur fände, wenn behauptet würde, daß ein Tempel oder ein

Wolkenkratzer etwas beweist. Reine Mathematik ist Architektur: Sie hat in der Astronomie nicht mehr Bedeutung als der Parthenon. Sie ist das Willkürliche: Sie wird keine Gerade krümmen und keine Delle in die Oberfläche einer Information drücken. Es gibt in jedem Chaos eine schwache Uniformität: In den Verfärbungen einer alten Mauer kann jeder erkennbare Umrisse sehen; in einer solchen Mixtur wird ein Mathematiker Quadrate und Kreise und Dreiecke sehen. Wenn er einfach nur Dreiecke herausarbeiten würde, statt seine Diagramme auf Theorien über die alte Mauer selbst anzuwenden, dann wären seine Konstruktionen so harmlos wie ein Gedicht. In unserer Metaphysik kann die Einheit natürlich nicht das Bezogene sein. Ein mathematischer Ausdruck der Einheit kann nicht, oder allenfalls nur annähernd, auf einen Planeten angewendet werden, der nicht endgültig, sondern Teil von etwas ist.
Sir Isaac Newton lebte vor langer Zeit. Jeder Gedanke, der ihm kam, war ein Spiegelbild seiner Ära. Um seinen Geist überhaupt umfassend zu würdigen, muß man sein Gesamtwerk betrachten. Einige weitere Beispiele für Newtons Liebe zu den Zahlen finden Sie in seinem Buch über die Prophezeiungen des frommen Daniel, in seinen Bestimmungen über das elfte Horn von Daniels viertem Tier. Wenn diese Beweisführung heute schon nicht mehr besonders akzeptabel scheint, dann sind einige seiner anderen Werke mittlerweile geradezu archaisch. Mag ja sein, daß Jupiter den Baß singen kann, ob elegant oder unbeholfen, und womöglich gibt es ja tatsächlich ein formulierbares Verhältnis zwischen dem elften Horn eines vierten Tiers und einer anderen Größe: Ich beschwere mich lediglich über die *Dogmen*, die sich aus den Ausdünstungen solcher Geister verfestigten, wenn ich auch eingestehen muß, daß ich vielleicht selbst keine große Substanz habe. Was allgemeine Prinzipien angeht, so sage ich, daß wir ja auch keine Schiffe aus der Zeit Newtons als Modelle für heutige Schiffe nehmen, und auf eine Art und Weise bauen und transportieren, die prachtvoll oder vielleicht verhängnisvoll anders ist, aber auf jeden Fall anders und nicht gleich; und daß die Prinzipien der

Biologie und der Chemie und aller anderen Wissenschaften mit Ausnahme der Astronomie nicht mehr das sind, was sie zu Newtons Zeit waren, ganz gleich, ob jede einzelne von ihnen nun eine Täuschung ist oder nicht. Ich beschwere mich vor allem darüber, daß die immer noch mittelalterliche Wissenschaft der Astronomie als einzige keinerlei Fortschritte gemacht zu haben scheint, auch wenn es wahrscheinlich nie so etwas wie einen wirklichen Fortschritt gegeben hat.
Es läßt sich noch etwas anderes über den Keplerismus und den Newtonismus sagen. Es ist eine Peinlichkeit. Ich fürchte, unsere Erfahrungen haben uns anspruchsvoll gemacht. Wir haben die Unterteilung im Keplerismus bemerkt, durch welche er wie alles andere, das wir untersucht haben, mit dem gleichen Anspruch auf Wahrheit auf die eine wie die andere Weise interpretierbar ist.
Die Peinlichkeit:
Jedes Gefühl für Anstand und für den Wert von gesicherten Daten zu verlieren, nur um mit der verbreiteten Ansicht übereinzustimmen; zu sein wie alle anderen und die Absicht haben, aus unserer Willfährigkeit Geld zu schlagen;
Mit den Astronomen darin übereinzustimmen, daß Keplers drei Gesetze natürlich nicht absolut wahr sind, daß sie aber Annäherungen sind, und daß die Planeten sich bewegen, wie sie sich nach der Keplerschen Doktrin bewegen sollen – aber dann nur eine Beweisführung dafür heranziehen, daß die Erde einer dieser Planeten ist;
Newtons *Principia* von vorn bis hinten zu bewundern, ohne, genau wie die meisten anderen Bewunderer, jemals auch nur ein Exemplar in der Hand gehabt zu haben; jedes Theorem darin zu akzeptieren, ohne die leiseste Ahnung zu haben, was auch nur eins von ihnen bedeutet; zu akzeptieren, daß sich bewegende Körper den Gesetzen der Bewegung gehorchen und sich in einem Kegelschnitt bewegen müssen – aber dann nur eine einzige Beweisführung dafür heranziehen, daß die Erde ein sich bewegender Körper ist.
Keplers drei Gesetze sollen gemeinhin demonstrieren, daß sich

die Erde um die Sonne dreht. Das ist ein Fehler. An allem, das populär ist, ist etwas falsch. Wie wir bereits sagten, man akzeptiere, daß die Erde stationär ist, und Keplers Doktrinen passen ebensogut auf eine Sonne, um die sich in proportionalen Schritten voneinander entfernte Planeten drehen, während das ganze System um eine zentrale und stationäre Erde kreist. Alle Beobachtungen über die Bewegungen von Himmelskörpern stimmen mit dieser Interpretation von Keplers Gesetzen überein. Dann ist es aber nichts weniger als ein Dilemma, wenn man sagen kann, daß die Erde stationär ist oder sagen kann, daß die Erde nicht stationär ist, ganz wie man will; fürwahr ein Verwirrspiel, in dem Sir Isaac, sich selbst und anderen zum Gefallen, seine beliebige Wahl traf. Ohne jede Grundlage, ohne den kleinsten Hinweis, der auf irgendeine Art überzeugender ist als die anderen, zog er es vor zu denken, daß die Erde einer der sich bewegenden Planeten ist. Dafür besaß er die hinreichende »Tiefgründigkeit«, von der man uns berichtet. Er hat keine Bücher über das erste und zweite Horn seines Dilemmas geschrieben, sondern das Dilemma einfach unter den Tisch fallen lassen.[8]

Allen, die zum Widerspruch neigen, biete ich eine Vereinfachung an. Sie mögen sich vor den Batterien der Integrale und im Bombardement der komplexen Zahlen, der transzendentalen Funktionen, Kegelschnitte und der anderen Dinge aus dem Munitionslager der Astronomen im Hintertreffen fühlen – Bewundern Sie sie. Akzeptieren Sie, daß sie sich auf die Körper beziehen, die um die Sonne kreisen. Fordern Sie einen einzigen greifbaren Beweis dafür, daß die Erde einer dieser Körper ist. Zur Behandlung einer solchen »Beweisführung« schlagen Sie unsere Ausführungen oder Schlußfolgerungen über die Drei Sinnwidrigkeiten nach oder unsere unter unerträglichen Schmerzen unternommenen Versuche, über die Drei Abstrusitäten etwas Ernsthaftes zu schreiben.

[8] Anspielung auf »das elfte Horn von Daniels viertem Tier«, Seite 86. Hier: *On the horns of a dilemma* = In einer Zwickmühle.

Wir haben mit drei Freudenschreien eines begeisterten Mathematikers begonnen. Wir haben einige zweifelhafte Abenteuer hinter uns und haben unter großen Mühen so getan, als hätten sich Ungeheuer oder kleine Schwierigkeiten tatsächlich als ernstzunehmende Opposition erwiesen. Wir sind dabei nicht ins Herz des Systems, sondern nur zwischen die Schenkel eines Zwiespalts gelangt.

KAPITEL 11

Wir haben gesehen, daß einige der brillantesten Inspirationen gottähnlicher Denker oder einige der widerwärtigsten Ausdünstungen verpesteter Geister Versuche waren, die sprichwörtliche Unveränderlichkeit der Sterne zu erklären. Vor allen anderen Daten der Astronomie hebt sich in meinen Augen diese buchstäbliche Unveränderlichkeit der Positionen als entscheidender Umstand heraus. Um zu erklären, daß die Konstellationen sich seit 2000 Jahren nicht verändert haben, sagen die Astronomen, sie stellten sich unvorstellbare Entfernungen vor. Wir werden uns eine eigene Meinung über die sprichwörtliche Unveränderlichkeit der Positionen der Sterne bilden; aber wir werden auf Schwierigkeiten stoßen, wenn die Astronomen jemals herausgefunden haben, daß sich manche Sterne um andere Sterne oder mit ihnen zusammen bewegen. Ich will die Geschichte von Professor Struve und dem »Begleiter des Prokyon« detaillierter aufgreifen, um etwas mehr Licht auf die Feinheiten, die Genauigkeit und die Exaktheit der Astronomie zu werfen, und um sie zu demütigen, zu verhöhnen oder wie immer man es nennen mag.

Professor Struves Erklärung, er habe den »Begleiter Prokyons« entdeckt, ist in *Monthly Notices of the Royal Astronomical Society*, 33-430, veröffentlicht – daß Struve am 19. März 1873 den Begleiter Prokyons entdeckt habe, daß er ihn mikrometrisch verglichen habe, daß er seine Beobachtungen mit drei Bestimmungen von Position und Winkel verglichen habe, daß er drei Entfernungsmessungen durchgeführt und schließlich noch dreimal Position und Winkel bestimmt habe, und daß alle »ausgezeichnet übereinstimmten«. Optische Täuschungen waren ausgeschlossen, heißt es, weil Lindemann, ebenfalls Astronom, das

Objekt gesehen habe. Zur technischen Seite veröffentlicht Struve eine Tabelle mit seinen Beobachtungen: siderische Zeit, Entfernungen, Positionen und Winkel; vom 19. März bis zum 2. April 1873, wonach er seine Beobachtungen bis zum folgenden Jahr unterbrechen mußte. In *Monthly Notices of the Royal Astronomical Society*, 34-355, wird über die Wiederaufnahme der Beobachtungen berichtet. Struve erklärt dort, daß Auwers die Entdeckung nicht akzeptieren wolle, wenn der »Begleiter« nicht im unterdessen vergangenen Jahr eine Erhöhung seiner Position aufweise, die der Theorie und Vorausberechnung entspräche. Struve schreibt dazu: »Diese Erhöhung zeigte sich tatsächlich auf äußerst bemerkenswerte Weise.« Deshalb hält er es für »eindeutig belegt«, daß das Objekt seiner Beobachtungen das Objekt war, das Auwers Berechnungen entsprach. Er sagt, Ceraski in Moskau habe den »Begleiter« ebenfalls gesehen, »ohne über die Stelle informiert zu sein, an der man ihn suchen mußte«.
Aber – blättern Sie bitte mal ein paar Kapitel zurück.
Man könnte dennoch sagen, daß andere Sterne Begleiter haben, die sich bewegen, wie sie sich bewegen sollen. Wir werden dieses Thema später noch erörtern und daran denken, daß möglicherweise Lichter gesehen wurden, die in der Nähe einiger Sterne ihre Positionen veränderten, daß aber noch nie ein Stern um einen anderen Stern kreiste, wie es nach der paläo-astronomischen Theorie der Fall sein sollte. Als Grundlage für meine Analogie nehme ich die Tatsache, daß noch nie jemand in einem Park gesessen und gesehen hat, wie ein Baum um einen andern kreiste, daß aber durchaus der Eindruck einer solchen Drehbewegung entstehen kann, wenn man die Schwächen oder Begabungen eines Astronomen kennt.
Wir sitzen in einem Park. Wir bemerken einen Baum. Woher auch immer der Eindruck kommt, wir haben den Eindruck, der Baum habe sich bewegt. Ein Stück weiter bemerken wir einen zweiten Baum, und – sei es nun Ausdruck unserer lebhaften Phantasie oder etwas anderes – wir glauben, es sei der gleiche Baum, nur weiter entfernt. Danach suchen wir uns Baum auf Baum aus, immer weiter entfernt, sind davon überzeugt, daß es

immer der gleiche Baum sei, und folgern daraus natürlich, daß er um uns kreist. Exaktheit und Feinheiten entwickeln sich: Wir berechnen die Elemente seiner Umlaufbahn. Wir schließen die Augen und sagen voraus, wo der Baum sein wird, wenn wir sie wieder öffnen; und dank desselben Prozesses von Selektion und Identifikation ist er stets, wo er sein »sollte«. Und wenn wir ein Stück von der weit verbreiteten Geschwindigkeitsmanie in uns haben, dann werden wir dafür sorgen, daß sich das verdammte Ding mit solchem Tempo um uns dreht, daß wir im Chaos unausgegorener botanischer Konventionen schier versinken. Mit Ausnahme des Geschwindigkeitsfaktors ist in dieser Analogie nichts allzu weit hergeholt.

Goldschmidt hat erklärt, es gäbe ein halbes Dutzend schwache Lichtpunkte um Sirius, und Dawes hatte den Verdacht, Clark habe willkürlich einen von ihnen herausgepickt. Wir dagegen sind der Ansicht, daß rings um Sirius herum, in unterschiedlichen Entfernungen von Sirius, schwache Lichtpunkte gesehen wurden, und daß die Astronomen zu Anfang, sogar noch während der ersten sechzehn Jahre, einfach noch nicht gründlich genug hypnotisiert waren und nicht den ganz bestimmten Lichtpunkt herauspickten, den sie herauspicken sollten, so daß es keine Übereinstimmung zwischen berechneter und beobachteter Umlaufbahn geben konnte.

Abgesehen von den unvereinbaren Beobachtungen, die Flammarion notierte, können Sie im *Intellectual Observer*, 1-482, weitere Fälle nachschlagen. Dann kam das standardisierte Sehen. So ist im *Observatory*, 20-73, eine Reihe von Beobachtungen aus dem Jahr 1896 über den »Begleiter des Sirius« veröffentlicht worden, die ihn exakt dort ansiedeln, wo er sein sollte. Dennoch findet sich in dieser Reihe von Beobachtungen eine weitere Reihe, die so stark abweicht, daß der Herausgeber fragt: »Bedeutet das, daß es zwei Begleiter gibt?«

Dunkle Begleiter erfordern eine etwas stärker ausschließende Behandlung. Daher also die veränderlichen Nebel – kreisen dunkle Nebel um helle Nebel? Beispiele für veränderliche Nebel finden Sie in *Memoirs of the Royal Astronomical Society*,

49-214; *Comptes Rendus*, 59-637; *Monthly Notices of the Royal Astronomical Society*, 38-104. Man könnte sagen, daß sie nicht vom Typ Algols sind. Das ist, wie wir gezeigt haben, freilich auch Algol selbst nicht.

Nach den Zwängen der Daten ist unsere Vorstellung die, daß die Sterne, die an festen Positionen zu stehen scheinen, an festen Positionen stehen, so daß ihre »Eigenbewegung« uns so inakzeptabel scheint wie eine relative Bewegung.

Was die »Eigenbewegung« angeht, so ist die Situation die folgende:

Die Sterne, die vor 2000 Jahren katalogisiert wurden, haben sich praktisch nicht verändert oder, wenn es Verfeinerungen der modernen Astronomie gab, haben sich nicht mehr verändert, als man mit einem etwas mehr fast-exakten Aufzeichnen erklären könnte; aber in der astronomischen Theorie wird behauptet, die Sterne drifteten mit unvorstellbarer Geschwindigkeit auseinander; so ist den Astronomen jeder Beweis für veränderte Positionen von Sternen willkommen. Was bekannte Sternbilder angeht, so kann man nicht gut behaupten, daß es eine Veränderung gegeben hätte; deshalb wird die »Eigenbewegung« bis auf wenige Ausnahmen den Sternen zugeschrieben, die nicht so gut bekannt sind.

Das Ergebnis ist eine amüsante Zwickmühle. Starke Eigenbewegung soll eine relativ große Nähe zur Erde bedeuten. Von den fünfundzwanzig Sternen mit der angeblich größten Eigenbewegung sind aber alle bis auf zwei ganz blasse Sterne; man sagt also von diesen dreiundzwanzig, daß sie der Erde am nächsten seien. Doch wenn die Astronomen die relative Parallaxe eines Sterns mit Bezug auf einen blasseren Stern messen, dann stimmen sie darin überein, daß die blasseren Sterne, weil blasser, weiter entfernt sind. Einmal hängt also Blässe mit Nähe und dann wieder mit Ferne zusammen, und so hängt das ganze Thema mit Humor zusammen, denn wenn wir bei diesen unseren Ansichten hier etwa ernst bleiben sollen, dann schreiten wir lieber gleich weiter.

* * *

Observatory, März 1914:
Eine Gruppe von drei Sternen ist verschwunden.
Wenn die drei Sterne gleichzeitig verschwunden sind, dann hat etwas auf sie eingewirkt, das alle gleichzeitig traf. Versuchen Sie sich eine Kraft vorzustellen, die nicht alles Sichtbare in Fetzen reißt, aber trotzdem drei Sterne ausblenden kann, auch wenn sie Billionen Meilen voneinander entfernt sind. Wären sie eng beisammen gewesen, dann wäre die Erklärung nicht mehr haltbar, daß die Sterne nur deshalb seit 2000 Jahren scheinbar die gleichen relativen Positionen besetzen konnten, weil sie Billionen Meilen voneinander entfernt sind.
In Agnes Clerkes *System of the Stars* werden viele Beispiele für Sterne angeführt, die anscheinend so eng miteinander verwandt sind, daß es unmöglich scheint sich vorzustellen, sie sollten Billionen oder Milliarden oder Millionen Meilen voneinander entfernt sein: solche Formationen wie »sieben Sterne in einer Reihe, die aussehen, als wären sie auf einen silbernen Faden gereiht«. Es gibt Ringe von Sternen, die im Sternbild Auriga in einer Gruppe beisammenstehen; Linien und Bögen in Opiuchus; Zickzackfiguren in Schütze. Von Sternen, die nicht nur eng beisammen zu stehen scheinen, sondern die auch eine ähnliche Farbe haben, nimmt Miss Clerke an, daß sie eng beisammen stehen müßten – »Wenn diese Farben ihnen eigentümlich sind, dann fällt es schwer zu glauben, daß die dadurch kenntlich gemachten Sterne einfach aufgrund der Perspektive zusammengeworfen wurden.« Zu den Figuren im Sternbild Schütze nennt Fison (*Recent Advances in Astronomy*) als Beispiel 30 kleine Sterne in Form eines gegabelten Zweiges mit dunklen parallelen Rissen. Nach Fison spricht die Wahrscheinlichkeit eindeutig dagegen, daß nach zufälliger Verteilung drei ungewöhnliche Sterne im Orion in einer geraden Linie liegen, ganz zu schweigen davon, daß es unter dieser Linie eine weitere parallele Reihe von fünf blassen Sternen gibt. In der Milchstraße findet man dunkle Spuren oder Risse, die wie Abzweigungen von einer Hauptstraße aussehen, und diese Abzweigungen haben manchmal klar definierte Kanten. In vielen Regionen

laufen, wo es dunkle Furchen gibt, Reihen von Sternen nahezu parallel –
Daß es nicht weite Entfernungen sind, die die Sterne daran hindern, ihre relativen Positionen zueinander zu verändern, weil es haufenweise Hinweise dafür gibt, daß manche Sterne eng zusammen stehen und sämtlich von lokalen formbildenden Kräften beeinflußt werden oder wurden.

* * *

Einen ausführlichen Vergleich, den J. E. Gore zwischen den Sternen von heute und denen angestellt hat die vor etwa 1000 Jahren von Al-Sufi katalogisiert wurden, finden Sie in *Observatory*, Bd. 23. Die Sterne haben ihre Positionen nicht verändert, aber es scheint, als hätte es viele Veränderungen in der Leuchtkraft gegeben.
Andere Veränderungen – *Proceedings of the Astronomical Society of the Pacific*, Nr. 185 (1920) – Entdeckung des siebzehnten neuen Sterns in einem Nebel (Andromeda). Listen von Sternen, die verschwunden sind, finden Sie in *Monthly Notices of the Royal Astronomical Society*, 8-16; 10-18; 11-47; *Sidereal Messenger*, 6-320; *Journal of the British Astronomical Association*, 14-255. Nebel, die verschwanden – siehe *American Journal of Science*, 2-33-436; Clerkes *System of the Stars*, S. 293; *Nature*, 30-20.
In *Sidereal Messenger*, 5-269, schreibt Professor Colbert, am 20. August 1886 habe ein Astronom in Chicago etwa eine halbe Stunde lang einen kleinen kometenähnlichen Auswuchs des Sterns *Zeta* in der Cassiopeia gesehen.
Also hat man Veränderungen im Abstand von Sternen gesehen. Als im Februar 1901 im Perseus ein neuer Stern erschien, war er nur ein Lichtpunkt. Etwas ging von ihm aus, das sechs Monate später einen Durchmesser hatte, der dem halben Durchmesser des Mondes entsprach. Die Erscheinungen wirkten strukturiert. Einfach nur zu sagen, es seien Lichteffekte gewesen, so etwas wie ein Ring vielleicht, würde bedeuten, ihre Komplexität und Dauer und ihre Unterschiedlichkeit zu ignorieren. Nach

Newcomb, der gelegentlich zu unseren Gunsten zitierbar ist, handelte es sich bei diesen Erscheinungen nicht bloß um Lichtstrahlen, da sie nicht einförmig vom Stern ausgingen, sondern sich unterschiedlich bewegten, sich verknoteten und sich krümmten. Es war eine sichtbare Bewegung, so weit entfernt wie Nova Persei.

In *Monthly Notices of the Royal Astronomical Society*, 58-334, schreibt Dr. Espin, er habe am Abend des 16. Januar 1898 im Perseus etwas beobachtet, das aussah wie eine Wolke. Es konnte nicht in der Erdatmosphäre gewesen sein und nichts, was weit vom Sternbild entfernt war, denn er sah es am 24. Januar abermals im Perseus. Er schreibt, am 17. Februar hätten es auch Mr. Heath und Dr. Halm gesehen - etwas wie eine Wolke, die die Sterne, die hindurchschienen, trübte und verfärbte. Auf der Sitzung der British Astronomical Association am 23. Februar 1898 (*Journal of the British Astronomical Association*, 8-216) beschrieb Dr. Espin die Erscheinung und beantwortete Fragen. »Es war kein Nebel, und es war auch nicht so ähnlich.« - »Was es auch war, es hatte die eigenartige Fähigkeit, Sterne zu verdunkeln und zu überdecken.«

Das Ding bewegte sich in den Perseus und entfernte sich dann. Clerke, *The System of the Stars*, S. 295 - ein Nebel, der zwischen 1833 und 1835 abrupt seine Position veränderte und sich dann nicht mehr bewegte. Nach Sir John Herschel befand sich im Zentrum dieses Nebels, als er 1827 und 1833 beobachtet wurde, ein Stern, aber im August 1835 stand der Stern auf der Ostseite des Nebels.

Daß nicht die Ferne von der Erde der Grund dafür ist, daß seit 2000 Jahren keine Positionsveränderungen der Sterne zu sehen waren, weil gelegentlich auch abrupte Positionsveränderungen bei entfernten Sternen beobachtet wurden.

* * *

Ob es etwas wie ein sich drehendes Gebilde wie eine Schale gibt, das die Sterne an ihrer Position hält und in dem die Sterne Öffnungen sind, durch die Licht von einer Existenz außerhalb

der Schale hereinfällt, oder ob es das nicht gibt, alle Sterne sind doch etwa gleich weit von der Erde entfernt, wie sie es wären, wenn die Erde stationär im Zentrum einer solchen Hülle stehen würde, von der sie umkreist wird –
Den Aberrationsformen der Sterne entsprechend.
Alle Sterne am Pol der Ekliptik beschreiben alljährliche Kreise; die Sterne weiter unten beschreiben Ellipsen, die immer flacher werden, je tiefer man kommt, bis sie auf der Ekliptik selbst alljährlich eine gerade Linie beschreiben.
Angenommen, die Sterne sind Öffnungen, die relativ zueinander an fixierten Positionen in einer Substanz stehen, die zwischen ihnen liegt. Stellen Sie sich eine Drehung dieser ganzen Versammlung um eine zentrale und stationäre Erde vor: Dann würden, von der Erde aus gesehen, alle in der Nähe der Achse Kreise beschreiben, weiter unten wären es Ellipsen und an der Sichtgrenze wären es Geraden. Wenn alle gleich weit von der Erde entfernt wären, oder wenn alle Punkte auf einem sich drehenden konkaven Gebilde lägen, an allen Punkten gleich weit von der zentralen Erde entfernt, dann hätten alle die gleiche Amplitude. Alle Aberrationsformen der Sterne, ob sie strahlend hell oder blaß sind, ob sie Kreise oder Ellipsen oder gerade Linien beschreiben, hätten die gleiche Amplitude: etwa 41 Bogensekunden.

***

Wenn alle Sterne Punkte sind, an denen Licht von einem Draußen hereinströmt, wobei die Punkte auf einem schalenähnlichen Gebilde festgehalten und auseinandergehalten werden, das an manchen Stellen undurchsichtig und an anderen Stellen perforiert ist –
Der Gegenschein –
Daß wir Hinweise dafür haben, daß unsere Existenz von einer solchen Schale umgeben ist.
Der Gegenschein ist ein runder Lichtfleck am Himmel. Er scheint des Nachts reflektiertes Sonnenlicht zu sein, weil er eine Position gegenüber der Sonne einnimmt.

Die Crux ist:
Reflektiertes Sonnenlicht – aber reflektiert wovon?
Daß der Himmel eine Matrix ist, in der die Sterne Öffnungen sind, und daß die Sonne auf die innere, konkave Fläche der Himmelshülle ihr Licht auch dann wirft, wenn die Erde dazwischen steht, wobei das Licht, selbst wenn die Erde dazwischen steht, in der Mitte nicht stärker ausgeblendet wird, als das Licht in oft beträchtlichem Maße während einer Mondfinsternis auf dem Mond ausgeblendet wird, und wobei das Licht keine Zeit braucht, um die Entfernung zu den Sternen und zurück zur Erde zu durchlaufen, weil die Sterne nahe sind oder weil es keine Lichtgeschwindigkeit gibt.
Angenommen, der Gegenschein wäre eine Reflexion des Sonnenlichts von etwas, das weniger weit entfernt ist als die Sterne. Dann hätte er vor dem Hintergrund der Sterne eine Parallaxe.
Observatory, 17-47:
»Der Gegenschein hat keine Parallaxe.«

***

Auf der Sitzung der Royal Astronomical Society am 11. Januar 1878 wurde eine Arbeit von W. F. Denning verlesen. Sie war aufgrund der Folgerungen, die sich daraus ergaben, eines der aufregendsten Dokumente der Geschichte. Das Thema lautete: »Vermutete Wiederholungen von Meteorschauern«. Mr. Denning führte zweiundzwanzig Strahlungspunkte auf, die sich jeweils zwischen drei und vier Monaten gehalten hatten.
Im Jahre 1799 bemerkte Humboldt, daß sich die Wege der Meteore, soweit sie zu einem einzigen Schauer gehören, auf einen gemeinsamen Ursprung oder einen Punkt zurückführen lassen, von dem alle Meteore ausgestrahlt wurden. Das ist der Strahlungspunkt. Wenn ein Strahlungspunkt in einem Sternbild liegt, bekommen die Meteore einen entsprechenden Namen. Beim außergewöhnlichen Meteorschauer vom 13. und 14. November 1833 gab es einen Umstand, der so außergewöhnlich war wie das Schauspiel selbst: daß die Erde sich zwar um ihre Achse drehen soll, so daß der Eindruck entsteht, die Sterne

drehten sich nachts um die Erde, und daß die Erde um die Sonne kreisen soll, was die scheinbaren Bewegungen der Sterne erklären soll, daß aber diese Meteore im November 1833 im Sternbild des Löwen ihren Ursprung nahmen und sechs Stunden später, obwohl der Löwe seine Position am Himmel verändert hatte, mit ihm gewandert waren und immer noch aus dem Löwen kamen.

Längs der langen Grundlinie zwischen Kanada und Florida gab es keine Parallaxe.

Also kamen diese Meteore aus dem Löwen, und die Parallaxe oder das Fehlen einer Parallaxe ist bedeutungslos.

Der Umstand, daß in der Nacht vom 13. auf den 14. November 1833 eine Position präzise gehalten wurde, obwohl sich die Konstellation bewegte, wird unbedeutend, wenn man Dennings Daten ansieht, nach denen solche Synchronisationen über Monate andauerten. Wenn ein Strahlungspunkt im Löwen oder in der Lyra bleibt, Nacht auf Nacht und Monat auf Monat, dann liegt es entweder daran, daß etwas den Punkt in exakter Übereinstimmung mit einer sich doppelt verlagernden Konstellation ohne Parallaxe verlagert, was so unvorstellbar ist, daß Denning sagt, »Ich kann es nicht erklären«, oder daran, daß die Konstellation der Strahlungspunkt ist, in welchem Falle die Erhaltung der präzisen Position undenkbar wäre, wenn sie weit entfernt wäre –

Daß die Sterne nahe sind.

Stellen Sie sich ein Schiff vor, das langsam an einer Küstenstadt vorbeifährt und beispielsweise mit rauchlosem Pulver feuert. Die Geschosse der Schiffsgeschütze explodieren, bevor sie die Stadt erreichen, und die Punkte der Explosionen liegen auf der Linie zwischen Stadt und Schiff oder sind auf eine einzige Strahlungsquelle zurückzuführen. Die Beschießung geht weiter. Das Schiff fährt langsam vorbei. Immer noch lassen sich alle Explosionspunkte auf einen Punkt auf der Linie zwischen Schiff und Stadt zurückführen. Die Beschießung geht immer weiter und weiter, und das Schiff ist mittlerweile weit von seiner ursprünglichen Position entfernt. Der Punkt, an dem die

Granaten explodieren, liegt immer noch zwischen dem Schiff und der Stadt. Kluge Männer in der Stadt sagen, daß die Granaten überhaupt nicht vom Schiff kommen. Sie sagen das, weil sie früher gesagt hatten, daß Geschosse nicht von einem Schiff kommen können. Sie denken: Deshalb können die Geschosse nicht von diesem Schiff kommen. Sie werden gefragt, wie sonst der Punkt der Explosion so exakt in einer Linie mit dem sich bewegenden Schiff liegen könne. Wenn ein W. F. Denning unter ihnen wäre, würde er sagen: »Ich kann es nicht erklären.« Aber die anderen weisen Männer wären beispielsweise wie Professor Moulton. Der schreibt in seinen Büchern oft über Meteore, aber er erwähnt nicht die Meteore, die monatelang genau zwischen den Beobachtern und einer sich bewegenden Konstellation auftauchen.

Es gibt noch andere Überlegungen. Man hört die Granaten explodieren. Also explodieren sie in der Nähe der Stadt. Aber etwas ist seltsam an dem rauchlosen Pulver auf dem Schiff: Die Projektile sind sehr schwach, weil die Granaten auch in der Nähe des Schiffs explodieren müssen, denn sonst hätte der Strahlungspunkt, von verschiedenen Teilen der Stadt aus betrachtet, nicht den gleichen Hintergrund. Angenommen, die Einwohner dieser Stadt wären keine weisen Männer, dann würden sie folgern, daß der Explosionspunkt, wenn er nahe an der Stadt ist, auch nahe am Schiff sein muß, und dann muß das Schiff nahe an der Stadt sein –

Löwe und Lyra und Andromeda – große Schiffe, die am Himmel segeln und die Erde beschießen – und daß sie nicht weit entfernt sind.

Und es mag mancher unter uns sein, der lieber an Empfänglichkeit für Nähe leiden mag, als zu versuchen, über unvorstellbare Entferntheit zu spekulieren; man beginnt eine neue Revolte gegen eine schwarze Hülle, durch die Licht von draußen glitzert, und fragt sich, was in einer strahlenden, nicht weit entfernten Umgebung existiert – und empfindet neue Qual für die Überempfindlichkeit auf dieser Erde: Man ist sich des Drucks der Sterne bewußt und erstickt fast daran.

Die Sichel des Löwen, von dem die Leoniden kamen, funkelt wie ein großes Fragezeichen am Himmel.
Die Antwort –
Aber Gott allein weiß die Antwort auf jede Frage.
Vielleicht ist die Antwort, daß die Sterne wirklich sehr, sehr nahe sind.

KAPITEL 12

Wir versuchen, zu einer unabhängigen Erklärung zu kommen. Wir akzeptieren, daß es nicht die Entfernung ist, die die Sterne an unveränderlichen Positionen hält, weil gelegentliche, abrupte Positionsveränderungen in der gleichen Entfernung wie die Sterne zu sehen waren; und es wird unterstellt, daß die nicht ungeheuer weit entfernten Sterne alle ungefähr gleich weit von der Erde entfernt sind, weil sich sonst einige stark abheben würden; und daß die Erde sich nicht auf einer Umlaufbahn bewegt, weil die Sterne sich sonst jahreszeitlich abheben würden, was sie aber nicht tun würden, wenn sie sich als ganzes Gebilde bewegten; und wenn die Erde allen Sternen relativ nahe ist, wenn viele Veränderungen von Helligkeit und Auftauchen und Verschwinden in der Entfernung der Sterne gesehen wurden, und wenn die Sterne mit ihren Drehungen nicht herumwirbeln und ihre Positionen nicht auf so unberechenbare Weise wechseln wie leuchtende Flocken eines Schneesturms, und wenn wir uns keine gegenseitige Abstoßungskraft vorstellen können, besonders da viele Sterne mit anderen verschmelzen, dann ist dieses Gebilde eine greifbare, konkave Formation oder eine schalenähnliche Einfassung, in welcher die Sterne Punkte sind. Viele Ansichten im vorangegangenen Kapitel schlossen andere oder alle anderen ein.

Aber wir wollten eine unabhängige Sichtweise finden. Natürlich erkennen wir, daß der angebliche Unterschied zwischen induktivem und deduktivem Denken eine falsche Trennlinie ist; dennoch glauben wir, daß Schlußfolgerungen, die auf andere Schlußfolgerungen getürmt werden, nur eine Art von Architektur sind, und ein großer Teil dieses Buches bringt die Ansicht zum Ausdruck, daß Architektur dort bleiben sollte, wo sie hingehört. Allgemein ist unsere Ansicht nicht, daß es keine Architektur und keine Mathematik in der Astronomie oder in der Neo-Astronomie geben sollte; nicht, daß es keine Poesie in der Biologie geben sollte und keine Chemie in der Physiologie – aber daß »reine« Architektur oder »reine« Mathematik, Biologie oder Chemie jeweils ihr eigenes Gebiet hat, auch wenn jedes unauflöslich mit allen anderen Aspekten des Seins verbunden ist. So ist uns natürlich auch genau das, gegen dessen extreme Manifestationen wir uns wehren, in gewissem Maße zu eigen, und das Deduktive findet sich irgendwo in allen unseren Induktionen, und wir sind nicht unempfänglich für das, was wir die Anmut einiger konvergierender Linien in unseren eigenen Denkgebäuden nennen. Wir rebellieren nicht gegen Aspekte, sondern gegen Akzentsetzungen und Eindringlinge.

Dieser erste Teil unserer Arbeit dreht sich um das, was wir als das Neo-Astronomische betrachten; und um zu zeigen, daß wir keinen tollwütigen Haß auf das Mathematische hegen, außer wenn es überbetont oder falsch angewendet wird, wollen wir sagen, daß uns alle bisher entwickelten Ansichten zu etwa 50% akzeptabel sind. Ein viel größerer Versuch hin zur Unabhängigkeit wird im zweiten Teil dieses Werks kommen, in dem so andersartige Phänomene behandelt werden sollen, daß, nachdem wir den ersten Teil unserer Forschungen als »neoastronomisch« bezeichneten, der Begriff »extra-geographisch« der beste scheint, wenn wir uns schon einen weiteren Begriff für das Gebiet ausdenken sollen, um das es im zweiten Teil geht. Wenn in diesen beiden Bereichen unsere wenigstens vorübergehenden Schlußfolgerungen dieselben sind, dann werden wir trotz unseres Zynismus angesichts der »Übereinstimmungen« beeindruckt sein.

Neo-Astronomie:

Unser angenommenes Sonnensystem – ein einem Ei ähnlicher Organismus, der durch eine Schale von äußerem Licht und Leben abgeschirmt wird – unsere zentrale, stationäre Erde in seinem Kern – darum eine sich drehende Schale, in welcher die

Sterne Poren sind oder durchströmte Kanäle, durch die teils strahlende Quellen sprudeln, die »meteorisch« genannt werden, die aber vielleicht elektrischer Natur sind; eine Hülle, in welcher die Nebel durchscheinende Flecken sind, und in welcher die vielen dunklen Teile von einer undurchsichtigen, stabilisierenden Substanz eingenommen werden - und daß die Sterne nicht Billionen und nicht einmal Millionen Meilen entfernt sind - unter proportionaler Reduzierung aller inneren Entfernungen, so daß die Planeten nicht Millionen und nicht einmal Hunderttausende von Meilen entfernt sind.

Wir stellen uns die Veränderlichkeit der Sterne und die Nebel als Folgeerscheinungen eines äußeren Lichts vor, das auf eine sich drehende Schale fällt und durch lichtdurchlässige Punkte und Teile hereinströmt. Wir stellen uns vor, daß alle Dinge rhythmisch sind, und daß, wenn die Sterne Poren in einer Substanz sind, die Matrix gewissen Veränderungen unterworfen sein muß, die in unterschiedlichen Regionen unterschiedlicher Periodizität unterliegen. Es mag lokale Wirbel in der sonst starren Substanz geben, wo Sterne oder Poren umeinander kreisen, aber wir neigen zu der Vorstellung, daß leuchtende Begleiter einiger Sterne nur Lichtreflexe sind, die durch Kanäle fallen und auf der umgebenden Substanz wegen der leichten Wellenbewegungen der Umgebung flackernd von einer Stelle zu anderen wandern.

Es mag andere Versetzungen geben, Unterschiede in der Helligkeit, neue Öffnungen und Verschlüsse in einer Substanz, die nicht absolut starr ist. Die »Eigenbewegung« könnte auf diese Weise erklärt werden, aber ich neige eher zu der Vorstellung, daß Sterne wie *1830 Groombridge* und Barnards »fliehender Stern« Planeten sind - auch, daß es sich bei einigen der Kometen, besonders bei der schweiflosen Variante, die einige Sterne so verdunkelt haben, daß sie offensichtlich keine Schleier stark verdünnter Materie sind, um Planeten handelt, die sämtlich normalerweise nicht als Planeten erkannt werden, weil sie exzentrischen Bahnen folgen und von der Ekliptik entfernt sind, zwei Unterscheidungsmerkmale jedoch, die viele der

kleineren Planeten in großem Maße teilen. Wenn einige dieser Körper in der Tat Planeten sind, dann entsprechen ihre Unregelmäßigkeiten zum Teil den Unregelmäßigkeiten der Jupitermonde.
Ich schlage vor, daß eine Kombination der Ptolemäischen und der Tychoschen Doktrinen in guter Übereinstimmung mit allen Phänomenen wäre, die wir bisher betrachtet haben, und dazu mit allen planetarischen Bewegungen übereinstimmte, auf die wir bisher nicht viel Aufmerksamkeit verwenden konnten: Daß die Sonne, die Merkur und Venus mit sich trägt, in einer Entfernung von ein paar hunderttausend Meilen oder ein paar zehntausend Meilen in einer steigenden und fallenden Spirale um unsere praktisch aber nicht absolut stationäre Erde kreist, die nach modernen Untersuchungen eher wie ein Kegel denn wie eine Kugel geformt ist; der Mond, ein paar tausend Meilen entfernt, kreist um diesen Kern, und die äußeren Planeten drehen sich nicht nur um dieses ganze Arrangement im Zentrum, sondern nähern sich auch und weichen in Kurven zurück, wie man beobachten kann, wobei die fernsten von ihnen nach konventionellen »Bestimmungen« lächerlich nahe sind.
So könnte man alle Phänomene am Himmel erklären. Aber alle wurden von Kopernikus auf andere Art erklärt, auf noch andere von Ptolemäus und auf wieder andere Weise von Tycho Brahé. Man nimmt an, daß es darüber hinaus noch weitere Erklärungsmodelle gibt. Wenn es ein fernes Objekt gäbe, und wenn eine Schule weiser Männer mit ihren Überlegungen in überzeugender Weise demonstrieren kann, daß es ein Baum ist, worauf andere Forscher, die ebenfalls die höchste Autorität genießen, voller Überzeugung etwas Abweichendes feststellen und beweisen würden, daß es sich dabei um eine Wolke oder einen Büffel oder eine Geranie handelt, nun, dann mag man ihre Überlegungen bewundern, aber man sollte ihnen nicht trauen. Im Zentrum unseres Widerspruchs und mitten im Herzen unserer eigenen Ansichten finden wir das Unglück, daß es keine Überlegungen gibt, keine Logik, keine Erklärungen, die nicht den Illusionen und Prahlereien der gewöhnlichen

Unterstellungen ähnelten. Es gibt nur den Prozeß, Dinge zu korrelieren oder zu organisieren oder zu systematisieren im Verhältnis zu etwas, das willkürlich als Grundlage hergenommen wird, als dominante Doktrin oder als Grundannahme – der Prozeß, sich mit etwas anderem zu assimilieren, eine Übereinstimmung mit etwas anderem herzustellen oder in Begriffen von etwas anderem zu interpretieren, dessen angebliche Grundlage aus sich heraus nie endgültig sein kann, sondern die ursprünglich eine Assimilierung mit wieder etwas anderem war.

Ich beurteile die Resultate aller Untersuchungen jeglicher Prinzipien oder Gesetze oder dominanter Gedanken, ob in der Wissenschaft, der Philosophie oder der Theologie, nach dem, was wir finden, wenn wir die Erklärung untersuchen, daß Bewegung den Weg des geringsten Widerstands nehme.

Daß Bewegung den Weg des geringsten Widerstands nimmt.

Wie können wir diesen Weg identifizieren?

Wenn eine Bewegung ihn nimmt.

Dann geht die Bewegung dahin, wo die Bewegung hingeht.

Wenn nichts eindeutig von irgend etwas anderem unterschieden werden kann, dann kann es keine eindeutige Logik geben, die ja der Versuch wäre, eine eindeutige Unterscheidung zu treffen.

Betrachten Sie die verbreitete »Grundlage«, daß Kapital Tyrannei sei und beinahe das Böse schlechthin, während Arbeit rein und idealistisch sei. Aber meine Arbeit ist mein Kapital, und Kapital, das nicht arbeitet, wird in dieser Einschätzung nicht berücksichtigt.

Dennoch geben wir jetzt unseren früheren Verdacht auf, daß unsere ganze Existenz so etwas wie ein Leprakranker am Himmel ist, der bebend und geduckt durch den Weltraum wankt und so isoliert ist, wie es die Astronomen glauben, weil andere himmlische Daseinsformen vor drohender Ansteckung fliehen –

Daß unsere Existenz, wenn sie so von äußerem Licht und Leben abgeschirmt ist, umgeben und geschützt zugleich und funktionierend wie die in ihr auf ähnliche Weise umfaßten Formen,

die sie ausmachen – daß unsere Existenz also eher eine superembryonische ist.
Dunkelheit in der Nacht und im Leben und in Gedanken – super-uterines Begräbnis. Dunkelheit des Ungeborenseins, periodisch quasi-erleuchtet von der kleinen Sonne, die kein Licht ist, sondern bloß weniger dunkel.
Dann stellen wir uns einen Organismus vor, der keine Grundlage und nichts Endgültiges braucht, keine besondere Anleitung für irgendeinen Teil, der zu ihm gehört, weil alle Teile an einer vorbestimmten Entwicklung des Ganzen teilhaben. Folglich schwindet unser Spleen, und unsere häufigen unfeinen Verhöhnungen verstummen angesichts der Erkenntnis, daß alle Organisationen des Denkens in sich selbst ohne Grundlage sein müssen, und natürlich nicht endgültig sein können, oder daß sie sich nicht verändern können und in sich selbst bereits jene Elemente tragen müssen, die sie beizeiten zerstören werden; daß scheinbare Soliditäten, die in Phantom-Aufmärschen verblassen, relativ zu ihren Perioden funktionierende Einheiten sind und den Übergang von einer Phase zur nächsten ausdrücken, wie es bei allen embryonischen Zuständen geschieht. So kommt jemand, der Grundlagen sucht, an Gabelungen, niemals zur Grundlage; immer nur in eine Zwickmühle. Lassen wir eine akzeptable Erkenntnis auf unserem Forschungsgebiet zu. Sie weist darauf hin, daß sich die Erde um die Sonne dreht. Mit der gleichen Schlüssigkeit weist sie darauf hin, daß sich die Sonne um die Erde dreht. Was ist es nun, das bestimmt, was akzeptiert wird und die Gläubigen hypnotisiert und für jeden anderen Aspekt blind macht? Wir sind der Ansicht, daß Entwicklung aus einer Reihe aufeinanderfolgender Reaktionen auf aufeinanderfolgende Dominanten besteht. Lassen wir den dominanten Geist einer Ära fordern, daß diese Erde abgeschieden und isoliert sei; der Keplerismus wird es unterstützen. Lassen wir die Dominante zu einem Geist der Expansion wechseln, der angesichts solcher Abgeschiedenheit und Isolation undenkbar wäre; der Keplerismus wird ihn ebenfalls unterstützen oder wird sich der neuen Dominante zumindest

nicht ausdrücklich entgegenstellen. Dies ist der grundlegende Prozeß des embryonischen Wachstums, welcher die gleiche protoplasmatische Substanz in verschiedenen Phasen unterschiedlich reagieren läßt.

Aber ich glaube nicht, daß alle Daten so biegsam sind. Es gibt einige, die sich nicht von einer vorherrschenden Doktrin assimilieren lassen. Sie werden keinen Einfluß auf ein willkürliches Denkmodell oder ein unterbewußt eingeführtes System haben, solange dieses dominiert: sie werden einfach unter den Teppich gekehrt.

Wir sind nun bei unserer Auflistung von Sichtungen und Geräuschen angelangt, für die alles, was wir bisher betrachtet haben, nur die Einleitung war. Für diese Vorgänge werden entweder überhaupt keine konventionellen Erklärungen, oder nur kümmerliche, unzureichende und halbherzige angeboten. Unsere Daten gewähren Einblicke in eine neue Epoche, die sich uns mit noch weit entfernten Explosionen ankündigt. Sie bebt an den Rändern unter dem Marschtritt ferner Weltraum-Armeen. Sie hat bereits Visionen an den Himmel gemalt, die neue Aufregung verkünden, und schon jetzt bricht sie in die Angelegenheiten einer an Selbstüberdruß leidenden, überkommenen Einsiedelei ein.

Wir sammeln die Daten. Leider werden wir der Versuchung nicht widerstehen können, über sie nachzudenken und ein wenig zu theoretisieren. Möge die Super-Embryologie unseren eigenen Vernunftschlüssen gnädig gesonnen sein. Wir bedenken, daß wir die Berechtigung zu mindestens 13 Seiten krasser und dummer Fehler haben. Danach werden wir erklären müssen.

ZWEITER TEIL

KAPITEL 13

Juni 1801 – die Luftspiegelung einer unbekannten Stadt. Sie war mehr als eine Stunde lang über Youghal, County Cork, in Irland zu sehen – ein Bild von Wohnhäusern, umgeben von Gebüsch und weißen Zäunen – dahinter Wälder. Bereits im Oktober 1796 war in Youghal eine halbe Stunde lang eine Stadt mit einer Stadtmauer klar zu sehen gewesen. Am 9. März 1797 war die Luftspiegelung einer Stadt mit einer Stadtmauer beobachtet worden.

7. Februar 1802 – ein unbekannter Körper, der sehr schnell an der Sonne vorbeizog, wurde von Fritsch in Magdeburg gesehen (*Observatory*, 3-136).

10. Oktober 1802 – Fritsch beobachtet das gleiche Phänomen (*Comptes Rendus*, 83-587).

Zwischen 10 und 11 Uhr am Morgen des 8. Oktober 1803 fiel in der Stadt Apt in Frankreich ein Stein vom Himmel. Etwa acht Stunden später »glaubten einige Personen, ein Erdbeben zu spüren« (*Report of the British Association*, 1854-53).

Am 11. August 1805 war in East Haddam, Connecticut, ein Explosionsgeräusch zu hören. Es gibt Berichte über sechs vorhergehende Geräusche, die ebenfalls nach Explosionen klangen und die vorher in East Haddam gehört worden sind. Die Aufzeichnungen beginnen im Jahre 1791, aber die Geräusche hatten zuvor bereits ein ganzes Jahrhundert lang, auch wenn sie nicht aufgezeichnet wurden, die Aufmerksamkeit der Menschen erregt. Die Indianer hatten sie die »Moodus«-Geräusche genannt. Den besten Bericht über die »Moodus«-Geräusche finden Sie in *American Journal of Science*, 39-339. Dort versucht ein Autor zu zeigen, daß die Geräusche unterirdischen Ursprungs sind, sagt aber, es gebe keine befriedigende Erklärung.

Am 2. April 1808 war über der Stadt Pignerol in Piemont, Italien, ein lautes Geräusch zu hören; an vielen Orten in Piemont bebte die Erde. In *Report of the British Association*, 1854-68, heißt es, daß in der Luft Phänomene auftraten; daß vor der Explosion am Himmel über Pignerol leuchtende Objekte zu sehen waren, und daß in mehreren Alpendörfern Geräusche in der Luft zu hören waren, als prallten unzählige Steine zusammen, und daß man ein Erdbeben gespürt hatte. Vom 2. April bis zum 8. April wurden in Pignerol vierzig Beben registriert; in Barga waren Geräusche wie von Kanonenschüssen zu hören. Am 18. April hörte man in La Tour zwei Detonationen, und am Himmel wurde ein leuchtendes Objekt beobachtet. Die Annahme oder der fast absolute Glaube der meisten Menschen ist, daß vom 2. bis zum 18. April die Erde sich auf ihrer Umlaufbahn so weit bewegt und sich so weit gedreht hatte, daß, wollte man erklären, daß dort Meteore explodiert seien, man sich kaum vorstellen könnte, wie immer mehr Meteore sich ausgerechnet diesen einen Punkt auf einem sich zweifach bewegenden Planeten herausgepickt haben sollen. Aber irgend etwas hatte besonders mit dem Himmel über diesem Ort zu tun. Am 19. April fiel in Borgo San Donnino, etwa 40 Meilen östlich von Piemont (*Report of the British Association*, 1860) ein Stein vom Himmel. Geräusche wie Kanonenschüsse waren fast jeden Tag in dieser kleinen Region zu hören. Am 13. Mai war eine rote Wolke, wie sie den Ort einer Meteorexplosion kennzeichnet, am Himmel zu sehen. Im Laufe des ganzen Jahres traten in Piemont Phänomene auf, die heute als »Erdbeben« aufgelistet sind. Der letzte Vorfall, von dem ich eine Aufzeichnung habe, ereignete sich am 22. Januar 1810.

9. Februar 1812 – zwei Explosionsgeräusche in East Haddam (*American Journal of Science*, 39-339).

5. Juli 1812 – ein Explosionsgeräusch wird in East Haddam gehört (*American Journal of Science*, 39-339).

28. Oktober 1812 – »Phantomsoldaten« in Havarah Park in der Nähe von Ripley, England (*Edinburgh Annual Register*, 1812-II-124). Wenn solche Erscheinungen von Meteorologen erklärt werden, dann heißt es zumeist, es handle sich um Schauspiele

von Nordlichtern. Die mediale Forschung erklärt es anders. Die Physiker dagegen sagen, es seien Luftspiegelungen von Truppen, die irgendwo in der Ferne marschieren.
Der Abend des 31. Juli 1813 – Lichtblitze am Himmel über Tottenham in der Nähe von London (*Year Book of Facts*, 1853-272). Der Himmel war klar. Die Blitze wurden einem Sturm im 65 Meilen entfernten Hastings zugeschrieben. Wir bemerken nicht nur, daß der Planet Mars zu dieser Zeit (30. Juli) in Opposition, sondern auch, daß es eine der nahesten Oppositionen des 19. Jahrhunderts war.
28. Dezember 1813 – ein Explosionsgeräusch in East Haddam.
2. Februar 1816 – ein Erdbeben in Lissabon. Am Himmel war nichts zu sehen. Ungewöhnliche Geräusche wurden gehört, aber »einem Vogelschwarm« zugeschrieben. Doch sechs Stunden später wurde etwas am Himmel gesehen: Es soll sich um einen Meteor gehandelt haben (*Report of the British Association*, 1854-106).
Seit dem Jahr 1788 traten in Comrie, Perthshire, Schottland, viele Erdbeben auf, oder es gab Erschütterungen, die als Erdbeben registriert wurden. Sieben Fälle sind aus dem Jahr 1795 bekannt. Fast alle Berichte über die Phänomene von Comrie beginnen im Jahr 1788, aber in Macaras *Guide to Creiff* wird erwähnt, daß die Störungen bereits im Jahr 1597 erstmals registriert wurden. Es gab leichte Erschütterungen, und bis zum Ereignis vom 13. August 1816 schienen die konventionellen Erklärungen, die jeden Gedanken an Zusammenhänge mit Vorgängen am Himmel ausschlossen, ausreichend zu sein. Aber einem Bericht der Londoner *Times* vom 21. August 1816 entnehmen wir, daß zur Zeit des Erdbebens vom 13. August ein leuchtendes Objekt oder »ein kleiner Meteor« in Dunkeld in der Nähe von Comrie beobachtet worden war; und nach David Milne (*Edinburgh New Philosophical Journal*, 31-110) erwähnte ein Einwohner von Comrie »einen großen leuchtenden Körper, gekrümmt wie ein Halbmond, der sich über den Himmel erstreckte«.
Am 30. Juni 1817 gab es in Schottland (Inverness) ein weiteres

Erdbeben. Es wird gesagt, daß heißes Wasser vom Himmel fiel (*Report of the British Association*, 1854, 112).
6. Januar 1818 – ein unbekannter Körper, der nach Loft aus Ipswich vor der Sonne vorbeizog; er wurde dreieinhalb Stunden lang beobachtet (*Quarterly Journal of the Royal Institute*, 5-117).
Fünf unbekannte Körper, die die Sonne querten, wurden nach Gruithuisen am 26. Juni 1819 gesehen (*Annals of Scientific Discovery*, 1860-411). Am gleichen Tag sah Pastorff irgendwo in der Nähe der Sonne etwas, das er für einen Kometen hielt, das aber nach Olbers kein Komet sein konnte (Webb, *Celestial Objects*, S. 40).
Am 28. August 1819 gab es im sibirischen Irkutsk ein heftiges Erdbeben. Am 22. August 1813 hatte man schon einmal zwei Erdstöße registriert (*Report of the British Association*, 1854-101).
Am 6. April oder nach dem russischen Kalender am 25. März 1805 waren in Irkutsk zwei Steine vom Himmel gefallen (*Report of the British Association*, 1860-12). Einer der Steine befindet sich heute im South Kensington Museum in London. Eine weitere heftige Erschütterung traf Irkutsk am 7. April 1820 (*Report of the British Association*, 1854-128).
Im Jahre 1820 wurden am 12. und 27. April unbekannte Körper am Himmel beobachtet (*Comptes Rendus*, 83-314).
Dinge, die am Himmel marschierten – siehe Aragos *Oeuvres*, 11-576, oder *Annales de Chimie*, 30-417 – Objekte, die von vielen Menschen in den Straßen von Embrun während der Finsternis vom 7. September 1820 gesehen wurden. Die Objekte bewegten sich in geraden Linien, machten kehrt und flogen auf den gleichen geraden Linien zurück, jeweils durch gleichgroße Zwischenräume voneinander getrennt.
Anfang 1821 – und auf dem Mond leuchtete ein Licht auf – ein heller Lichtpunkt im Mondkrater Aristarchus, der zu jener Zeit im Dunkeln lag. Er wurde am 4. und 7. Februar von Capt. Kater beobachtet (*Annual Register*, 1821-689); und am 5. von Dr. Olbers (*Memoirs of the Royal Astronomical Society*, 1-159). Der Lichtpunkt war hell wie ein Stern, und er wurde am 4. und

6. Mai auch von Rev. M. Ward und Francis Bailey beobachtet (*Memoirs of the Royal Astronomical Society*, 1-159). In Kapstadt wurde an den Abenden des 28. und 29. November 1821 abermals ein sternenähnliches Licht auf dem Mond beobachtet (*Philosophical Transactions*, 112-237).
Quarterly Journal of the Royal Institute, 20-417:
Daß am frühen Morgen des 20. März 1822 auf Melida, einer Insel im Mittelmeer, Detonationen zu hören waren. Den ganzen Tag über waren die Geräusche, von regelmäßigen Pausen unterbrochen, zu hören. Sie klangen wie Kanonenschüsse, und man nahm an, sie stammten von einem Schiff oder von der türkischen Artillerie, die irgendwo in einem Dorf an der Grenze übte. Dreißig weitere Tage lang waren pro Tag zwischen 30 und 100 Detonationen zu hören.
Am 13. April 1822 war am Himmel über Comrie offenbar deutlich eine Explosion zu hören, und in der Erde war eine Erschütterung zu spüren – »zwei laute Schläge, einer anscheinend über Kopf, der andere, der direkt darauf folgte, unter unseren Füßen« (*Edinburgh New Philosophical Journal*, 31-119).
15. Juli 1822 – vielleicht der Niederschlag von unbekannten Samen, vielleicht aus einer unbekannten Welt – eine große Menge kleiner runder Samenkörner, die in Marienwerder, Deutschland, vom Himmel fielen. Sie waren den Einwohnern, die sie zu kochen versuchten, unbekannt. Das Kochen hatte anscheinend keine Wirkung auf die Samen. Woher sie auch stammten, sie gingen bei einem Unwetter nieder, und zwei Tage später kamen während eines Sturms in Schlesien weitere herunter. Es wird berichtet, einige Wissenschaftler hätten die kleinen Körner als Samen von *Galium spurium*[9] identifiziert, aber andere hätten widersprochen. Später fielen noch mehr in Posen. Siehe *Bulletin des Sciences*, 1-1-298.
19. August 1822 – eine gewaltige Detonation in Melida – und weitere in den folgenden Tagen.
23. Oktober 1822 – zwei unbekannte dunkle Körper queren die

[9] Eine Art Labkraut

Sonne; beobachtet von Pastorff (*Annals of Scientific Discovery*, 1860-411).
Ein unbekanntes, leuchtendes Objekt wurde am 22. Mai 1823 von Webb in der Nähe des Planeten Venus beobachtet (*Nature*, 14-195).
Weitere unbekannte Objekte im Jahre 1823 – siehe *Comptes Rendus*, 49-811 und Webbs *Celestial Objects*, S. 43.
Februar 1824 – die Geräusche auf Melida.
Am 11. Febraur 1824 wurde in Irkutsk, Sibirien, ein leichter Erdstoß registriert (*Report of the British Association*, 1854-124).
Am 18. Februar oder nach anderen Berichten am 14. Mai fiel in Irkutsk ein fünf Pfund schwerer Stein vom Himmel (*Report of the British Association*, 1860-70). Drei schwere Erdstöße in Irkutsk am 8. März 1824 (*Report of the British Association*, 1854-124).
September 1824 – die Geräusche auf Melida.
Um fünf Uhr am Morgen des 20. Oktober 1824 sah Gruithuisen im dunklen Teil des Mondes ein Licht. Es verschwand. Sechs Minuten später tauchte es wieder auf, verschwand abermals und blinkte dann immer wieder bis 5.30 Uhr, als der Sonnenaufgang weitere Beobachtungen verhinderte (*Scientific American Supplement*, 7-2712). Und am 22. Januar 1825 leuchtete wieder das sternenähnliche Licht im Krater Aristarchus auf, wie Rev. J. B. Emmett berichtet (*Annals of Philosophy*, 28-338).
Die letzten Geräusche auf Melida, zu denen ich Aufzeichnungen habe, wurden im März 1825 gehört. Wenn diese Detonationen am Himmel stattfanden, dann gab es etwas, das ganz im Widerspruch zu allen angenommenen Prinzipien der Astronomie und Geodäsie mindestens drei Jahre lang über diesem kleinen Teil der Erdoberfläche hing oder auf irgendeine andere Weise in besonderer Beziehung zu diesem Gebiet stand. Es wird berichtet, daß der Pfandleiher von Melida in eine Höhle ging, weil er herausfinden wollte, ob die Geräusche vom Himmel kamen oder nicht. Es heißt, daß die Geräusche dort nicht zu hören waren.

KAPITEL 14

Und unsere eigenen unterirdischen Untersuchungen – und ob da etwas am Himmel ist oder nicht. Wir sind in einem Loch in der Zeit gefangen. Die Höhle der konventionellen Wissenschaft – Wände, die Dogmen sind, von denen alte Weisheit tropft und zu schleimigen Meinungen gerinnt – aber wir haben den Sturm von Daten draußen gehört –

Von Wesen, die am Himmel marschieren und von einer Lichtquelle auf dem Mond – und wieder ein dunkler Körper, der an der Sonne vorbeizieht. Irgendwo in der Nähe von Melida hört man Kanonenschüsse, und ein weiterer Stein fällt in Irkutsk vom Himmel; und unbekanntes Getreide fällt von einer unbekannten Welt auf uns herab, und es gibt Blitze am Himmel, wenn der Planet Mars nahe ist.

In einem Wirrwarr von Lichtern und Geräuschen und Formen spüre ich die Nähe möglicher Klassifikationen, die für den Versuch, etwas herauszufinden, ein Muster vorgeben könnten. Meine Aufmerksamkeit wird von einer Serie von Ereignissen angezogen, die wie die Lichtpunkte kleiner Sterne aufgereiht sind. Zuerst aber wollen wir über den Mond herausfinden, was wir nur können.

In einer Ausgabe von *Observatory* wird eine für gewisse Bereiche der Forschung bedeutende Autorität mit seiner Aussage zur wahrscheinlichen Entfernung des Mondes zitiert. Nach seinen Bestimmungen ist der Mond 37 Meilen entfernt. Er erklärt es sehr vernünftig: Er heißt Mr. G. B. Shaw[10]. Aber nach der konventionellen Doktrin ist der Mond 240000 Meilen entfernt. Meine eigene Vorstellung ist, daß wir uns leicht auf eine Ent-

[10] Der anglo-irische Dramatiker George Bernard Shaw (1856–1950)

fernung irgendwo zwischen den Bestimmungen eines Shaw und den Bestimmungen eines Newcomb einigen könnten.
Ich bevorzuge fragwürdige Bestimmungen oder jedenfalls Untersuchungen, die mit Fragen enden oder beträchtlichen Spielraum für andere Möglichkeiten lassen. Es könnte sein, daß wir in Zusammenhang mit Vulkanen auf dem Mond Material für eine mindestens scheinbar intelligente Frage finden, wenn wir schon keine Aussagen über die Größe und die Entfernung des Mondes machen können. Die größeren Vulkane der Erde haben einen Durchmesser von etwa drei Meilen, auch wenn die Krater von Haleakla auf Hawaii, und Aso San in Japan sieben Meilen messen. Aber die größeren Vulkane des relativ kleinen Mondes sollen gleich sechzig Meilen durchmessen, und von einigen sagt man gar, sie seien doppelt so groß. Und mich beschleicht das gleiche Gefühl für falsche Proportionen, das ich entwickeln würde, wie wenn mir jemand von einem Pygmäen mit fünf Fuß langen Ohren erzählte.
Gibt es einen halbwegs vernünftigen Grund zu glauben, daß die Vulkankrater auf dem kleinen Mond größer oder in irgendeiner anderen Hinsicht anders sein sollen als die Krater der Erde?
Wenn nicht, dann haben wir eine direkte Einheit zur Messung, nach welcher der Durchmesser des Mondes nicht 2160, sondern nur 100 Meilen beträgt.
In welcher Entfernung soll man nun aber ein Objekt mit etwa diesem Durchmesser und der scheinbaren Größe des Mondes vermuten?
Die Astronomen erklären. Sie behaupten, die Schwerkraft müsse auf dem Mond weniger stark sein als auf der Erde, und deshalb konnten sich größere vulkanische Formationen bilden. Wir behaupten dagegen, daß vulkanische Kräfte auf dem Mond kleiner sein müssen als auf der Erde, und daß deshalb auf dem Mond keine größeren vulkanischen Formationen aufgeworfen werden.
Die falschen Proportionen, die mich gestört haben, sind auch konventionelleren Ästheten, als ich einer bin, gegen den Strich gegangen. Professor See beispielsweise hat zu erklären

versucht, die Gebilde auf dem Mond seien keine Krater sondern die Folgen der Bombardierung durch große Meteore, die aus irgendeinem Grund, den er nicht erklärt, die Erde verschonten. Ein zähflüssiger Mond – Meteor platscht rein – hoch spritzen die Wände und im Zentrum bleibt ein Kegel. Wenn Professor See mal irgendwo ins Schwimmbecken springt und ein paar Wochen später wiederkommt, um zu sehen, wie hoch es gespritzt hat, wird er andere Vorstellungen von vermeintlicher Dichte bekommen. Der Mond müßte nämlich praktisch flüssig gewesen sein, um seiner Theorie zu entsprechen, weil nirgends teilweise eingedrungene, riesige, runde Meteore hervorstehen.
Es gab signalähnliche Lichterscheinungen auf dem Mond. Man bietet uns zwei konventionelle Erklärungen an: reflektiertes Sonnenlicht und vulkanische Aktivität. Die Ultra-Konventionalisten geben natürlich nicht zu, daß es in unserer Zeit überhaupt vulkanische Aktivität auf dem Mond gegeben haben könnte. Unsere Fälle drehen sich um Licht im dunklen Teil des Mondes, und darum, daß es gute Gründe für die Annahme gibt, daß unsere Daten nichts mit vulkanischer Aktivität zu tun haben. Bei Vulkanausbrüchen auf der Erde geht das Glühen häufig mit Aschenwolken einher, so daß ein klarer, eindeutiger Lichtpunkt aus der Ferne nicht mehr zu sehen wäre.
Webbs Bericht über ein strahlendes Schauspiel winziger Punkte und Ströme von Licht im Mare Crisium am 4. Juli 1832 können Sie in *Astronomical Register*, 20-165, nachlesen. Ich besitze Aufzeichnungen über ein halbes Dutzend ähnlicher Leuchteffekte, die im Laufe von etwa 120 Jahren allesamt aufgetreten sind, wenn das Mare Crisium im Dunkeln lag. Es kann keine gewöhnliche Erklärung für solche Schauspiele geben, denn sonst wären sie häufiger aufgetreten; dennoch ist das Mare Crisium ein weites, offenes Gelände, und bisweilen mag es tatsächlich ungewöhnliche Verlagerungen des Sonnenlichts geben, und ich will keine weiteren dieser interessanten Ereignisse mehr anführen, die mir vorkommen, als hätte auf dem Mond ein Jahrmarkt stattgefunden.

22. Dezember 1835 – das sternenähnliche Licht im Aristarchus – gemeldet von Francis Bailey – siehe Proctors *Myths and Marvels*, S. 329.

13. Februar 1836 – westlich im Krater Messier – nach Gruithuisen (*Scientific American Supplement*, 7-2629) – zwei leuchtende Geraden, zwischen ihnen ein dunkles Band, das mit leuchtenden Punkten bedeckt war.

In den Nächten des 18. und 19. März 1847 wurden von Reverend T. Rankin und Professor Chevalier im dunklen Teil des Mondes große leuchtende Flecken beobachtet und am oberen Rand ein diffuses Glühen (*Report of the British Association*, 1847-18). Der ganze verdunkelte Teil der Scheibe schien eine Ansammlung von Lichtern und Schatten zu sein. Am Abend des 19. gab es auf der Erde eine ähnliche Erscheinung, nach den Londoner Zeitungen ein Nordlicht. Es hat den Anschein, als wären Mond und Erde von den gleichen Leuchteffekten berührt worden, die angeblich Nordlichter waren. Wenn Mond und Erde auf diese Weise gleichzeitig berührt werden können, biete ich dieses Ereignis als weiteren Hinweis darauf an, daß der Mond ganz in der Nähe ist.

Aber mit Signalen meine ich etwas in der Art, wie Hodgson es am Abend des 11. Dezember 1847 im dunklen Teil des Mondes gesehen hat – ein helles Licht, das blinkte. Am nächsten Abend war es noch einmal zu beobachten (*Monthly Notices of the Royal Astronomical Society*, 8-55).

***

Die Oppositionen des Mars treten etwa alle zwei Jahre und zwei Monate ein. In konventionellen Begriffen ist die Exzentrizität der Umlaufbahn des Mars größer als die Exzentrizität der Umlaufbahn der Erde, und auf dem Teil ihrer Umlaufbahn, den die Erde im August durchquert, ist sie der Umlaufbahn des Mars am nächsten. Wenn die Erde zwischen Mars und Sonne steht, sagt man, daß Mars sich in Opposition befindet, und das ist der Punkt der größten Annäherung. Wenn die Opposition im August stattfindet, dann ist dies die günstigste Opposition.

Danach sind die Oppositionen alle zwei Jahre und zwei Monate weniger günstig, bis im Februar die ungünstigste kommt, wonach die Günstigkeit wieder zunimmt bis zum Höhepunkt der Oppositionen im August. Dieser Zyklus der wechselnden Annäherungen erstreckt sich über eine Periode von etwa fünfzehn Jahren.

Im Oktober 1862 sah Lockyer einen Flecken auf dem Mars, der aussah wie eine lange Kette von Wolken. Ein paar Tage später sah Secchi einen Fleck auf dem Mars. Wenn das Signale waren, dann ist das Material, um daraus Schlüsse zu ziehen, sehr mager. Vom 8. bis 22. Mai 1873 – weiße Flecken auf dem Mars. Aber am 17. Juni 1873, zwei Monate nach der größten Annäherung, jedoch immer noch in Opposition zu Mars, gab es entweder ein außergewöhnliches Ereignis, oder die Außergewöhnlichkeit liegt in unserer Interpretation. Siehe *Report of the British Association*, 1874-272. Ein leuchtendes Objekt näherte sich der Erde und wurde am Abend des 17. Juni 1873 gehört und gesehen, wie es am Himmel über Ungarn, Österreich und Böhmen explodierte. Nach den Worten mehrerer Zeugen, die sich ihrem Wissensstand entsprechend ausdrückten, konnte man anscheinend sehen, wie das Objekt vom Mars herankam, »vom roten Stern im Süden«, wo Mars damals stand. Unsere Daten wurden von Dr. Galle gesammelt. Die Städte Rybnik und Ratibor in Oberschlesien liegen 15 Meilen auseinander. Ohne Parallaxe wurde dieses leuchtende Ding von beiden Orten aus gesehen, wie es »auftauchte und sich von der Scheibe des Planeten Mars löste«. Wie es sich fügt, haben wir eine eindeutige Beobachtung aus einer der Städte. In Rybnik sah Dr. Sage zu dieser Zeit zum Mars hinauf. Er bemerkte das leuchtende Objekt, das »anscheinend vom Planeten ausging«. Es gibt noch einen weiteren Umstand, für dessen Glaubwürdigkeit oder erleuchtenden Wert wir jetzt bereit sind. Wenn das Objekt vom Mars kam, dann legte es die Strecke vom Planeten bis zu dem Punkt, an dem es explodierte, in etwa 5 Sekunden zurück: vom Punkt der Explosion wiederum war der Schall mehrere Minuten unterwegs. Wir haben eine Beschreibung

von Dr. Sage, aus der hervorgeht, daß ein Blitzschlag von irgendeiner Art, vielleicht elektrischer Natur, vom Mars ausging, und daß der Planet unter der Erschütterung bebte – »Dr. Sage blickte aufmerksam zum Planeten Mars, als er sah, wie sich der Meteor anscheinend von ihm löste, und dann schien es, als würde der Planet bersten und in zwei Teile zerbrechen.«
Einige der größten Überraschungen in der allgemeinen Erfahrung ist die Entdeckung der Nähe von Dingen, die man für unerreichbar fern gehalten hat.

***

Es scheint, daß der Mond wegen des Phänomens des »Erdscheins« der Erde nahe ist. Die gleiche Erscheinung wurde auf dem Planeten Venus beobachtet. Wenn es sich auf dem Mond dabei um Licht handelt, das von der Erde reflektiert und wieder zur Erde zurückreflektiert wird, was ist es dann auf der Venus? Es ist eine »unerklärliche optische Täuschung«, wie Newcomb sagt (*Popular Astronomy*, S. 296). Eine Liste mit mehr als zwanzig Beobachtungen über diese Beleuchtung der Venus finden Sie in *Report of the British Association*, 1873-404. Es ist unsere Ansicht, daß das Phänomen »unerklärlich« ist, weil es darauf hinweist, daß die Venus der Erde Millionen Meilen näher ist, als sie sein »sollte«.
Unbekannte Objekte wurden in der Nähe der Venus beobachtet. Im achtzehnten Jahrhundert gab es mehr als dreißig solcher Beobachtungen, die aber nicht mit ebensovielen verschiedenen Perioden in Verbindung stehen. Unser frühestes Datum ist eine Beobachtung von Webb vom 22. Mai 1823. Ich weiß nur von einem einzigen Astronomen, der angenommen hat, diese Beobachtungen könnten etwas mit einem Venusmond zu tun haben, der manchmal deutlich sichtbar sei und dann wieder viele Jahre unsichtbar bliebe: Wir müssen uns etwas anderes ausdenken. Wenn diese Beobachtungen und andere, die wir noch untersuchen werden, akzeptiert werden, dann beziehen sie sich auf unbekannte Massen, die aus dem Weltraum zur Venus gekommen sind und vorübergehend in der Nähe des Planeten

hingen, auch wenn dem Schatten Sir Isaac Newtons bei so einer Vorstellung die Haare zu Berge stehen würden. Wenn wir aber akzeptieren, daß aus dem Weltraum etwas zum Planeten Venus gelangen kann, dann sind wir nicht besonders überrascht von der Vorstellung, daß auch etwas vom Planeten Venus hinaussegeln kann – etwa, um die Erde zu besuchen.

In *Report of the British Association*, 1852-8, 35, heißt es, daß am frühen Morgen des 11. September 1852 mehrere Personen in Fair Oaks, Staffordshire, am östlichen Himmel ein leuchtendes Objekt gesehen haben. Es wurde erstmalig um 4.15 Uhr beobachtet. Es erschien und verschwand mehrmals bis 4.45 Uhr, als es endgültig unsichtbar wurde. Dann wurde, an fast der gleichen Stelle am Himmel, Venus sichtbar, die am östlichen Horizont aufging. Die Zeugen schickten ihre Beobachtungen an Lord Wrottesley, einen Astronomen, der sein Observatorium in Wolverhampton hatte. Abgedruckt wurde auch ein Brief von Lord Wrottesley, in dem er sagt, daß er das angeblich unbekannte Objekt zunächst für Venus mit einem ungewöhnlichen Halo gehalten habe, daß er aber von einem der Beobachter ein Diagramm erhalten habe, in dem eine Position relativ zum Mond angegeben war, die ihn mit dieser Identifizierung zögern ließ. Dies war in der Periode der größten Annäherung der Venus an die Erde, und seit der unteren Konjunktion (20. Juli 1852) war Venus der »Morgenstern« gewesen. Wenn dieses Ding am Himmel nicht Venus war, dann ließen die Umstände vermuten, daß vielleicht ein Objekt nahe an die Erde herangekommen und eine Weile stationär verharrt habe, als wartete es darauf, daß Venus über den östlichen Horizont stiege, um dann wieder zu verschwinden, ob es nun zur Venus segelte oder nicht. Wir glauben, daß das Ding sich vielleicht der Erde näherte, weil es, wie es scheint, nur am Himmel über dem Ort Fair Oaks zu sehen war. Aber wenn uns viele unserer Daten sagen, daß Berufsastronomen außergewöhnliche Erscheinungen zu normalen Stunden verpaßt haben, dann können wir aus dem, was sie nach 4.00 Uhr morgens nicht berichtet haben, keine großen Schlüsse ziehen. Ich weiß nicht, ob dies der Ursprung der Konvention

ist, aber es ist der erste Hinweis, den ich zu der inzwischen standardisierten Erklärung habe, daß wenn zur Zeit der größten Annäherung der Venus am Himmel ein leuchtendes Objekt gesehen wird, es sich immer um Venus handelt, die dank ihrer großen Leuchtkraft die Aufmerksamkeit von Menschen anzieht, die in astronomischen Dingen unerfahren sind und deshalb auf die Idee kommen, ein seltsames Objekt habe die Erde besucht. Wenn die Berichte eindeutig von den Bewegungen eines anscheinend segelnden oder forschenden leuchtenden Dings sprechen, dann sagen die Astronomen, es habe sich um einen kleinen Heißluftballon gehandelt.
In *Report of the British Association*, 1856-54, wird gesagt, daß »laut Mrs. Ayling und ihren Freundinnen« in einem Brief an Lord Wrottesley von einem hellen Objekt die Rede war, das am Abend des 11. August 1855 am Himmel über Petworth in der Grafschaft Sussex zu sehen gewesen sei. Nach der Schilderung stieg es um halb zwölf in der Ferne hinter den Hügeln auf. Es war ein roter Körper oder eine rot scheinende Konstruktion, weil von ihr Vorsprünge wie die Speichen eines Rades ausgingen; oder es waren »stationäre Strahlen«, um es in den Worten der Meldung zu sagen. Wie ein roter Mond stieg es langsam auf und verblaßte langsam wieder. Es blieb insgesamt für anderthalb Stunden sichtbar. Am 11. August 1855 war Venus zwei Wochen vom Zeitpunkt ihrer größten Leuchtkraft und der unteren Konjunktion am 30. September entfernt. Das Ding, das da zu dieser Zeit in den Himmel stieg, konnte nicht Venus sein. Ein erstaunliches Ding wie ein roter Mond, vielleicht mit Speichen wie ein Rad, könnte, wenn es von keinem anderen Ort sonst gemeldet wird, für etwas gehalten werden, das aus dem Weltraum so nahe an die Erde herankam, daß es nur am Himmel über einem bestimmten Ort sichtbar war, außer daß es vielleicht noch an anderen Stellen sichtbar war, und halb zwölf in der Nacht mag für Astronomen eine ungewöhnliche Zeit sein, zumal sie sich aus Gründen, die allmählich klar werden, auf Sonnenflecken spezialisieren. Natürlich könnte man auch einen gewöhnlichen Heißluftballon auf außergewöhnliche Weise beschreiben.

8. Juni 1868 – die exakte Zeit habe ich nicht, aber man kann annehmen, daß es früh am Abend war – ein Objekt, das vom Radcliffe Observatory in Oxford gemeldet wurde. Es schien durch den Himmel zu segeln: es bewegte sich und änderte den Kurs. Zuerst war es stationär; dann bewegte es sich nach Westen, dann nach Süden, dann kehrte es nach Norden um. Es blieb vier Minuten sichtbar. Siehe *English Mechanic*, 7-351.

Nach einem Korrespondenten der *Birmingham Gazette* hatte es einige Nächte zuvor, am 28. Mai 1868, eine außergewöhnliche Leuchterscheinung auf der Venus gegeben: ein roter Fleck, der am Abend des 27. Mai ein paar Sekunden sichtbar blieb. In der Ausgabe der *Gazette* vom 1. Juni schreibt jemand anders, er habe gesehen, wie dieses Licht auf der Venus erschien und wieder verschwand. Am 15. März hatte Browning etwas gesehen, das wie ein kleiner Lichtstrahl aussah, der von der Venus ausging (*English Mechanic*, 40-130); und am 6. April hatte Webb eine ähnliche Erscheinung gesehen (*Celestial Objects*, S. 57). Zur Zeit der Beobachtung in Oxford war Venus in der Phase der größten Annäherung (untere Konjunktion am 16. Juli 1868).

Ich glaube, daß es nur einen einzigen annähernd großen, weisen Astronomen gegeben hat. Es war Tycho Brahé. Viele Jahre lang wollte er nicht beschreiben, was er am Himmel sah, weil er es für unter seiner Würde hielt, ein Buch zu schreiben. Die unwürdigen oder weniger belesenen oder manchmal viel zu belesenen Astronomen, die Bücher schreiben, sagen unweigerlich und immer, wenn ein leuchtendes Objekt so nahe herangerückt ist, daß man es nicht mehr für eine Illusion halten kann, daß es sich um einen Heißluftballon handelt. Es ist nicht möglich, in den Schriften der Astronomen, die mit dieser Erklärung kommen, das Objekt erwähnt zu finden, das am Abend des 1. August 1871 von Coggia beobachtet wurde. Es scheint, als sei dieses Ding nicht weit entfernt gewesen. Es war nur am örtlichen Himmel zu sehen, und wenn es aus dem Weltraum kam, dann weiß ich auch nicht, wie es dann an die Erde »angelegt« haben soll, die sich doch angeblich mit einer Geschwindigkeit von 19 Meilen in der Sekunde bewegt, oder mit einer Meile pro Sekunde. Das ist so schwer zu erklären, daß Proctor und Hind trotz ihres leidenschaftlichen Hangs zum Erklären die Angelegenheit nie aufgriffen. Am 1. August 1871 wurde von Coggia am Himmel über Marseille ein unbekanntes leuchtendes Objekt beobachtet (*Comptes Rendus*, 73-398). Nach der Beschreibung war es ein prächtiges rotes Objekt. Es tauchte um 22.43 Uhr auf und bewegte sich bis 22.52.30 Uhr langsam nach Osten. Es hielt inne – bewegte sich nach Norden – und um 23.03.20 Uhr verschwand es oder versank hinter dem Horizont. In dieser Nacht war Venus drei Wochen vom Zeitpunkt der größten Leuchtkraft während der unteren Konjunktion am 25. September 1871 entfernt.

KAPITEL 15

Ein sich wiederholendes Geheimnis – das Geheimnis des örtlichen Himmels.
Wie, wenn diese Erde eine sich bewegende Erde ist, kann etwas zur Erde segeln, herabfallen oder sonstwie die Erde erreichen, ohne beim Aufschlag in kleinste Teilchen zerschmettert zu werden?
Die Erde soll mit einer Geschwindigkeit von etwa 19 Meilen in der Sekunde durch den Weltraum rasen.
Begriffe werden zertrümmert, wenn man versucht, sich so etwas vorzustellen.
Nun werden wir noch dreimal weitere Aspekte dieses Geheimnisses des örtlichen Himmels betrachten. Zuerst wollen wir Daten über eine scheinbare Beziehung zwischen einer Region dieser Erde betrachten, die Erdbeben oder sogenannten Erdbeben ausgesetzt ist, und Erscheinungen am Himmel über dieser besonderen Region, sowie dem wiederholten Niederschlag von Objekten und Substanzen einzig aus diesem örtlichen Himmel und nirgends sonst zur betreffenden Zeit.
Wir haben Berichte über Erdbeben gesehen, die sich in Irkutsk ereigneten, und über Steine, die dort vom Himmel fielen. Am 8. Mai 1829 war in Irkutsk ein schweres Erdbeben zu spüren, dem klappernde Geräusche vorausgegangen waren. Da war etwas am Himmel. Dr. Erman, der Geologe, war damals in Irkutsk. In *Report of the British Association*, 1854-20, wird berichtet, daß nach Dr. Ermans Meinung die Geräusche, die dem Erdbeben vorausgingen, vom Himmel kamen.
Die Situation in Comrie, Perthshire, ist ähnlich. Am 17. Mai 1830 fiel »in der Erdbebenregion« um Comrie ein Stein herab. Er kam in Perth, 22 Meilen von Comrie entfernt, herunter. Siehe

Fletcher's List, S. 100. Am 15. Februar 1837 fiel in der Region von Comrie ein schwarzes Pulver vom Himmel (*Edinburgh New Philosophical Journal*, 31-293). 12. Oktober 1839 – ein Erdbeben in Comrie. Nach Angaben von Reverend M. Walker aus Comrie war der Himmel zu dieser Zeit »seltsam unwirklich und erschreckend und schien wie mit Sackleinen verhängt«. In Mallet's Catalogue (*Report of the British Association*, 1854-290) wird gesagt, daß im ganzen Oktober in Comrie Erdstöße zu spüren waren, manchmal leicht und manchmal schwer – »wie ferner Donner oder Artillerieschüsse« – »der Lärm schien manchmal hoch in der Luft zu sein und wurde oft ohne spürbaren Schock vernommen«.
Am 23. Oktober kam es zum heftigsten Beben einer ganzen Serie von Phänomenen in Comrie. Siehe *Edinburgh New Philosophical Journal*, Band 32. Alle Daten in dieser Publikation wurden von David Milne gesammelt. Nach Angaben von Reverend M. Maxton aus Foulis Manse, zehn Meilen von Comrie entfernt, waren am Himmel klappernde Geräusche zu hören, bevor das Beben selbst zu spüren war. Im *Journal*, Band 33, S. 373, wird jemand zitiert, der sieben Meilen von Comrie entfernt lebte: »Allgemein sind die Leute der Ansicht, daß der Lärm, der mit der Erschütterung einherging, von hoch oben und nicht aus der Erde kam.« Siehe Band 34, S. 87: abermals der Eindruck von einer Explosion droben und einem Beben drunten: »Der Lärm, der zuerst zu hören war, schien aus der Luft zu kommen, und das grollende Geräusch aus der Erde.« Milnes eigene Schlußfolgerung – »Es ist klar, daß es in Zusammenhang mit den Erdstößen Geräusche sowohl in der Luft als auch in der Erde gab, die eindeutig zu unterscheiden waren.«
Wenn es am 23. Oktober 1839 eine gewaltige Erschütterung gab, die nicht unterirdischen Ursprungs war, sondern auf eine große Explosion am Himmel über Comrie zurückging, und wenn dies akzeptiert wird, dann kann es auch anderswo solche Erschütterungen geben. Die Höllenschlünde der Dogmen werden sich auftun; es wird seismische Erschütterungen in der Wissenschaft geben. Ich ahne eine konventionelle Untersuchung

des schottischen Himmels: einen Blick auf eine schöne, blaue, leere Weite – unser Mißtrauen wird das Bild mit schwarzem Schrecken verfärben – doch wir projizieren auch detonierende Reize ins Schöne und Blaue, aber unvoreingenommen und bedeutungslos. Man kann nicht an diesem Einzelereignis vorbeigehen und es nur für sich selbst betrachten: es gehört in eine lange Reihe von Erdbeben in Comrie und zu Phänomenen am Himmel über Comrie. Wir haben stärkere Beweise als nur die Vermutungen vieler Personen in Comrie und Umgebung, daß am 23. Oktober 1839 etwas am Himmel geschah, weil die Geräusche aus dem Himmel zu kommen schienen. Milne sagt, daß Kleider, die zum Bleichen im Gras lagen, völlig mit schwarzen Partikeln bedeckt waren, die wahrscheinlich vom Himmel gefallen waren. Die Erschütterungen waren im November zu spüren; im November ging nach Milne in Comrie und der näheren Umgebung ein rußähnliches Pulver nieder. In seinem Bericht für die British Association im Jahr 1840 erklärt Milne im Rückblick auf die Phänomene des Jahres 1788: »Gelegentlich gab es einen Niederschlag von feinem, schwarzem Pulver.«
8. Januar 1840 – Lärm wie von Kanonendonner in Comrie, dazu nach Angaben einiger Einwohner ein krachendes Geräusch in der Luft. Ob es Geräusche von Erdbeben oder Erschütterungen waren, die auf Explosionen folgten, für die Zeit zwischen dem 3. Oktober 1839 und dem 14. Februar 1841 sind im *Edinburgh New Philosophical Journal*, 32-107, nicht weniger als 247 Vorfälle aufgeführt. Es sieht aus wie eine Bombardierung, und zwar wie eine sehr beharrliche Bombardierung – von irgendwo –, und es sind häufig Trümmer wie von Explosionen vom Himmel gefallen. 18. Februar 1841 – eine Erschütterung und der Niederschlag von verfärbtem Regen in Comrie (*Edinburgh New Philosophical Journal*, 35-148). Siehe Ropers *List of Earthquakes* – Jahr auf Jahr setzt sich diese anscheinende Bombardierung in einem kleinen Teil des Himmels dieser Erde fort, auch wenn ich nur Angaben zu Daten und keine Einzelheiten finde. Ich glaube, ich habe aber einen Bericht über den Niederschlag von

Trümmern nach einer Explosion gefunden, wo etwas Größeres herunterkam als feinpulvriger Ruß. Der Bericht stammt aus Crieff, das mehrere Meilen von Comrie entfernt liegt. Im *American Journal of Science*, 2-28-275, erwähnt Professor Shepard am Rande ein Objekt, das aussah wie ein Klumpen Schlacke oder Asche, und das in Crieff heruntergekommen sei. Wissenschaftler hatten sich geweigert, die Geschichte zu akzeptieren, weil es sich bei der Substanz nicht um »echtes meteorisches Material« handelte. Professor Shepard fuhr nach Crieff und forschte nach. Er bringt seine Meinung zum Ausdruck, daß das Objekt möglicherweise vom Himmel gefallen sei. Die Geschichte, die er erzählt, besagt, daß am Abend des 23. April 1855 eine junge Frau im Haus von Sir William Murray, Achterlyre House, Crieff, ein leuchtendes Objekt herunterkommen sah oder glaubte herunterkommen zu sehen. Sie hob es auf und ließ es wieder fallen, weil es heiß war oder weil sie glaubte, daß es heiß war.

Eine Schilderung, die einem Brief von Sir William Murray oder dem eines Mitglieds seiner Familie entnommen ist, können Sie im *Year Book of Facts*, 1856-273, nachlesen. Dort heißt es, etwa 12 Bruchstücke einer schlackeartigen Substanz, heiß und einen schwefligen Geruch verströmend, seien auf die Erde gefallen.

In Pontons *Earthquakes*, S. 118, lesen wir, daß es am 8. Oktober 1857 im US-Staat Illinois ein Erdbeben gab, dem eine »Leuchterscheinung vorausging, die von manchen als Meteor und von anderen als heftiges Blitzen beschrieben wurde«. Obwohl in Illinois noch zu spüren, lag das Zentrum der Störung in St. Louis, Missouri. Man bemerkt das Irreführende und Vernebelnde in diesen Worten: in keinem zeitgenössischen Bericht sonst gibt es Unbestimmtheiten wie eine Beschreibung von »einigen« und eine andere Ansicht von »anderen«. Etwas explodierte mit gewaltigem Schlag am 8. Oktober 1857 um 4.20 Uhr am Himmel über St. Louis und ließ »heftig« oder »kräftig« die Erde beben. Nach *Timb's Year Book of Facts*, 1858-271, wurde »eine blendend helle Meteorkugel am Himmel« gesehen. »Ein

großer und strahlender Meteor schoß über den Himmel« (*St. Louis Intelligencer*, 8. Oktober). Natürlich war das angebliche Erdbeben die Erschütterung nach einer Explosion am Himmel, aber unser Interesse gilt einer Reihe von Ereignissen, die anderen ähnlich sind, die wir aufgezeichnet haben. Nach Angaben der *New York Times*, 12. Oktober, war vier Stunden vor der großen Erschütterung ein leichtes Beben zu spüren, und noch einmal drei Tage vorher das gleiche. Aber siehe auch Milnes *Catalogue of Destructive Earthquakes* – nichts wird erwähnt, das den Leser von sicheren, standardisierten Annahmen abbringen könnte. Siehe *Bulletin of the Seismographic Society of America*, 3-68 – dort wird der »Meteor« aufgeführt, aber die vorausgegangenen Erschütterungen finden keine Erwähnung. Immer wieder im Zeitraum von etwa drei Tagen waren in und um St. Louis Erschütterungen zu spüren gewesen. Eine dieser Erschütterungen, die »klang wie Donner oder das Dröhnen von Artillerie« (*New York Times*, 8. Oktober) stammte von einer Explosion am Himmel. Wenn die anderen den gleichen Ursprung hatten – wie konnten sich die Detonationen von Meteoren in einem kleinen Teil des Himmels wiederholen und nirgends sonst zu hören sein, wenn diese Erde ein sich bewegender Körper ist? Wenn man sagt, daß nur durch Zufall ein Meteor über einer Region explodiert, wo es noch andere Erdbeben gibt, dann frage ich:
Wie viele Male können wir diese Erklärung bei ähnlichen Serien akzeptieren?

* * *

In den *Proceedings of the Society for Psychical Research*, 19-144, schreibt ein Korrespondent, am 24. September habe er in Herefordshire an einem »vollkommen stillen Tag bei wolkenlosem Himmel« Geräusche wie die Schüsse von schwerer Artillerie gehört, die in Intervallen von etwa zwei Minuten kamen und mehrere Stunden lang zu hören waren. Abermals das »Geheimnis des örtlichen Himmels« – wenn diese Geräusche vom Himmel kamen. Wir haben keine Daten, die diese Annahme nahelegen.

In der Londoner *Times*, 9. November 1858, schreibt ein Korrespondent, in Cardiganshire, Wales, habe er im Herbst des Jahres 1855 oft Geräusche gehört, die wie Schüsse schwerer Artillerie geklungen hätten, jeweils zwei oder drei Schüsse rasch aufeinanderfolgend, dann eine Pause von vielleicht zwanzig Minuten, dann wieder längere Unterbrechungen, manchmal von Tagen und manchmal von Wochen, und so weiter durch den ganzen Winter 1855-1856. Am 3. November 1858 habe er die Geräusche erneut mehrmals gehört, und zwar lauter, als sie drei Jahre zuvor gewesen waren. In der *Times* vom 12. November sagt jemand anders, in Dolgelly habe auch er am 3. November das »geheimnisvolle Phänomen« gehört. Jemand anders – daß er am 13. Oktober die Geräusche in Swansea gehört habe. »Die Einschläge, wie von schwerer Artillerie, kamen von Westen in anscheinend regelmäßigen Abständen und setzten sich an jenem Tag fast über den ganzen Nachmittag fort. Mein Eindruck war, daß die Geräusche vielleicht von Schießübungen in Milford herrührten, aber ich vergewisserte mich am folgenden Tag, daß dort kein Schuß abgefeuert worden war.« Ein Korrespondent der *Times* am 20. November – daß die Geräusche, Zweifel seien praktisch auszuschließen, auf Artillerieübungen in Milford zurückgingen. Er erwähnt nicht die Untersuchung der Geräusche vom 13. Oktober, sondern sagt, daß es am 3. November in Milford Kanonenfeuer gegeben habe. *Times*, 1. Dezember – daß der größte Teil der Geräusche auf Sprengungen in Steinbrüchen zurückzuführen sei. *Daily News*, 16. November – daß ähnliche Geräusche 1848 in Neuseeland gehört wurden, die die Folge vulkanischer Aktivitäten gewesen seien. *Standard*, 16. November – daß die »geheimnisvollen Geräusche« aus Devonport gekommen sein müßten, wo ein versunkener Felsbrocken gesprengt wurde. Also wurden diese Geräusche wenigstens mit einer gewissen Bandbreite möglicher Ursachen erklärt. Aber wir erfahren, daß die Serie schon vor dem 13. Oktober begann. Am Abend des 28. Dezember war in Crediton im Dartmoor District ein rumpelndes Geräusch zu hören. Man hielt es nicht für ein Erdbeben, weil keine Erschütterungen des

Bodens zu spüren waren. Man glaubte, es sei eine Explosion von Schießpulver gewesen. Aber es hatte im weiten Umkreis keine solche Explosion gegeben. Etwa eine Stunde später war ein weiteres Explosionsgeräusch zu hören. Es klang wie all die anderen Geräusche, und an einem Ort hielt man es für fernen Kanonendonner – für Kanonenschüsse auf der Erde. Siehe *Quarterly Journal of the Geological Society of London*, Bd. 15.

Irgendwo in der Nähe von Barisal in Bengalen gab es genau die gleichen Geräusche wie in Cardiganshire, die wiederum wie die Geräusche in Melida waren. In den *Proceedings of the Asiatic Society of Bengal*, November 1870, sind Zuschriften zu den Kanonen von Barisal veröffentlicht. Ein Autor sagt, die Geräusche seien wahrscheinlich das Donnern der Brandung gewesen. Jemand anders weist darauf hin, daß die Geräusche, die normalerweise als »Explosionen« beschrieben werden, viel zu weit im Landesinneren noch gehört wurden, als daß sie auf einen solchen Ursprung zurückgeführt werden konnten. Ein klarer, ruhiger Tag im Dezember 1871 – in *Nature*, 53-197 schreibt Mr. G. B. Scott aus Bengalen, er habe ein »dumpfes, gedämpftes Donnern gehört wie von fernen Kanonen« – einzelne Detonationen, dann zwei oder drei in rascher Folge.

In der Londoner *Times* vom 20. Januar 1860 schreiben mehrere Korrespondenten über ein Geräusch, das »einem Knallen einer Kanone droben in der Luft« geähnelt habe und das am 17. Januar 1860 in der Nähe von Reading in der Grafschaft Berkshire zu hören war. Siehe *Times*, 24. Januar. Zu behaupten, dort wäre ein Meteor explodiert, würde im Augenblick das Phänomen noch gut genug erklären.

Geräusche wie die vom 24. September 1854 waren später noch einmal zu vernehmen. Im *English Mechanic*, 100-279, steht, daß der Astronom Reverend T. Webb aus Hardwicke, fünfzehn Meilen westlich von Hereford, am 9. November 1862 Geräusche gehört habe, die er auf Kanonenfeuer in Milford Haven zurückführte, das etwa 85 Meilen von Hardwicke entfernt ist. Am 1. August 1865 sah Mr. Webb Lichtblitze am Horizont über

Hardwicke, die er auf Kanonenfeuer in Tenby anläßlich eines Besuchs von Prinz Arthur zurückführte. Auch Tenby liegt etwa 85 Meilen von Hardwicke entfernt. Es gab noch weitere Phänomene in einer Gegend, deren Zentrum bei Hereford und Worcester liegt. Am 6. Oktober 1863 gab es eine Störung, die heute als Erdbeben aufgelistet ist; aber den Londoner Zeitungen kann man entnehmen, daß man das Erdbeben erst für ein Erdbeben unterirdischen Ursprungs gehalten habe, als man keinen Hinweis auf oberirdische Explosionen finden konnte. Das macht den Ursprung des Phänomens zweifelhaft. Am 30. Oktober 1868 hat es in der gleichen Gegend einen ähnlichen Schlag getan. Abermals wurde die Erschütterung zunächst einer gewaltigen Explosion zugeschrieben, vielleicht in London, und abermals hielt man sie für ein Erdbeben, als über eine oberirdische Explosion nichts in Erfahrung zu bringen war.

***

Arcana of Science, 1829-196:
Daß am 27. Februar 1828 in der Nähe von Mhow, Indien, ein Stein vom Himmel gefallen ist, der dem Stein, der 1802 in der Nähe von Allahabad und dem, der 1808 in der Nähe von Mooradabad gefallen war, »sehr ähnlich« gewesen sei. Diese Städte liegen in den nordwestlichen Provinzen Indiens.

Ich habe Muster dieser Steine besichtigt, und meiner Ansicht nach sind sie einander tatsächlich ähnlich. Sie bestehen aus bräunlichem Gestein, streifig und mit dunklerem Braun gefleckt. Ein Stein, der am 6. Juni 1838 in Chandakopur in der gleichen Region herunterkam, ist ihnen ebenfalls ähnlich. Sie sind einander alle so ähnlich, daß die Geologen sie wegen der Ähnlichkeit auf die gleiche Gesteinsschicht zurückführen, die relativ zu den Orten, an denen die Steine gefunden werden, stationär ist.

Es scheint akzeptabel, daß am 15. und 17. Juni 1822 und dann zu einem späteren Datum unbekannte Samen vom Himmel auf die Erde gefallen sind. Wenn diese Samen aus einer anderen Welt kamen, dann gibt es neben der Wiederholung in einem örtlichen Himmel über dieser Erde ein weiteres Geheimnis. Wie kann ein Haufen Samen als Klumpen zusammenbleiben? Wie können die Samen dem Schicksal entgehen, von Norwegen bis Patagonien verstreut zu werden, wenn sie im Weltraum auf die Erde prallen, und wenn die Erde mit einer Geschwindigkeit von 19 Meilen in der Sekunde durch den Weltraum rast? Es könnte sein, daß die Samen von 1822 abermals fielen. Nach Kaemtz (*Meteorology*, S. 465) wurden nämlich im Juni 1830 in der Nähe von Griesau in Schlesien, gelblich-braune Körper auf dem Boden gefunden, einige rund, ein paar zylindrisch. Kaemtz sagt, es seien die Knollen von den Wurzeln einer bekannten schlesischen Pflanze – ein Bündel der Pflanzen trocknet aus; schwerer Regen wäscht die Knollen auf den Boden – schlichte Gemüter glauben, die Dinger seien vom Himmel gefallen. In der Nacht vom 24. auf den 25. März 1852 fiel in Heinsberg, Erkelenz und Jülich in Preußen eine große Menge Samen vom Himmel, wie M. Schwann von der Universität Lüttich in einer Mitteilung an die Belgische Akademie der Wissenschaften berichtet (*La Belgique Horticole*, 2-319).

In *Comptes Rendus*, 5-549, finden wir Dr. Wartmanns Bericht über Wasser, das in Genf vom Himmel fiel. Um 9.00 Uhr am Morgen des 9. August 1837 zeigten sich Wolken am Horizont, aber der Zenit war klar. Nun ist es nicht weiter bemerkenswert, wenn hin und wieder etwas Regen aus klarem Himmel fällt; wir werden gleich sehen, inwieweit dieser Bericht bemerkenswert ist. Große Tropfen warmen Wassers fielen so reichlich, daß die Menschen Schutz suchen mußten. Der Niederschlag hielt mehrere Minuten an und hörte dann auf. Aber im Laufe der nächsten Stunde fiel noch mehrmals dieses warme Wasser vom Himmel. *Year Book of Facts*, 1839-262 – daß am 31. Mai 1838 in Genf lauwarmes Wasser in großen Tropfen vom Himmel fiel. *Comptes Rendus*, 15-290 – kein Wind und keine Wolke am Himmel – um 10.00 Uhr am Morgen des 11. Mai 1842 fiel in Genf etwa sechs Minuten lang warmes Wasser vom Himmel; fünf Stunden später, immer noch kein Wind und keine Wolken,

fiel abermals warmes Wasser in großen Tropfen; es fiel mit Unterbrechungen mehrere Minuten lang.
In *Comptes Rendus*, 85-681 wird der wiederholte Fall von Steinen in Rußland erwähnt: am 12. Juni 1863 in Buschof, Kurland; am 8. August 1863 in Pillitsfer, Livland; am 12. April 1864 in Nerft, Kurland. Siehe auch *Fletcher's List* - ein Stein, der in Dolgovdi, Wolynien, Rußland, am 26. Juni 1864 herunterkam. Ich habe Muster dieser vier Steine angesehen und festgestellt, daß sie einander sehr ähnlich sind, aber nicht aus ungewöhnlichem meteorischem Material bestehen: alle sind graue Steine, nur der von Pillitsfer ist dunkler als die anderen, und der von Nerft ist poliert. Bei ihm sind bräunliche Flecken sichtbar.
In der *Birmingham Daily Post*, 14. Juni 1858, schreibt der Meteorologe Dr. C. Mansfield Ingleby: »Während des Sturms am Samstagmorgen (12. Juni) wurde Birmingham von einem Aerolithenschauer heimgesucht. Viele Hunderttausende müssen gefallen sein, einige Straßen waren mit ihnen übersät.« Jemand anders schreibt, daß viele Pfund Steine von Baldachinen eingesammelt worden seien, und daß sie in den Vororten Gewächshäuser beschädigt hätten. In der *Post* vom 15. schreibt jemand anders, nach seinen mikroskopischen Untersuchungen nähme er an, die angeblichen Aerolithen seien nur Bruchstücke vom Sandstein aus Rowley, mit dem die Straßen Birminghams gepflastert seien. Die Brocken seien vom Regen ausgewaschen worden. Es kommt nicht oft vor, daß Vernunft in der Meteorologie Einzug hält, aber in *Report of the British Association*, 1864-37, erklärt Dr. Phipson das Ereignis meteorologisch und mit unbewußter Behutsamkeit. Er sagt, die Steine seien vom Himmel gefallen, aber sie seien von einem Wirbelsturm aus dem mehrere Meilen von Birmingham entfernten Rowley herübertransportiert worden. So können wir mitfühlend über die Steine von Rowley seufzen, die von barbarischen Straßenarbeitern einst von ihren Gefährten getrennt wurden, mit denen sie seit geologischer Vorzeit verbunden waren, und als Pflastersteine ins Exil der Straßen von Birmingham verbannt wurden, worauf einige der kleinen vereinsamten

Gefährten eines Tages mit einem Wirbelsturm aufstiegen und zielstrebig wenn nicht gar wunderbarerweise auf die Reise gingen, um sich mit den Exilierten wieder zu vereinen. Weitere dunkle Gefährten. Es heißt, es seien kleine schwarze Steine gewesen.

Zwei Jahre später fielen sie erneut vom Himmel. In *La Science Pour Tous*, 19. Juni 1860, wird berichtet, daß nach Angaben des *Wolverhampton Advertiser* während eines heftigen Unwetters in Wolverhampton eine große Zahl kleiner schwarzer Steine vom Himmel gefallen sei. Nach allen Aufzeichnungen, die ich finden konnte, sind solche Steine in Großbritannien niemals irgendwo anders als in Birmingham oder in Wolverhampton gefallen, das 13 Meilen von Birmingham entfernt ist.

Acht Jahre nach dem zweiten Vorfall kamen sie abermals herunter. *English Mechanic*, 31. Juli 1868 – daß Steine »ähnlich dem bekannten Rowley-Sandstein, wenn nicht gar identisch mit ihm« in Birmingham vom Himmel geregnet seien, nachdem sie vermutlich von einem Wirbelsturm von Rowley herübergetragen worden waren.

Wir waren über Dr. Phipsons Geschichte erfreut, aber nun von noch mehr kleinen Gefährten zu erzählen, die von einem Wirbelsturm hochgehoben wurden und sich zielstrebig von Rowley aufmachten, ihre exilierten Freunde in Birmingham wiederzusehen, hieße wirklich, es zu übertreiben. Das ist nicht mehr sentimental, das ist kitschig.

In der *Birmingham Daily Post* vom 30. Mai 1868 ist ein Brief von Thomas Plant veröffentlicht, einem Autor und Dozenten für Meteorologie. Mr. Plant sagt, glaube ich, daß am Morgen des 29. Mai 1868 eine Stunde lang in Birmingham Steine vom Himmel fielen. Seine Worte mögen in anderer Hinsicht verschieden auslegbar sein, aber das spielt keine Rolle: Die wiederholten Niederschläge sind Hinweis genug für das, was wir herauszufinden suchen – »Von neun bis zehn Uhr fielen meteorische Steine in ungeheuren Mengen in verschiedenen Stadtteilen herunter.« – »Sie ähnelten in ihren Umrissen herausgebrochenen Stücken von Rowley-Sandstein ... in jeder

Hinsicht waren sie genau wie die Steine, die 1858 heruntergekommen sind.«
In der *Post* vom 1. Juni schreibt Mr. Plant, daß die Steine von 1858 tatsächlich vom Himmel gefallen und keine Fragmente seien, die vom Regen aus dem Gehsteig gewaschen worden waren, weil viele von ihnen auf einer Plattform gefunden wurden, die sich 20 Fuß über dem Boden befand.
Es erscheint vorstellbar, daß in den Tagen vor und nach dem 29. Mai 1868 gelegentlich Steine aus einer unbekannten begrenzten Region herabfielen, die stationär über Birmingham verharrte. In der *Post* vom 2. Juni schreibt ein Korrespondent, daß seine Nichte am 1. Juni, als sie auf einem Feld spazierenging, von einem Stein getroffen wurde, der ihre Hand schwer verletzte. Er glaubt, der Stein sei von einer unbekannten Person geworfen worden. In der *Post* vom 4. Juni schreibt jemand anders, seine Frau sei, als sie am 24. Mai eine Straße entlangging, von einem Stein am Kopf getroffen worden. Er schreibt die Schnittwunde seiner Frau steinewerfenden Jungen zu, sagt aber nicht, ob jemand gesehen wurde, der den Stein warf.
Symons' Meteorological Magazine, 4-137:
Daß nach Angaben der *Birmingham Gazette* am 25. Mai 1869 nach einem heftigen Sturm eine große Zahl kleiner schwarzer Steine in den Straßen von Wolverhampton gefunden wurde. Es wird berichtet, daß die Steine exakt wie jene waren, die im Vorjahr in Birmingham gefallen waren, und daß sie äußerlich dem Rowley-Sandstein ähnelten, aber anders aussahen, wenn sie zerbrochen wurden.

KAPITEL 16

Auf Seite 287 sagt Newcomb in *Popular Astronomy*, es ginge über alle »moralische Wahrscheinlichkeit« hinaus, daß unbekannte Welten in solcher Zahl existierten, wie es berichtet worden sei, und daß sie nur von Amateurbeobachtern und nicht von erfahrenen Astronomen dabei gesehen würden, wie sie die Sonnenscheibe querten.

Nun, die meisten unserer Fälle sind von einigen der bekanntesten Astronomen berichtet worden.

Newcomb sagt, die Sonne sei vor Erscheinen seines Buches (Ausgabe von 1878) von Männern wie Schwabe, Carrington, Secchi und Spörer beobachtet worden, und diese hätten nie unbekannte Körper beim Durchgang gesehen –

30. August 1863 – ein unbekannter Körper, der an der Sonne vorbeizog, wurde von Spörer gesehen (Webb, *Celestial Objects*, S. 45).

1. September 1859 – zwei sternenähnliche Objekte, die die Sonne querten, wurden von Carrington gesehen (*Monthly Notices of the Royal Astronomical Society*, 20-13, 15, 88).

Dinge, die die Sonne am 31. Juli 1826 und am 26. Mai 1828 querten – siehe *Comptes Rendus*, 83-623, und Webbs *Celestial Objects*, S. 40. Vom 6. September bis zum 1. November 1831 wurde in Genf von Dr. Wartmann und seinen Assistenten in jeder wolkenlosen Nacht ein unbekanntes leuchtendes Objekt beobachtet (*Comptes Rendus*, 2-307). Es wird sonst von keinem anderen Ort gemeldet. Was all die anderen Astronomen von September bis Oktober 1831 taten, wird eines der Geheimnisse bleiben, die wir nicht zu lösen vermögen. Ein unbekanntes leuchtendes Objekt wurde vom 11. bis zum 14. Mai 1835 von Cacciatore, dem sizilianischen Astronomen, beobachtet (*American*

Journal of Science, 31-158). Zwei unbekannte Körper, die nach Pastorff am 1. November 1836 und am 16. Februar 1837 die Sonne querten (*Annals of Scientific Discovery*, 1860-410) – de Vicos unbekanntes Objekt, 12. Juli 1837 (*Observatory*, 2-424) – Beobachtung von de Cuppis, 2. Oktober 1839 (*Comptes Rendus*, 83-314) – von Scott und Wray am 30. Juni 1847; von Schmidt am 11. Oktober 1847 (*Comptes Rendus*, 83-623) – zwei dunkle Körper wurden am 5. Februar 1849 von Brown in Deal gesehen (*Recreative Science*, 1-138) – ein Objekt wurde von Sidebotham am 12. März 1849 eine halbe Stunde lang beim Queren der Sonne beobachtet (*Comptes Rendus*, 83-622) – Schmidts unbekanntes Objekt, 14. Oktober 1849 (*Observatory*, 3-137) – und ein Objekt, das im Oktober 1850 in vier Nächten von James Ferguson vom Washington Observatory beobachtet wurde. Mr. Hind hielt dieses Objekt für einen transneptunischen Planeten, dessen Umlaufzeit er auf 1600 Jahre berechnete. Mr. Hind war ein großer Astronom, der sich entsprechend großartig verrechnete: seine treibende Insel im Raum wurde nie wieder gesehen (*Smithsonian Miscellaneous Collections*, 20-20).

Um den 30. Mai 1853 – ein schwarzer Punkt wurde von Jaennicke auf der Sonne gesehen (*Cosmos*, 20-64).

Eine Prozession – in *Report of the British Association*, 1855-94, sagt R. P. Greg, am 22. Mai 1854 habe ein Freund von ihm in der Nähe des Merkur ein Objekt bemerkt, das in seiner Größe dem Planeten gleichkam, und dahinter ein längliches Objekt, und dahinter wieder etwas anderes, Kleines und Rundes.

11. Juni 1855 – ein dunkler Körper von derselben Größe wurde ohne Teleskope von Ritter und Schmidt beim Queren der Sonnenscheibe beobachtet (*Observatory*, 3-137). 12. September 1857 – Ohrts unbekannte Welt; sie schien die gleiche Größe wie Merkur zu haben (*Comptes Rendus*, 83-623) – 1. August 1858 – eine unbekannte Welt wird von Wilson aus Manchester gemeldet (*Astronomical Register*, 9-287).

Ich führe hier nicht alle Unbekannten eines Zeitraums an; vielleicht sollte das Objekt, das John H. Tice aus St. Louis, Missouri, am 15. September 1859 meldete, nicht eingeschlossen werden; Mr. Tice war angeblich nicht vertrauenswürdig – aber wer kann das wirklich wissen? Aber ich führe genug dieser Beobachtungen an, um mich zu fühlen wie ein Europäer, der vor ein paar Jahrhunderten in ein weites Land versetzt wurde – in Länder, die die San Salvadors, Grönlands, Madagaskars, Kubas und Australiens der Extra-Geographie sein könnten, und sie alle sollen die Sonne gekreuzt haben, während die Sonne in Wirklichkeit hinter einigen von ihnen entlanggezogen sein könnte.

29. Januar 1860 – ein unbekanntes Objekt von der Größe eines Planeten wird von Russell und drei weiteren Beobachtern aus London gemeldet (*Nature*, 15-505). Sommer 1860 – siehe *Scientific American*, 35-340: ein Bericht von Richard Covington über ein Objekt, das er ohne Teleskop beim Queren der Sonne beobachtete. Eine unbekannte Welt wird von Loomis aus Manchester am 20. März 1862 gemeldet (*Monthly Notices of the Royal Astronomical Society*, 22-232) – ein Zeitungsbericht über ein Objekt, das am 12. Februar 1864 von Samuel Beswick aus New York beim Queren der Sonne beobachtet wurde (*Astronomical Register*, 2-161) – ein unbekanntes Objekt wurde am 18. März 1865 in Konstantinopel gesehen (*L'Année Scientifique*, 1865-16) – unbekannte »kometenähnliche Objekte« wurden am 4. und 18. November 1865 gesehen (*Monthly Notices of the Royal Astronomical Society*, 26-242).

Die meisten dieser unbekannten Objekte werden tagsüber beobachtet. Mehrere Überlegungen ergeben sich. Wie kann es stationäre Regionen über Irkutsk, Comrie und Birmingham geben, die niemals die Sterne verdunkeln – oder zumindest nie dabei beobachtet werden? Eine Ketzerei, die selbst mir zu radikal erscheint, ist der Gedanke, daß sie hinter benachbarten Sternen liegen könnten. Eine vernünftigere Idee ist die, daß man etwas herausfinden könnte, wenn man Nachtwächtern und Polizisten und anderen Personen, die nachts aufbleiben müssen, Teleskope gibt. Etwas anderes, das mir in diesem Zusammenhang einfällt: Wenn so viele unbekannte Objekte gesehen wurden, die die Sonne querten, müßten eigentlich andere, die nicht so leicht zu sehen sind, in großen Zahlen existieren, und daß der Weltraum dann nicht etwa leer sondern gefüllt sein muß wie ein Archipel.

Etwas wurde nachts gesehen; der Beobachter war kein Astronom –

6. November 1866 – ein Bericht in der Londoner *Times* vom 2. Januar 1867 von Señor de Fonblanque vom britischen Konsulat in Cartagena, Vereinigte Staaten von Kolumbien, über ein leuchtendes Objekt, das sich am Himmel bewegte. »Es war von der Größe, der Farbe und der Leuchtkraft wie das rote Positionslicht eines Schiffes, das man aus 200 Yards Entfernung sieht.« Das Objekt war drei Minuten lang zu sehen, dann verschwand es hinter Gebäuden. De Fonblanque ging auf einen freien Platz, um es zu suchen, aber er sah es nicht wieder.

KAPITEL 17

Wenn wir einmal innehalten und singen könnten, statt unablässig aus der Literatur mal diesen Band und mal jene Seitenangabe zu notieren, dann hätten wir den Stoff für neue Sagen – von denen, die in der Sonne baden und denen es weder unerträglich heiß noch ungemütlich kalt ist; und von dem Einsiedler, der über den Mond hinwegschwebt; von Helden und den behaarten Ungeheuern des Himmels. Ich sollte auf öffentlichen Plätzen stehen und unsere Daten singen – Sagen von Paraden und Forschungsreisen und Massakern am Himmel – ich sollte eine eifrige Gruppe von Begleitmusikern haben, die nebenher Feuerwerk abschießen, Ballone steigen lassen und in regelmäßigen Abständen Explosionen zünden – extrageographische Lieder von kochenden Seen und schwebenden Inseln – extra-soziologisches Versmaß, das das Trampeln der Weltraumarmeen auf interplanetarischen Wegen wiedergibt; auf Wegen, die mit kleinen schwarzen Kieseln bedeckt sind – biologische Epen über ganze Wolken aus Mammuten und Pferden und Antilopen, die vor langer Zeit einmal an der Nordküste Sibiriens vom Himmel gefallen sind.

Lieder, die die senkrechten weißen Streifen in den sich wiederholenden Bildern von Youghal interpretieren – die rhythmisch treibenden Walrosse des Weltraums, die mit ihren Stoßzähnen an den Rändern von Weltrauminseln hängen und manchmal die Sterne veränderlich machen, wenn sie auf kosmischen Wellen dümpeln – eine runde Weltrauminsel mit ihrem Saum aus funkelnden Stoßzähnen, und wir erschrecken Kinder mit dem Lied vom Kopf eines Ungeheuers, mit einem weit offenen Mund rundherum – Feenländer des kleinen Mondes und die winzigen Zivilisationen in Schalen aus Felsgestein, die manchmal von breitmäuligen Ungeheuern bis auf die Slums geleert werden. Der Mahlstrom der Ewigen Katastrophe, die über Genua hängt und ihre Strömungen um eine lebendige Insel windet. Der Boden drunten erbebt unter dem Kampf – dann fällt Blut herab – und es fällt Blut herab – drei Tage fällt das Blut aus den aufgebrochenen roten Bächen einer lebendigen Insel, deren Verstümmelungen zur Szenerie gehören –

Aber es könnte schließlich doch besser sein, wenn wir zum *Report of the British Association* zurückkehren – siehe Bd. 1849, S. 46 – ein Strom schwarzer Objekte, der an der Sonne vorbeizog, wurde am 11. Mai 1845 von Capocci und anderen Astronomen in Neapel beobachtet – Dinge, die Samen gewesen sein könnten.

Eine große Zahl roter Punkte am Himmel über Urrugne am 9. Juli 1853 (*Annuaire de la Société Météorologique de France*, 1853-227). *Astronomical Register*, 5-179 – C. L. Prince aus Uckfield schreibt, er habe am 11. Juni 1867 gesehen, wie Objekte das Sichtfeld seines Teleskops kreuzten. Seiner Meinung nach waren es Samen.

Birmingham Daily Post, 31. Mai 1867:

Der Astronom Bird schreibt, am 30. Mai um 11.00 Uhr habe er unbekannte Körper am Himmel gesehen. In seinem Teleskop, das auf sie und auf den Planeten Venus gerichtet war, schienen sie doppelt so groß wie Venus zu sein. Aus seiner Schärfeeinstellung schloß er, daß sie weit entfernt waren; auch könnte man akzeptieren, daß sie weit entfernt waren, weil gelegentlich eine Wolke zwischen ihnen und der Erde vorbeizog. Sie bewegten sich nicht wie Objekte, die vom Wind getragen werden: alle bewegten sich in die gleiche Richtung, und sie zogen mit unterschiedlichen Geschwindigkeiten.

»Alle schienen haarige Anhängsel zu haben, und in vielen Fällen folgte ein klar zu erkennender Schwanz, der stark leuchtete, den Objekten.«

Blitze, die am Himmel gesehen werden – und sie kommen von einer lebenden Insel, die mit ihrer leuchtenden Halbinsel wakkelt. Substanzen wie Haare, die auf die Erde gefallen sind – eine

Wiese wurde in der Mähne eines Ungeheuers geschoren. Ich finde die Vorstellung anregend, daß es besser ist, in zurückhaltender Hysterie über Paare riesiger Dinger nachzudenken, die groß wie Nord- und Südamerika durch den Himmel reisen – wobei das eine vielleicht das andere mit seinem Golf von Mexiko beißt –, als sich weiter vorzustellen, daß alle Dinge, die sich am Himmel bewegen, Samen sind, wogegen alle Dinge, die im Meer schwimmen, keine Sardinen sind.

In der *Post* vom 3. Juni 1867 schreibt Mr. W. H. Wood, daß die Objekte wahrscheinlich Samen waren. Die *Post* vom 5. Juni – Mr. Bird sagt, daß die Objekte keine Samen waren. »Meine Absicht war es einfach, zu beschreiben, was zu sehen war, und die Erscheinung glich sicherlich der von Meteoren.« Seine Rettung in den Annalen der Extra-Geographie – »ob es nun Meteore im üblichen Sinne waren, ist eine andere Frage«.

Und die Venus und ihr Schleier, der mit blau geränderten Cupidos besetzt ist – in *Astronomical Register*, 7-138, schreibt ein Korrespondent aus Northampton, am 2. Mai 1869 habe er die Venus beobachtet und dabei eine Schar leuchtender Objekte gesehen, deren Größe nicht einheitlich war. Er hält es für unwahrscheinlich, daß es sich so früh im Frühjahr um Samen gehandelt habe. Er beobachtete sie etwa eine Stunde und zwanzig Minuten lang – »viele der größeren hatten an einer Seite Fransen, und die Fransen schienen ein wenig bläulich«. Oder, daß es sogar besser ist, sentimental zu werden, als weiterhin dumm zu glauben, alle derartigen Dinge am Himmel seien Samen, wogegen alle Dinge im Meer nicht die ökonomisch anpassungsfähigen kleinen Tiere wären, ohne welche die Kritiker der New Yorker U-Bahn vermutlich kein passendes Bild für die in den Zügen herrschende drangvolle Enge fänden. Der Planet Venus – sie nähert sich der stolzen Erde – die blau geränderten Ekstasen tränken ihren Himmel.

Was die Phänomene des 7. August 1869 angeht, so vermute ich, daß die »Phantomsoldaten«, die am Himmel gesehen wurden, möglicherweise Reflexionen oder Spiegelbilder von Dingen waren, die in militärischer Ordnung im Weltraum marschieren.

In *Popular Astronomy*, 3-159, schreibt Professor Swift, er habe während der Sonnenfinsternis vom 7. August 1869 in Mattoon, Illinois, gesehen, wie Objekte, die er für Samen hielt, den Mond querten. Wenn es Samen waren, dann waren auch Samen am Himmel über Ottumwa, Iowa: dort zogen sie zwanzig Minuten vor Einbruch der Dunkelheit über den sichtbaren Teil der Sonne.

Professor Himes und Professor Zentmayer sahen Objekte, die in geraden, parallelen Reihen marschierten oder sich bewegten (*Les Mondes*, 21-241). Im *Journal of the Franklin Institute*, 3-58-214, heißt es, einige dieser Objekte hätten sich in die eine Richtung über den Mond bewegt, während andere in anderer Richtung über einen anderen Teil des Mondes gezogen wären, wobei sich die Abteilungen in parallelen Reihen bewegten. Wenn diese Dinge Samen waren, dann waren es wohl auch Samen, die am Himmel über Shelleyville, Kentucky, gesehen wurden. Sie wurden von Professor Winlock, Alvan Clark Jr. und George W. Dean beobachtet: Dinge, die während der Finsternis in parallelen, geraden Reihen über den Mond zogen (*Popular Astronomy*, 2-332).

Was diese Dinge auch waren, ich biete einen weiteren Hinweis an, aus dem hervorgeht, daß der Mond uns nahe ist: daß diese Objekte wahrscheinlich nicht zufällige Dinge an drei weit voneinander entfernten Himmeln waren, da ihnen die Parallelität von zweien der Beobachtungen eine gemeinsame Identität gibt; und wenn sie von so weit auseinanderliegenden Orten ohne Parallaxe vor dem Mond gesehen werden, dann waren sie dem Mond nahe; die Beobachtung solcher Details wäre unwahrscheinlich, wenn der Erdtrabant 240000 Meilen entfernt wäre – es sei denn, sie waren groß wie Berge.

Es kann sein, daß von zwei im Weltraum schwebenden Inseln zwei Prozessionen über den Mond marschierten. *Observatory*, 3-317 – daß in St. Paul's Junction, Iowa, vier Personen ohne Teleskope ein leuchtendes Objekt gesehen hatten, das anscheinend Sonne und Mond nahe war; daß eine andere Person mit einem Teleskop ein weiteres großes Objekt gesehen hatte, das beleuchtet war wie ein Halbmond und das während der Finsternis weiter von der Sonne und dem Mond entfernt war. Siehe *Nature*, 18-663, und *Astronomical Register*, 7-227.

Ich habe viele Berichte über den Niederschlag organischer Stoffe gelesen. Da ich mit vielen Aufzeichnungen vertraut bin, scheint mir die Annahme, daß es im vermeintlich leeren Himmel Schwärme lebendiger Dinge gibt, nicht unglaubwürdiger als die, daß der scheinbar leere Ozean von Leben wimmelt. Ich besitze viele Aufzeichnungen über das Phosphoreszieren oder elektrische Phänomene bei Dingen, die vom Himmel gefallen sind, beispielsweise die stark leuchtenden Steine von Dhurmsalla, die extrem kalt waren –

American Journal of Science, 2-28-270:

Es wird gesagt, daß laut Nachforschungen von Prof. Shepard der siebzehnjährige Sparkman R. Scriven eine leuchtende Substanz beobachtet hat, die in seiner Heimatstadt Charleston, South Carolina, am 16. November 1857 langsam herunterkam. Es wird erzählt, der junge Mann habe eine feurige, rote Kugel gesehen, die in Größe und Form einer Orange glich und die einen Zaun traf, woraufhin sie zerbrach und verschwand. Wo dieses Objekt den Zaun getroffen hatte, fand man »eine kleine vor schwarzen Fasern starrende Masse«. Nach Professor Shepard war es »eine wirre Ansammlung von kurzen Schnipseln von feinem schwarzem Haar, dessen Länge zwischen einem Zehntel und einem Drittel Zoll schwankte«. Prof. Shepard sagt, es sei keine organische Substanz gewesen. Es scheint mir, als habe er dies nur aufgrund der Zwänge seiner Zeit gesagt. Ich vermute das deshalb, weil er schrieb, die Haare wären bei der Analyse verbrannt, und es wären gräuliche Skelette zurückgeblieben, die »zum Teil aus Kohlenstoff« bestanden hätten, und daß die Haare »mit einem Geruch ganz ähnlich wie Pech« verbrannt wären.

Die Einzelheiten des folgenden Falles können Sie in *Comptes Rendus*, 13-215, und *Report of the British Association*, 1854-302, nachlesen:

17. Februar 1841 – in Genua fiel eine rote Substanz vom Him-

mel – ein weiterer Niederschlag ereignete sich am 18. – ein leichtes Beben um 17.00 Uhr am 18. Februar – ein weiteres Beben sechs Stunden später – ein weiterer Niederschlag der roten Substanz am 19. Februar. Ein Teil der Substanz wurde eingesammelt und von M. Canobbia aus Genua untersucht. Er sagt, sie sei schmierig und rot gewesen.

KAPITEL 18

In einer Broschüre von Curtis Eli mit dem Titel *Wonderful Phenomena* finden wir den Bericht über ein Ereignis oder ein angebliches Ereignis, das vom Spiritisten Addison A. Swain untersucht wurde. Er interpretierte es auf die einzige Weise, die mir bekannt ist, und die besteht im psychochemischen Prozeß, neue Daten mit jenen alten Vorstellungen zu kombinieren, zu denen sie eine Affinität zu besitzen scheinen. Es wird berichtet, daß jemand namens Charles Cooper am 3. Oktober 1843 in Warwick, England, ein rumpelndes Geräusch am Himmel hörte. Er habe eine Wolke gesehen, unter welcher drei »vollkommen weiße« menschliche Gestalten über ihm durch die Luft segelten, nicht höher als die Baumwipfel. Wir lesen weiter, daß die drei Wesen Engel gewesen seien. Es waren männliche Engel. Das ist orthodox. Die Engel schwebten durch die Luft, aber ohne sich selbst zu bewegen. Eine interessante Beobachtung ist die, daß sie anscheinend Gürtel um die Körper trugen – als hingen sie an einem darüber fliegenden Fahrzeug, auch wenn diese dürftige Annahme in der Broschüre nicht erwähnt wird. Sie »stöhnten«. Cooper rief einige Männer herbei, die auf einem anderen Feld arbeiteten, und sie sahen zwar die Wolke, aber nicht die Gestalten der Lebewesen darunter. Es wird berichtet, ein Junge habe die Wesen in der Luft gesehen, »Seite an Seite, und sie machten laute, klagende Geräusche«. Ein anderer Beobachter, der sechs Meilen entfernt lebt, wird erwähnt: »Er sah die Wolken und die Gestalten und hörte die Geräusche.« Mr. Swain zitiert weitere Zeugen, die »eine bemerkenswerte Wolke« gesehen und die Geräusche gehört hatten, die aber die Engel selbst nicht gesehen hatten. Er schließt: »So bleibt uns doch die wunderbare Hoffnung auf die

Erlösung der Seele.« Die wunderbare Hoffnung ist die Umkehrfunktion des Leidens: In frommen Kreisen wird man die Doktrin nicht sonderlich freundlich aufnehmen – seid gut hienieden, und ihr werdet nach der Erlösung für immer stöhnen. Man muß wohl annehmen, daß die wunderbare Hoffnung die ganze Untersuchung gefärbt hat.

Eines Tages werde ich die Daten veröffentlichen, die mich auf den Verdacht gebracht haben, daß viele Erscheinungen auf der Erde, die früher von Theologen und Dämonologen interpretiert wurden und die heute eher dem Studiengebiet der medialen Forschung zugerechnet werden, Wesen und Objekte waren, die diese Erde besucht haben und die nicht von einer spirituellen Ebene, sondern aus dem Weltraum gekommen sind. Daß die extra-geographischen Bedingungen spiritueller Natur sein könnten und die Materie dort äußerst verdünnt sein mag, darum geht es mir im Augenblick nicht, obwohl auch das eines Tages akzeptiert werden könnte. Natürlich leiden all diese Daten in einer Hinsicht unter ebenso großen Verzerrungen, wie sie in anderer Hinsicht leiden müßten, wenn sie von Astronomen oder Meteorologen vorgetragen würden. Was das Material in diesem Kapitel angeht, so nehme ich die Position ein, daß es vielleicht Erscheinungen am Himmel gab, die vielleicht Offenbarungen über oder Spiegelbilder aus unbekannten Regionen und Reichen des Weltraums waren, Schauspiele von relativ nahen bewohnten Ländern und von Reisenden im Weltraum, daß aber alle Berichte über sie die Produkte des Verschmelzens des Unbekannten mit Figuren und Symbolen der nächstbesten vertrauten Ähnlichkeiten waren. Eine weitere Position, die ich für gut gewählt halte, ist die, daß meine eigenen Interpretationen und Ansichten, ganz gleich, wie sie aussehen, neben orthodoxen Erklärungen in recht günstigem Licht dastehen, soweit Vernunft das Maß sein soll. Es gab viele Beteuerungen, daß »Phantomsoldaten« am Himmel gesehen worden seien. Die orthodoxen Erklärungen der Physiker können Sie in Brewsters *Natural Magic*, S. 125 nachlesen: eine Einschätzung des Phänomens vom 23. Juni 1744; daß nach Angaben von 27 Zeugen,

von denen einige beim Magistrat ein beeidetes Zeugnis ablegten, ob das nun erwähnt werden sollte oder nicht, Truppen von Luftsoldaten auf und über einem Berg in Schottland gesehen wurden. Sie blieben zwei Stunden lang sichtbar und verschwanden dann in der Dunkelheit.
In Clarkes *Survey of the Lakes* (1789) findet sich ein Bericht, der die Worte eines der Zeugen wiedergibt. Siehe *Notes and Queries*, 1-7-304. Brewster meint, die Szene müsse ein Spiegelbild von britischen Truppen gewesen sein, die in Erwartung der Rebellion von 1745 insgeheim auf der anderen Seite des Berges manövrierten. Dank unserer Gabe des klaren Blicks, für die wir bekannt sind, es sei denn, es geht um unsere eigenen Interpretationen, erkennen wir praktisch sofort, daß es eine gute Idee ist, auf der anderen Seite eines Berges ins Manöver zu ziehen, wenn man das den Leuten diesseits des Berges vorenthalten will; aber wie will man in einem dicht besiedelten Land wie Schottland das Geheimnis vor den Leuten bewahren, die auf jener anderen Seite des Berges wohnen? Aber es gab noch nie eine Erklärung, die nicht auch selbst der Erklärung bedurft hätte.
Oder die »Phantomsoldaten«, die 1785 in Ujest in Schlesien gesehen wurden – siehe Parishs *Hallucinations and Illusions*, S. 309. Parish glaubt, zur Zeit dieses Schauspiels seien in der Nähe von Ujest ganz irdische Soldaten marschiert; so erklärt er, daß die »Phantomsoldaten« deren Spiegelbilder gewesen seien. Sie marschierten in der Begräbnisprozession von General von Cosel mit. Aber eine Weile später wurden sie abermals in Ujest gesehen – da war der General längst tot und schon mehrere Tage begraben, und seine Begräbnisprozession aufgelöst – und wenn ein Spiegelbild unabhängig von seiner Quelle überleben kann, dann kann das auch ein Schatten, und man mag einmal spazierengehen, wo man eine Woche vorher war und sehen, ob ein paar der eigenen Schatten noch ohne den Besitzer dort herumlaufen.
Die große Unterschlagung dieser Erklärer liegt darin, daß sie nicht sagen, warum die Spiegelbilder eine so erstaunliche

Vorliebe für oder Spezialisierung auf marschierende Soldaten an den Tag legen. Aber wenn am Himmel oft Dinge oder Wesen zu sehen sind, die in Zweierreihen dahinziehen, und wenn sie keine Spiegelbilder sind, sondern ihren Schatten auf den Dunst dieser Erde werfen, oder wenn sie Gespenster sind, dann kann diese Häufigkeit oder die vermeintliche Spezialisierung erklärt werden.

27. September 1846 – eine Stadt am Himmel über Liverpool (*Report of the British Association*, 1847-39). Die Erscheinung soll ein Abbild der Stadt Edinburgh gewesen sein. Diese »Identifizierung« scheint das Produkt einer naheliegenden Eingebung zu sein: zu dieser Zeit war ein Panorama der Stadt Edinburgh in Liverpool ausgestellt.

Sommer 1847 – siehe Flammarions *The Atmosphere*, S. 160 – eine Geschichte, die von Monsieur Grellois erzählt wurde: daß er zwischen Ghelma und Bône unterwegs war und auf einem sanft abfallenden Hügel »eine große und wunderschöne Stadt« sah, »geschmückt mit Monumenten, Kuppeln und Kirchtürmen«. Es gab keine Ähnlichkeit mit irgendeiner Stadt, die Monsieur Grellois bekannt war.

Im *Bulletin de la Société Astronomique de France*, 21-180, ist ein Bericht über ein Schauspiel abgedruckt, das am 3. Mai 1848 nach Angaben von 20 Zeugen zwei Stunden lang am Himmel über Vienne dans le Dauphiné zu sehen war. Eine Stadt – und eine Armee am Himmel. Man darf annehmen, ein Brewster hätte gesagt, daß es in der Nähe eine irdische Stadt gab, in deren Umgebung Truppen im Manöver waren. Aber am Himmel waren auch große Löwen zu sehen – und das sollte reichen, um jeden Brewster zu entmutigen. Vier Monate später war nach Angaben der Londoner *Times* vom 13. September 1848 ein noch entmutigenderes – oder vielleicht stimulierenderes – Schauspiel in Schottland zu sehen oder auch nicht zu sehen. Der Nachmittag des 9. September 1848 – Quigley's Point, Lough Foyle, Schottland – der Himmel wurde dunkel. Er schien sich zu öffnen. Die Öffnung war rötlich, und im rötlichen Bereich erschien ein Regiment Soldaten. Dann kamen Erscheinungen, die aussahen wie Kriegsschiffe unter vollen Segeln, dann »ein Mann und eine Frau und ein Schwan und eine Pfauhenne«. Die »Öffnung« schloß sich wieder, und damit war dieser schockierende oder lächerliche Aufzug vorüber, den niemand außer mir als beachtenswert aufzeichnen würde.

»Phantomsoldaten« wurden am 30. Dezember 1850 in der Nähe von Banmouth gesehen (*Report of the British Association*, 1852-30).

»Phantomsoldaten« wurden am 22. Januar 1854 in Büderich gesehen (*Notes and Queries*, 1-9-267).

»Phantomsoldaten« wurden von Lord Roberts (*Forty-One Years in India*, S. 219) am 25. Februar 1858 in Mohan beobachtet. Entweder, Lord Roberts sah nicht klar, oder er beschrieb es in Begriffen, die ihm vertraut waren, oder wir werden in unserem Vorrücken zurückgeworfen. Nach seinen Angaben jedenfalls trugen die Gestalten Hindukostüme.

Extra-Geographie – ihre Anblicke und Öffnungen und Felder – und die Thoreaus, die auf dieser Erde sind, aber noch unentwickelt, weil sie ihre Teiche nicht finden können.[11] Ein einsames Ding und sein Teich treiben im Raum – sie queren den Mond. In *Cosmos*, 11-200, wird berichtet, daß zwei Personen aus Chambon in der Nacht des 7. Juli 1857 Gestalten sahen, die am Mond vorbeizogen – etwas wie ein Mensch, dem ein Teich folgte.

»Phantomsoldaten« wurden im Jahre 1860 in Paderborn, Westfalen, gesehen (Crowe, *Night-side of Nature*, S. 416).

[11] Anspielung auf den amerikanischen Schriftsteller Henry David Thoreau (1817–1862), der als Einsiedler zwei Jahre lang im selbstgezimmerten Blockhaus am Walden Pond (einem Teich) gelebt hat.

KAPITEL 19

Wir versuchen, verschiedene Datenstränge zu koordinieren, die uns allesamt sagen, daß es außerhalb dieser Erde und in Beziehung zu oder bezogen auf diese Erde Länder und Leben und allgemeine Umstände gibt, welche aus dem ganzen angenommenen Sonnensystem ein Kügelchen von Umständen machen, wie es die irdischen Umstände sind.

Unsere Ansichten fassen wir in physikalische Begriffe, auch wenn es im Weltraum Phänomene geben mag, die man als übersinnliche Phänomene bezeichnen müßte, weil die festen Substanzen und die Objekte, die vom Himmel auf die Erde fielen, bekannten Objekten und Substanzen auf der Erde ähnlich sind, auch wenn sie manchmal nicht als solche identifiziert werden. Entgegen steht uns dabei die mehr oder weniger gut etablierte konventionelle Doktrin, die sich wie ein Kokon um das Bewußtsein auf dieser Erde gelegt hat und jede Forschung unterdrückt, sogar Spekulationen erstickt und alle Daten aussperrt, die auf Beziehungen und Verbindungen zu äußeren Existenzen hinweisen könnten. Es ist eine Doktrin, die in ihren verschiedenen Erklärungen und Vernachlässigungen und Verleugnungen eine einheitliche Ausdrucksform des Exklusionismus ist.

Eine unbekannte pflanzliche Substanz fällt vom Himmel. Das genaue Datum ist begraben: vielleicht sprießt es ja eines Tages. Die Erde bebt. Ein leuchtendes Objekt wird am Himmel gesehen. Substanzen fallen aus dem Unbekannten herab. Aber das Ereignis wird als unterirdisches Erdbeben eingereiht.

Alle konventionellen Erklärungen und alle konventionellen Vernachlässigungen und Verleugnungen haben den Exklusionismus gemeinsam. Die Einheit ist so markant, alle Schriften der Vergangenheit stimmen so eindeutig überein, daß ich jetzt an eine ganze Ära denke, die durch den Exklusionismus so klar definiert ist wie die Ära des Karbon durch reiche Steinkohlenlagerstätten.

Eine schwangere Frau steht am Rand der Niagarafälle. Es gibt Geräusche, und es gibt weithin Umstände, aber die Zellen eines Ungeborenen reagieren oder schwingen nur aufgrund der Störungen in seiner eigenen kleinen Umgebung. Der ganze Horizont stürzt in einen Strudel, Donner grollt herauf: das embryonische Bewußtsein erfaßt nicht mehr als leichte Verdauungsstörungen mütterlicherseits. Das ist Exklusionismus.

Steine fallen vom Himmel. Sie fallen später noch einmal auf den gleichen Fleck. Sie fallen wieder. Sie fallen aus einer Region, die, relativ zu diesem Teil der Erdoberfläche, stationär ist. Aber das zu sagen führt zu dem Verdacht, daß es die Erde ist, die stationär bleibt. Das zu glauben, heißt, gegen die Wände des uterinen Dogmas zu hämmern – aus einer halb behaarten und halbreptilischen Masse sozialer Unentwickeltheit kommen exklusionistische Erklärungen, die zu solcher Unreife passen.

Es spielt keine Rolle, welchem unserer Themen wir uns zuwenden, unsere Erfahrung ist immer die gleiche: die standardisierte Erklärung ist Exklusionismus. Was viele Erscheinungen am Himmel angeht, so besteht das Ausschließen fremder Kräfte in der kategorischen Erklärung, es handele sich um Nordlichter, die angeblich irdische Phänomene sein sollen.

Schulkinder lernen, daß Nordlichter elektrische Erscheinungen sind, die um die Pole der Erde kreisen. Andächtigen Rangen wird ein Bildchen gezeigt, nach dem eine elektrische Sphäre an den Polen die Umkreisungen aufweist, die sie haben sollte. Aber ich habe einen respektlosen oder fortgeschrittenen Zug durch die *Monthly Weather Review* gemacht und Hunderte Male von Nordlichtern gelesen, die durchaus keine Krönung der Pole waren: von Nordlichtern in Venezuela, auf den Sandwich-Inseln, in Kuba und Indien; von einem Nordlicht in Pennsylvania beispielsweise, und kein Fünkchen davon war nördlich von Pennsylvania zu sehen.

Es gibt Lichter am Himmel, für die das Wort »Nordlicht« ein ausgezeichneter Name ist, aber es gibt andere, für die wir uns andere Namen ausdenken müssen. Es gab Lichter wie eine leuchtende Brandung, die an die Küsten der irdischen Atmosphäre schlug, und Lichter, die wie riesige Reflexionen ferner Brände waren; ebenmäßige Bleistifte aus Licht und pulsierende Wolken und rasche Blitze und scheinbare Objekte mit klaren Umrissen, all das wird mit einer Armut der Namensgebung, welche in der Wissenschaft ansonsten nicht häufig vorkommt, als »Nordlicht« bezeichnet. Niemand weiß, was ein Nordlicht ist. Es ist eine Standardisierung, und das Wesen dieser Standardisierung ist der Exklusionismus.
Ich sehe in der Wissenschaft die energische, skrupellose Ausschließung der Hinweise auf benachbarte Länder am Himmel. Und wenn es nicht skrupellos ist, so ist es vielleicht Hypnose. Ich sehe, daß alle anscheinend Hypnotisierten, oder die Schlafwandler der Vergangenheit, die diese höchst plausiblen Erklärungen oder Leugnungen lieferten, prächtig gediehen und berühmt wurden. Mein Eindruck ist, wenn ein Brewster oder ein Swift oder ein Newcomb je geschrieben hätte, daß es benachbarte Länder und lebende Wesen am Himmel gibt, dann wäre er nicht gediehen, und seine Bekanntheit hätte sich um einiges verzögert.
Wenn ein Organismus blüht, dann heißt das meist, daß er mit seiner Umgebung oder mit höheren Kräften in Harmonie lebt. Ich kann mir nun den erfolgreichen, blühenden Exklusionismus als Organisation vorstellen, die in Harmonie mit höheren Kräften war. Angenommen, wir akzeptieren, daß alle allgemeinen Täuschungen soziologisch funktionieren. Wenn der Exklusionismus also eine allgemeine Täuschung ist; wenn wir akzeptieren, daß die Isolation dieser Erde möglicherweise ein notwendiger Faktor in der Entwicklung des ganzen Geosystems war, dann sehen wir, daß die exklusionistische Wissenschaft getreulich, wenn auch falsch funktioniert hat. Es wäre ein Verbrechen an der Welt, wollte man der ganzen Welt gar zu schnell die Idee nahebringen, daß es andere Existenzen in der

Nähe gibt, daß sie gesehen wurden und daß Geräusche von ihnen gehört wurden: Die Völker dieser Erde müssen sich organisieren, bevor sie sich eine Außenpolitik vorstellen und sie aufbauen können. Eine voreilig etablierte Wissenschaft von solchen Themen, das wäre, als würden die Vereinigten Staaten an einem Krieg zwischen Frankreich und Preußen teilnehmen, obwohl solche Politik noch in ferner Zukunft der Nation liegt, die sich vorerst auf ihre eigene, innere Entwicklung zu konzentrieren hat.

Gleiches gilt für die Entwicklung aller Dinge - oder, daß ein Stichling ein Nest baut und damit vage, nicht nutzbringend und im Sinne der Darwinschen Evolution überhaupt nicht erklärlich, einen Zug kommender Lebensformen vorwegnimmt; daß aber ein Fisch, der versuchen sollte, auf einen Baum zu klettern und seiner Gefährtin etwas vorzusingen, noch bevor die Flugsaurier mit ihren von Lehm verschmierten Schwingen herumflatterten, ein unbemerkter kleiner Clown in einem kosmischen Drama wäre.

Aber ich stelle mir vor, auch wenn das Karbon die dominante Ära ist, auch wenn keinem einzigen unverträglichen Ding das Blühen erlaubt wird, selbst wenn es das Wachstum schon vorausahnt, daß die Restriktionen nicht ewig dauern werden, und daß der große, allumfassende Fluch auf verwurzelte Dinge eines Tages aufgehoben wird.

KAPITEL 20

Gefleckt von einer blauen Flut, die nie zuvor gesehen ward – diese Erde, Anfang der sechziger Jahre des neunzehnten Jahrhunderts. Dann sah man schwach, aus weiter Ferne, daß diese neue Erscheinung von grauen Massen eingehüllt wurde. Blitze zuckten, und leises Donnergrollen war zu hören – dann rollen die wolkenähnlichen Hüllen wieder fort, und eine blaue Formation glänzt in der Sonne. Meteorologen auf dem Mond machen sich Notizen.

Aber Jahr auf Jahr werden diese Erscheinungen, wie sie vom Mond aus gesehen werden, dargestellt, als seien sie vielleicht keine meteorologischen Phänomene auf der Erde; sich verändernde Kompositionen, die aus Elementen von Blau und Grau erschaffen werden; es ist wie der Konflikt zwischen Synthese und Auflösung: gerade Linien, die in Gekrakel auslaufen, aber die sich zu anscheinend beweglichen Symbolen neu zusammenfinden: Kreise und Quadrate und Dreiecke in großer Zahl.

Nachdem wir keine schlechten Erfahrungen damit gemacht haben, daß Interpretationen die Produkte der Begierde sind, und angenommen, daß auf dem Mond die Kommunikation mit der Erde gewünscht wird, scheint es mir wahrscheinlich, daß der Kampf zwischen unzähligen Amerikanern Anfang der sechziger Jahre des neunzehnten Jahrhunderts von einigen Mondbewohnern für ein Manöver gehalten wurde, das ihnen galt, oder für den Versuch, ihre Aufmerksamkeit zu erregen. Doch da wir vielfache Eindrücke von dem Widerstand haben, auf den neue Täuschungen stoßen, so daß zumindest auf unserer Erde einige Arten der Verblödung Jahrhunderte warten mußten, bevor sie sich allgemein ausbreiten durften, stelle ich mir vor, daß eine beträchtliche Zeit vergehen wird, bevor man auf dem Mond allgemein der Ansicht ist, daß die Erdbewohner sich mit Hilfe lebender Symbole und durch Zünden von Explosivstoffen mitteilen wollen.

Lichter wie Leuchttürme wurden auf dem Mond gesehen. Die Lichter könnten zusammenhanglos gewesen sein. Das älteste, zu dem ich Angaben habe, wurde im Jahr 1847 registriert. Aber heute, wenn wir mit den frühen sechziger Jahren beginnen, obschon nicht mit den ungewöhnlichen und gewaltigen Vorgängen auf der Erde zusammenfallend, scheinen die Daten zu sagen, daß es auf dem Mond einen sehr energischen Versuch gibt, sich mitzuteilen – worauf man die Eindrücke von einer solchen gewaltigen Zunahme mit diesem oder jenem assimiliert, je nach den eigenen dominanten Gedanken, und das Produkt einen logischen Schluß nennt. Am Abend des 15. Mai 1864 sah Herbert Ingall aus Camberwell etwas westlich des Mondkraters Picard im Mare Crisium einen bemerkenswert hellen Lichtfleck (*Astronomical Register*, 2-264).

24. Oktober 1864 – die Phase der größten Annäherung des Mars – rote Lichter an entgegengesetzten Punkten auf dem Mars (*Comptes Rendus*, 85-538). Am 16. Oktober hatte Ingall das Licht westlich von Picard abermals gesehen. 1. Januar 1865 – ein kleiner Lichtfleck im Dunklen unter dem Osthang der Mondalpen, der leuchtete wie ein kleiner Stern, wurde von Charles Grover beobachtet (*Astronomical Register*, 3-255). 3. Januar 1865 – wieder die roten Lichter auf dem Mars (*Comptes Rendus*, 85-538).

Eine Serie anderer Daten taucht auf wie ein Seitenarm eines Hauptstromes, der sich aber aus sich selbst heraus nicht speisen kann. Lichter auf dem Mond und Lichter auf dem Mars, aber ich habe nichts sonst, das darauf hinweisen könnte, daß es sich um Signale und Antworten zwischen den beiden Welten handelt.

10. April 1865 – nach Ingall westlich von Picard – »ein ganz winziger Lichtpunkt, der funkelt wie ein Stern« (*Astronomical Register*, 3-189).

5. September 1865 – ein auffälliger heller Punkt westlich von Picard (*Astronomical Register*, 3-252). Er wurde wieder von Ingall gesehen. Der sah ihn noch einmal am 7. September, aber am 8. September war er dann verschwunden, und wo das Licht gewesen war, sah man so etwas wie Wolken.
24. November 1865 – Reverend W. O. Williams bemerkt einen Lichtpunkt, der wie ein kleiner Stern im Mondkrater Carlini funkelt (*Intellectual Observer*, 11-58).
10. Juni 1866 – das sternenähnliche Licht im Aristarchus; berichtet von Tempel (Denning, *Telescopic Work*, S. 121).
Astronomisch und seleno-meteorologisch hat man meines Wissens nie etwas mit diesen Daten angefangen. Ich halte viel davon, das Thema theologisch anzugehen. Wir nähern uns Berichten über eine andere Art von Veränderungen auf dem Mond. Wir werden Daten sehen, die anscheinend darauf hinweisen, daß es nicht nur Beharrlichkeit, sondern auch Ergebenheit auf dem Mond gibt, und ich neige zu der Annahme, daß es nicht nur Ergebenheit, sondern sogar Opfermut gibt.
Am 16. Oktober 1866 erklärte der Astronom Schmidt aus dem Land des Sokrates, daß das isolierte Objekt im Ostteil des Mare Serenitatis, das unter dem Namen Linné bekannt ist, sich verändert habe. Linné ragt aus dieser flachen Gegend heraus wie die Cheopspyramide aus der Wüste. Wenn sich bei Linné etwas verändert hat, dann könnte die auffällige Position auf eine Absicht schließen lassen. Vor dem Oktober 1866 war Linné als dunkles Objekt gut bekannt. Etwas hatte ein Objekt, das schwarz gewesen war, weiß gemacht.
Eine bislang unveröffentlichte Episode aus der Geschichte der Theologien:
Der neue Prophet, der auf dem Mond erschienen war –
Schwache Wahrnehmungen sich bewegender Formationen auf einem Teil dieser Erde, oft nahezu streng geometrisch, und vielleicht sehr schwache, signalähnliche Geräusche, die den Mond erreichten – der neue Prophet – und daß er die alte lunare Doktrin predigte, es gebe keinen Gott neben dem Erdgott, daß er aber seine Anhänger antrieb, ihre Altäre zu verlassen, auf denen

unbeachtete Lichter gebrannt hatten, und einen Tempel zu errichten, auf dem eine ganze Litanei von Lichtern und Schatten rezitiert werden konnte.

Wir erkennen erst jetzt, wie der Erdgott den Wesen auf dem Mond vorkommen muß – die wissen, daß die Erde dominant ist; die sehen, wie sie von den Bahnen der großen Planeten eingerahmt wird; die elisabethanische Halskrause, die von den vielfältigen Asteroiden gewirkt wird; die geschäftige kleine Sonne, die die Dunkelheit verscheucht.

Der Gott des Mondes, wenn Dunst ihn ausdruckslos macht – ein weiter, öder, silbriger Buddha.

Der Gott des Mondes, wenn die Sicht klar ist – wenn die Verkleidung abgelegt ist – wenn des Nachts von spitzen weißen Gipfeln das flüssige rote Licht eines Vulkans rinnt, dann ist die Erde der entsetzliche Gott der Fleischfresser.

Manchmal sieht die große runde Erde, deren Himmel durch die Lichtbrechung schimmert, wie etwas aus, das von einer äußeren Existenz in eine Muschelschale geschoben wurde – als hätte sie Tornadowolken im Griff – und sie sieht aus wie die Faust Gottes, die Fetzen aus Höllenfeuer und Chaos hält.

Daß ein neuer Prophet auf dem Mond erschienen ist und die neue Hoffnung entfachte, daß man von der leeren, leuchtenden Narrheit, die man so oft mit Gott verwechselt hatte, eine Antwort erhalten möge, oder vom Entsetzlichen, das so gern mit der Göttlichkeit identifiziert wird – von der geballten, drohenden Faust, die so oft angebetet wurde.

Es gibt keine Intelligenz außer der Intelligenz einer Ära. Angenommen, das ganze Geosystem ist ein super-embryonisches Ding. Dann können sich nach den Gesetzen der Embryos die Teile nicht organisieren, solange nicht ihre vorbestimmte Zeit gekommen ist. Deshalb gibt es beim Küken im Ei örtliche Entwicklungszentren, aber diese lokalen Ballungen können nicht mehr tun als umrißhaft die Beziehungen untereinander vorzuzeichnen, bis die Zeit gekommen ist, zu der sie sich endlich verbinden dürfen.

Angenommen, damals im 19. Jahrhundert hat es Versuche gegeben, vom Mond aus Kontakt aufzunehmen; aber angenommen, sie kamen zu früh: dann nehmen wir das Schicksal der protoplasmatischen Fäden an, die zu früh von einem Teil des Eis zu einem anderen gesponnen wurden. Im Oktober 1866 sah und berichtete Schmidt in Begriffen seiner Zeit und beschrieb das Gesehene in der konventionellen Sprache der Mondforscher. Siehe *Report of the British Association*, 1867.

Am 14., 16., 25. und 27. Dezember 1866 wurde Linné als weißer Fleck gesehen. Aber da schien noch etwas zu sein, das wie künstlich hergestellt schien, oder ein Muster, eine Gestaltung, die mehr war als die bloße Verwandlung in etwas Weißes von etwas vorher Schwarzem - ein kleiner, schwarzer Fleck auf Linné; gesehen von Schmidt und Buckingham im Dezember 1866 (*The Student*, 1-261).

Die wichtigste Überlegung von allen wird von Schmidt in *Report of the British Association*, 1867-22, vorgetragen - daß das Sonnenlicht und Veränderungen des Sonnenlichts nichts mit den sich verändernden Erscheinungen von Linné zu tun hatten.

14. Januar 1867 - die weiße Decke oder das, was auf Linné wie eine Decke zu liegen schien, war anscheinend verschwunden - Knotts Eindruck von Linné als dunklem Punkt, dessen »Umrisse« schwach waren. 16. Januar - Knotts sehr starker Eindruck, der aber, wie er selbst sagt, eine Sinnestäuschung gewesen sein kann, daß auf Linné ein kleiner, zentraler dunkler Fleck sei. Dawes' Beobachtung vom 15. März 1867 - »ein winziger schwarzer Fleck in der Mitte von Linné«.

Eine geometrische Figur, die einen weißen Rand hatte und in der Mitte einen schwarzen Punkt, bildete sich, löste sich auf und bildete sich neu.

Ich habe einen Eindruck von Schauspielen, die in den Vereinigten Staaten während des Weltkrieges alltäglich waren: Scharen von Menschen fanden sich zu lebenden Mustern zusammen: Flaggen, Kreuze und in einem Fall, an dem Tausende beteiligt waren, die Darstellung einer riesigen Freiheitsglocke. Astronomen dachten daran, mit dem Mars oder dem Mond zu kommunizieren, indem man an auffälligen Orten gewaltige geometrische Konstruktionen aufbaute, aber nichts erregt die Aufmerksamkeit so sehr wie die Veränderung, und eine Formation, die erscheinen und verschwinden kann, muß das Geometrische um das Dynamische verstärken.

Daß die Einheiten der sich verändernden Kompositionen, die Linné bedeckten, die Mondbewohner selbst waren – daß Linné Terrassen hatte – Scharen der Mondbewohner stehen auf den Absätzen ihrer Cheopspyramide im Meer der Stille, einige in Weiß gekleidet am Rand, einige in Schwarz gekleidet auf der Spitze, oder das dunkle Material des Gipfels bleibt zum Kontrast frei, und alle geeint in der Hoffnung, einen Eindruck von Geometrie als Produkt einer Absicht, unterscheidbar dank der Topographie, zum leuchtenden Gott zu übermitteln, der die Sterne an ihrem Himmel verblassen läßt.

Es ist eine Periode starker Aktivität – oder von widerstreitenden Ideen und Zielen – auf dem Mond: neue, experimentierende Demonstrationen, aber natürlich auch das Beharren des Alten. In *Astronomical Register*, 5-114, schreibt Thomas G. Elger, er habe am 9. April 1867 um 19.30 Uhr zu seiner Überraschung im dunklen Teil des Mondes ein Licht gesehen, das ihm vorkam wie ein Stern der 7. Größenordnung. Es wurde schwächer und war um 21.00 Uhr beinahe erloschen. Mr. Elger hatte schon vorher Lichter auf dem Mond gesehen, aber noch nie ein so klares Licht – »zu hell, als daß es selbst vom nachlässigsten Beobachter hätte übersehen werden können«. 7. Mai 1867 – das einem Leuchtturm ähnelnde Licht im Aristarchus – beobachtet von Tempel aus Marseille, als Aristarchus im dunklen Teil des Mondes lag (*Astronomical Register*, 5-220). Am Abend des 10. Juni 1867 sah Dawes drei deutliche runde, schwarze Flecken in der Nähe von Sulpicius Gallus, was in der Nähe von Linné ist; als er am 13. nachschaute, waren sie verschwunden (*The Student*, 1-261).

6. August 1867 –

Und die Erde am Himmel über dem Mond – die glatte und öde und konturlose Erde – oder eine der Szenen, die sie göttlich und entsetzlich machen – die Kinnbacken der Erde, so mögen die

Reihen der mehr oder weniger parallelen Gebirgszüge erscheinen, noch im Sonnenlicht funkelnd, aber von Dunkelheit umgeben –

Und auf dem Mond die Versammlung der Schattenspieler oder der lunaren Kommunikationsleute, die versuchen, sich unserer Erde mit Hilfe von Licht und Schatten verständlich zu machen und auf Linné mit ihren eigenen Körpern und Kostümen ein Muster bilden. Die Große Pyramide von Linné, des Nachts auf dem Mond – sie ragt hervor als hohes schwarzes Dreieck, das zur Erde weist. Langsam versinkt sie in Weiß – die weiß gekleideten Gestalten bewegen sich auf den Hängen der Pyramide nach oben. Die Kiefer der Erde scheinen im veränderlichen Licht zu mahlen. Es gibt keine weitere Reaktion. Unterwerfung ist die Nahrung der Götter.

Am 6. August 1867 sah Buckingham auf Linné, als dieser im Schatten lag, »einen ovalen Fleck aufsteigen« (*Report of the British Association*, 1867-7). Im Oktober 1867 war Linné als konvexer weißer Fleck zu sehen (*Report of the British Association*, 1867-8).

***

Es mag auch sein, daß der Mond nicht bewohnt und nicht bewohnbar ist. Es gibt viele Astronomen, die sagen, daß der Mond buchstäblich keine Atmosphäre hat, denn wenn ein Stern vom Mond verdeckt wird, dann wird das Licht nach ihren Erkenntnissen nicht gebrochen. Siehe Clerkes *History of Astronomy*, S. 264 – daß nach seinen Berechnungen auf Grundlage der Tatsache, daß ein Stern nie durch Brechung seine Position verändert, wenn er vom Mond verdeckt wird, Professor Comstock vom Washburn Observatory bestimmt hatte, daß die Atmosphäre der Erde 5000mal dichter ist als die des Mondes.

Ich glaube, in dieser unserer zweiten Untersuchung hatten wir unsere alten Gegner, die Astronomen, recht gut abgeschüttelt: aber mit einem Anflug jener Freundlichkeit, die man empfindet, wenn man Vertrautem begegnet, fühlen wir uns mit dieser altbekannten Art von Beweisführung auf gutem Fuße: das Gründen auf mühsame Berechnungen über etwas, das nicht stimmt.

Siehe den Index der *Monthly Notices of the Royal Astronomical Society* – viele Beispiele für Sterne, die durch Lichtbrechung ihre Position veränderten, wenn sie vom Mond verdeckt wurden. Siehe *Observatory*, 24-210, 313, 345, 414; *English Mechanic*, 23-197, 279; 26-229; 52 – im Index »Atmosphäre«; 81-60; 84-161; 85-108.

Im Jahre 1821 erklärte Gruithuisen, er habe eine Stadt auf dem Mond entdeckt. Er beschrieb ihre Hauptverkehrsstraße und die Nebenstraßen. 1826 verkündete er, es habe beträchtliche Bautätigkeit gegeben, und er habe neue Straßen ausgemacht. Diese Formation, die nördlich des Kraters Schroeter liegt, wurde oft von Astronomen untersucht, die anderer Ansicht waren: eine Zeichnung, auf der man eine zentrale und weitere ausstrahlende Linien sehen kann, finden Sie in *English Mechanic*, 18-638.

Auf dem Mond gibt es ein Objekt, das so oft beschrieben und fotografiert und gezeichnet wurde, daß ich nicht weiter auf dieses Thema eingehen will. Die zahlreichen Berichte über Beobachtungen können Sie in *English Mechanic* und *L'Astronomie* nachschlagen. In der Nähe des Kraters Birt gibt es ein Objekt, das wie ein Schwert geformt ist. Jeder, der eine Vorstellung vom Querschiff einer Kathedrale hat, mag hier die Architektur erkennen. Oder es ist ein Hügel, den Hügeln in Nordamerika ähnlich, die mit vorzüglicher Logik den Hügelbauern zugeschrieben wurden. In einem Brief, der im *Astronomical Register*, 20-167, veröffentlicht wurde, lenkt Mr. Birmingham unsere Aufmerksamkeit auf eine Formation, die den Gedanken nahelegt, es gebe eine Architektur auf dem Mond – »eine Gruppe von drei Hügeln in einem leicht spitzwinkligen Dreieck, verbunden durch drei niedrigere Wälle«.

Es gibt im Krater Eratosthenes ein geometrisches Objekt oder eine Markierung, die wie ein »X« aussieht (*Scientific American Supplement*, 59-24, 469); ein verblüffend symbolisch wirkendes

Ding oder Zeichen oder der Versuch, mit Hilfe von etwas, das offensichtlich nicht topographisch ist, auf der Erde Aufmerksamkeit zu erregen, befindet sich im Krater Plinius (*English Mechanic*, 35-34); ein Geflecht wie in einem Stadtviertel in Plato (*English Mechanic*, 64-253); und es gibt eine Komposition rechtwinkliger Linien in Gassendi, die strukturiert wirkt (*English Mechanic*, 101-466). Auf dem Grund von Littrow sind sechs oder sieben Punkte in Form des griechischen Buchstabens Gamma angeordnet (*English Mechanic*, 101-47). Dieses Arrangement könnte neueren Ursprungs sein, denn es wurde erst am 31. Januar 1915 entdeckt. Der griechische Buchstabe bereitet nur jenen Schwierigkeiten, die nicht leichtfertig mit diesem Thema umgehen wollen.
Eine Darstellung von etwas, das aussah wie eine geschwungene Mauer auf dem Mond sehen Sie in *L'Astronomie*, 1888-110. Erscheinungen wie Viadukte werden in *L'Astronomie*, 1885-213, erwähnt. Die Mondkrater sind nicht in allen Fällen die einfachen Kreise, die man sich gewöhnlich vorstellt. Ich habe viele verschiedene Darstellungen von ihnen: ich erinnere mich an eine Zeichnung, die aussah wie eine Eule, die sich eine Serviette unter den Schnabel geklemmt hatte. Aber es ist denkbar, daß der verbreitete Architekturstil auf dem Mond der byzantinische ist, höchstwahrscheinlich oder nicht so wahrscheinlich dergestalt mit Glas überkuppelt, daß die Wölbungen entstehen, die so oft erwähnt werden.
Der kleine, benachbarte Mond also – und er ist von Liliputanern bewohnt. Aber da wir unsere Erfahrungen mit passenden Vorstellungen haben, nehmen wir besser an, daß die Mondbewohner Riesen sind. Nachdem vernünftig bestimmt wurde, daß der Mond einen Durchmesser von einhundert Meilen hat, nehmen wir an, daß es um einiges mehr oder weniger ist.

***

Eine Gruppe von Astronomen hatte außergewöhnliche Lichter im Mondkrater Plato beobachtet. Die Lichter waren zu einem

Muster arrangiert. Sie waren so deutlich unterscheidbar, daß Birt und Elger und die anderen Selenographen, die sich zusammengetan hatten, um sie zu studieren, sie aufzeichneten und numerierten. Die Lichter blieben an ihren Positionen, aber ihre Leuchtkraft nahm manchmal zu oder ab.

Es scheint mir, als übernähme eine Schule von Kommunikationsleuten nach der anderen die Kontrolle über die Aktivitäten auf dem Mond. Zuerst bezogen sich unsere Daten auf einzelne Lichter. Dann waren es außergewöhnliche Lichter, die nach meiner Ansicht Signale gewesen sein könnten, aber nichts war von der Organisation zu erkennen, die sich heute in das fragmentarische Material zu schleichen scheint, das das beste ist, das wir finden können. Die gruppierten Lichter im Plato waren so deutlich zu sehen, so klar und sogar so hell, daß die Schroeters, Gruithuisens, Beers und Mädlers, die die Eigenschaften des Mondes studiert und aufgezeichnet haben, sie hätten sehen müssen, wenn jemals zuvor solche Lichter geleuchtet hätten. Einige von Gledhills Beobachtungen, aus denen ich meine Ansichten über die Lichter habe, finden Sie in *Report of the British Association*, 1871-80 – »Ich kann sie nur mit den kleinen Scheiben der Sterne vergleichen, wie man sie im Transitfernrohr sieht«; »genau wie kleine Sterne im Transitfernrohr in einer stürmischen Nacht!«

Im August und September 1869 ereignete sich bei den Flecken in Gruppe I eine weitere bemerkenswerte Leuchterscheinung. Sie ging mit einem einzelnen Licht an einer entfernten Stelle einher.

Februar und März 1870 – Leuchterscheinungen einer anderen Gruppe.

17. April 1870 – eine weitere Illumination in Plato, aber wieder die erste Gruppe.

Was seine Beobachtungen vom 10. bis zum 12. Mai 1870 angeht, so ist Birt überzeugt, daß die Lichter in Plato keine Effekte des Sonnenlichts waren.

Am 13. Mai 1870 war laut Birt »ein außergewöhnliches Schauspiel« zu sehen: 27 Lichter wurden von Pratt, 28 von Elger

beobachtet. Gledhill in Brighton sah nur vier. Atmosphärische Bedingungen mögen diesen Unterschied erklären, oder die Lichter schwankten in ihrer Anzahl zwischen 4 und 28.
Zur Unabhängigkeit vom Sonnenlicht erklärt Pratt (*Report of the British Association*, 1871-88) im Hinblick auf dieses Schauspiel, daß nur die fixierten, kartierten Punkte derart leuchteten, und daß andere Teile des Kraters nicht beleuchtet waren, wie man es bei einem flächendeckenden Ereignis hätte erwarten können. Nach Meinung Pratts und wie ich glaube auch nach Meinung der anderen Beobachter waren die Lichter vulkanischen Ursprungs. Es scheint mir, diese Meinung entwickelte sich aus dem Gefühl, daß es etwas wie eine Meinung geben müsse: die Vorstellung, daß die Lichter Signale sein könnten, wurde meines Wissens von keinem der Astronomen zum Ausdruck gebracht.
Ich bemerke, daß sich zwar viele Beobachter zu dieser Zeit auf diesen einen Krater konzentrierten, daß ich aber keine Aufzeichnungen finden kann, aus denen hervorgeht, daß Störungen, wie sie gewöhnlich mit vulkanischen Aktivitäten einhergehen, in größerem Maße registriert worden wären. Die klaren kleinen Lichter scheinen mir alles andere als vulkanischen Ursprungs gewesen zu sein.
Das Spiel dieser Lichter in Plato – ihre Modulationen und ihre Kombinationen – wie Lichtmusik – oder eine Komposition von Signalen in einem Code, den man selbst heute noch entziffern könnte. Es war wie ein Orchester – und daß etwas wie ein Taktstock am 22. August 1870 dem Licht 22 seinen Einsatz gab, eine führende Rolle zu leuchten – »bemerkenswerte Zunahme der Helligkeit«. Nr. 22 verlosch, und dann übernahm Nr. 14 die Führungsrolle. Auch dieses Licht erlosch, und dann wurde Nr. 16 heller.
Vielleicht waren es Botschaften in einer Art Morsealphabet. Es besteht die Chance, daß die Elektrizität in der Phantasie von irgend jemand zu knistern beginnt. Bis zum April 1871 hatten die Selenographen 1600 Beobachtungen über Schwankungen der Lichter in Plato registriert und 37 Zeichnungen individuel-

ler Lichter angefertigt. Alle Zeichnungen und die anderen Berichte wurden von W. R. Birt der Bibliothek der Royal Astronomical Society zur Verfügung gestellt, wo sie sich vermutlich heute noch befinden. Ein neuer Champollion mag darin eines Tages Hieroglyphen entziffern, die von einer Welt zur anderen geblinkt wurden.[12]

[12] Jean-François Champollion (1790–1832), französischer Archäologe, der aufgrund der dreisprachigen Inschrift des Steins von Rosette die ägyptischen Hieroglyphen entziffert hat.

KAPITEL 21

Unsere Daten weisen darauf hin, daß die Planeten einander umkreisende, benachbarte Welten sind. Wir können uns jetzt fast eine zukünftige Schwierigkeit vorstellen; nicht etwa, wie die Planeten zu erreichen wären, sondern wie man ihnen ausweicht. Besonders möchten wir Flieger vor Merkur warnen, einem wahren Rhinozeros am Himmel. Ich glaube, es war Mr. Whitmell, der diese Beobachtung machte. Ich möchte gern Andrew Barclays Meinung dazu hören. Und die von Captain Noble.

Wenn der Planet manchmal beinahe die Erde streift, wie es uns die großen Teleskope nicht verraten, die nur die Gedenksteine von Millionären sind, auf jeden Fall aber kaum mehr verraten als die kleinen Operngläser, die Burnham und Williams und Beer und Mädler einst benutzten – wenn der Planet regelmäßig der Erde sehr nahe kommt, und wenn Mars vielleicht eine Insel ist, die keine größere Landfläche hat als England, aber mit einiger Wahrscheinlichkeit besiedelt ist wie England –

19. Juni 1875 – Opposition des Mars.

Blitze, die am 25. Juni 1875 von Charles Gape aus Scole, Norfolk, am Himmel gesehen wurden (*English Mechanic*, 21-488). Der Herausgeber von *Symons' Meteorological Magazine* (siehe Bd. 10-116) war interessiert, schickte Mr. Gape einige Fragen und bekam zur Antwort, daß in den örtlichen Zeitungen nichts zum Thema erschienen sei, und daß man von keiner Darbietung von Feuerwerk wisse, die womöglich zur gleichen Zeit veranstaltet worden sei. Für Mr. Gape waren die Erscheinungen meteorischen Ursprungs.

Das Jahr 1877 – eine kritische Opposition des Mars.

Es gab einige Entdeckungen.

Wir haben uns manchmal gefragt, wie Astronomen ihre Nächte verbringen. Nach vielen seiner Schriften über das Thema zu urteilen, wußte Richard Proctor immerhin eine Menge über Whist. Das erklärt einiges. Aber im Jahre 1877 blickten zwei Astronomen zum Himmel hinauf, und einer von ihnen entdeckte die Monde des Mars, und der andere wies auf Linien auf der Marsoberfläche hin - und wenn die Monde des Mars allen Bewohnern dieser Erde über Jahrhunderte verborgen bleiben konnten - allen bis auf Dekan Swift[13], wie es scheint -, dann ist es kein Wunder, daß wir so respektvoll auf jede Intuition des Dekans hören und glauben, daß es Liliputaner oder Brobdingnagianer und andere Lebensformen gibt, auf die man nicht so ohne weiteres verfallen würde. Was unsere eigenen Daten angeht, so besitze ich eine erdrückende Zahl von Aufzeichnungen über signalähnliche Erscheinungen auf dem Mond im Jahre 1877, aber ich habe nur Anmerkungen zu einem einzigen vergleichbaren Vorfall, der mit dem Mars zu tun haben könnte. Das Ereignis entspricht denen vom 31. Juli 1813 und vom 19. Juni 1857.
5. September 1877 - Opposition des Mars.
7. September 1877 - über Bloomington, Indiana, erschienen Lichter am Himmel. Sie sollten angeblich meteorischen Ursprungs sein. Sie erschienen und verschwanden in Intervallen von drei oder vier Sekunden; dann war es mehrere Minuten dunkel; dann ein letzter Lichtblitz. Siehe *Scientific American*, 37-193.

***

Daß all die leuchtenden Objekte, die am Himmel gesehen werden, wenn Venus uns am nächsten ist, vielleicht gar nicht Venus sind und vielleicht auch keine Heißluftballons sind:
Im *Dundee Advertiser*, 22. Dezember 1882, heißt es, am 21. Dezember zwischen 10.00 Uhr und 11.00 Uhr habe ein Korrespondent in Broughty Ferry in Schottland nahe der Sonne und ein

[13] Jonathan Swift (1667–1745). Seit 1713 Dekan der St. Patrick's Kathedrale in Dublin. Autor der Satire Gullivers Reisen.

wenig darüber ein unbekanntes leuchtendes Objekt gesehen. Im *Advertiser* vom 25. Dezember ist ein Brief von jemand abgedruckt, der schreibt, dieses Objekt sei auch in Dundee zu sehen gewesen; daß es mit ziemlicher Sicherheit der Planet Venus und »nichts anderes« gewesen sei. In *Knowledge*, 2-489, wurde diese Geschichte von einem Autor erzählt, der sagt, das Objekt sei zweifellos Venus gewesen. Aber in *Knowledge*, 3-13, schreibt der Astronom J. E. Gore, daß das Objekt nicht Venus gewesen sein könne, die in Gerader Aufsteigung zu dieser Zeit 1h33m westlich der Sonne gestanden habe. Die Beobachtung wird in *L'Astronomie*, 1883-109, aufgegriffen. Hier heißt es, die Position von Merkur stimmte besser mit der angegebenen überein. Vernünftigerweise kann dieses Objekt nicht Merkur gewesen sein; mehrere Einwände sind in der Aussage zusammengefaßt, daß die obere Konjunktion Merkurs am 16. Dezember eingetreten war.

Am 3. Februar 1884 sah M. Staevert vom Observatorium in Brüssel auf der Scheibe der Venus einen extrem hellen Punkt (*Ciel et Terre*, 5-127). Neun Tage später sah Niesten einen Lichtpunkt genau wie diesen, aber in einiger Entfernung vom Planeten. Wenn niemand je gehört hätte, daß so etwas nicht sein darf, dann könnte man tatsächlich meinen, die beiden Beobachtungen beträfen etwas, das dabei beobachtet wurde, wie es den Planeten Venus verließ und sich dann weiterbewegte. Am 3. Juli 1884 wurde am Himmel über Norwood, New York, ein leuchtendes Objekt beobachtet, das sich langsam bewegte. Es bestand aus Teilen, die an etwas Gebautes denken ließen: eine Kugel von der Größe des Mondes, umgeben von einem Ring; zwei dunkle Linien, die den Kern kreuzten (*Science Monthly*, 2-136).

Am 26. Juli wurde eine leuchtende Kugel von der Größe des Mondes in Köln beobachtet; sie schien von der Erde aufzusteigen und blieb dann »ein paar Minuten« stationär. Schließlich stieg sie weiter, bis sie verschwand (*Nature*, 30-360).

Und in *English Mechanic*, 40-130, wird nicht gesagt, daß ein leuchtendes Fahrzeug, das von Venus aus losgesegelt war, im

Februar die Erde besuchte, wo es an mehreren Stellen gesehen wurde, wo es bei der Rückkehr zu seinem Planeten beobachtet wurde; aber es wird gesagt, daß ein Beobachter in Rochester, New York, am 17. August einen hell leuchtenden Punkt auf der Venus gesehen hatte.

KAPITEL 22

Die Explosionen über den Städten in Barisal im Ganges-Delta, wenn es denn Explosionen in der Luft waren, gingen weiter. Über eine dieser Detonationen, die im Mai 1874 zu hören waren, schreibt ein Autor in *Nature*, 53-197, sie schienen von droben zu kommen. Einen Bericht über die Kanonen von Barisal, die zwischen dem 28. April 1888 und dem 1. März 1889 zu hören waren, finden Sie in *Proceedings of the Asiatic Society of Bengal*, 1889-199.

Die Phänomene in Comrie gingen weiter. Das letzte Datum in Ropers *List of Earthquakes* ist der 8. April 1886, aber die Liste wurde ein paar Jahre später fortgeführt. Siehe *Knowledge*, 6-145 – eine Erschütterung und ein rumpelndes Geräusch am 12. Juli 1894 in Comrie – eine Wiederholung am gleichen Datum im folgenden Jahr. In *English Mechanic*, 74-155, sagt David Packer, am 17. September 1901 seien Blitze, die wie blaue Bänder aussahen und die keine normalen Blitze waren (ich denke an Birmingham) eine Stunde vor einem leichten Erdstoß in Schottland zu beobachten gewesen. Nach anderen Berichten ereignete sich das Beben in Comrie und Umgebung (Londoner *Times*, 19. September 1901).

Smithsonian Miscellaneous Collections, 37-Anhang, S. 71:

Nach L. Tennyson, dem Kompanieschreiber in Fort Klamath, Oregon, wurde die Garnison am 8. Januar 1867 bei Tageslicht aufgeschreckt, weil man etwas spürte, das man für ein Erdbeben hielt, und weil man ein Geräusch wie Donner hörte. Dann wurde es dunkel, und der Himmel war mit schwarzem Rauch oder Wolken bedeckt. Darauf fiel bräunliche Asche herunter – »so schnell, wie ich es noch nie habe schneien sehen«. Eine halbe Stunde später gab es eine weitere Erschütterung, die als »schrecklich« bezeichnet wurde. Niemand wurde verletzt, aber die Marketenderei wurde um neunzig Fuß versetzt, und die Vibrationen hielten mehrere Minuten an. Mr. Tennyson glaubte, irgendwo in der Nähe von Fort Klamath sei ein Vulkan ausgebrochen, weil in Richtung Klamath-Sümpfe eine dunkle Rauchsäule zu sehen war. Ich kann keine Angaben zu einem solchen Vulkanausbruch finden. Mr. W. D. Smith, der die Liste zusammenstellte, sagt zum Vorfall in Fort Klamath – »Wenn es eine Eruption war, wo fand sie dann statt?« Er fragt, ob es möglicherweise in Lassen Peak gewesen sein könnte. Aber Lassen Peak liegt in Kalifornien, und die Explosion am 8. Januar 1867 war so nahe an Fort Klamath, daß fast sofort danach Asche vom Himmel fiel.

Im folgenden werden Phänomene geschildert, die man für Beweise dafür halten könnte, daß auf einer unbekannten Welt in unserer Nähe Signale gegeben werden:

La Nature, 17-126 – daß am 17. Juni 1881 in Gabès in Tunesien Geräusche wie Kanonenschüsse zu hören waren, und daß man Erdstöße in Intervallen von 32 Sekunden spürte, die etwa 6 Minuten anhielten.

30. Juli 1883 – ein etwas erschreckendes Erlebnis – das Dampfschiff *Resolute* allein im Nordmeer – sechs Schläge wie von Kanonenschüssen – *Nature*, 53-295.

In *Nature*, 30-19, schreibt ein Korrespondent, am 3. Januar 1869 habe ein Polizist in Harlton, Cambridgeshire, sechs oder sieben Schüsse wie von weit entfernten schweren Kanonen gehört. Ich kann keine Angaben zu Erdbeben finden, die sich an diesem Tag in England ereignet hätten. In der Londoner *Times*, 12., 15. und 16. Januar 1869, schreiben mehrere Korrespondenten, sie hätten am 9. Januar an mehreren Orten in der Nähe von Colchester, Essex, etwa 30 Meilen von Harlton entfernt, einen lauten Schlag gehört und eine Erschütterung gespürt. Einer der Korrespondenten schreibt, er habe das Geräusch gehört, aber keine Erschütterung gespürt. Im Londoner *Standard*, 12. Januar, schreibt Reverend J. F. Bateman aus South Lopham, Norfolk, über dasselbe Ereignis – »Ein außergewöhnliches Beben (von meinen Gemeindemitgliedern verschiedentlich als ›ähnlich einer Schießpulverexplosion‹, ›ein schwerer Donnerschlag‹ und ›ein kleines Erdbeben‹ beschrieben) war an diesem Morgen um 11.20 Uhr hier zu spüren.« In der *Morning Post* vom 14. Januar heißt es, daß man in Orten, die zwanzig Meilen von Colchester entfernt waren, glaubte, am 9. habe eine Explosion stattgefunden, aber da man nichts über eine Explosion erfuhr, schrieb man das Ereignis einem Erdbeben zu. Der Abend des 13. Januar – eine Explosion am Himmel über Brighton (*Report of the British Association*, 1869-307). Im *Standard*, 22. Januar, schreibt ein Korrespondent aus Swaffham, Norfolk, am 15. Januar um 20.00 Uhr habe etwas von unbekannter Natur Schafherden verängstigt, die an verschiedenen Stellen in Panik aus den Pferchen gebrochen seien. Alle diese Ereignisse spielten sich in benachbarten Bezirken in Südengland ab. Etwas wurde am 13. Januar am Himmel gesehen, und nach dem *Chudleigh Weekly Express*, 13. Januar 1869, wurde am Abend des 10. Januar etwas am Himmel über Weston-super-Mare in der Nähe von Bristol im Südwesten Englands gesehen. Es wurde zwischen 21.00 Uhr und 22.00 Uhr beobachtet, und es soll ein außergewöhnlicher Meteor gewesen sein. Fünf Stunden später waren drei Erdstöße zu spüren, die dem Vernehmen nach Erdbeben waren.

Am Abend des 17. März 1871 gab es eine Reihe von Ereignissen in Frankreich und eine Serie in England. Ein »Meteor« wurde am 20.00 Uhr in Tours beobachtet – um 22.45 Uhr hinterließ ein »Meteor« eine leuchtende Wolke über Saintes (Charante-Inférieure) – ein weiterer um 23.15 Uhr in Paris hinterließ eine Spur am Himmel, die sich fünfzehn Minuten hielt – ein weiterer um 23.45 Uhr in Tours. Siehe *Les Mondes*, 24-190, und *Comptes Rendus*, 72-789. Es gab in dieser Nacht »Erdbeben«, die praktisch ganz England nördlich von Mersey und Trent erfaßten und einige südliche Teile Schottlands heimsuchten. Wie es oft der Fall war, hielt man diese Phänomene für Explosionen, und man bezeichnete sie später als Erdbeben, als man von keinen irdischen Explosionen erfahren konnte (*Symons'*

Meteorological Magazine, 6-39). In der Nähe von Manchester gab es zwischen 18.00 Uhr und 19.00 Uhr sechs Erschütterungen, und weitere Beben um 23.00 Uhr; in Lancashire um etwa 23.00 Uhr, und an anderen Orten, bis nach Liverpool und Newcastle, bis 23.30 Uhr. Die Erschütterungen, die um 23.00 Uhr zu spüren waren, fallen zeitlich mit den Leuchterscheinungen am Himmel über Frankreich zusammen, aber unsere Art darzustellen, daß diese sogenannten Erdbeben in England die Geräusche mehrerer Explosionen am Himmel gewesen sein könnten, ist der Hinweis auf Leserbriefe in der *Times*, nach denen es am 20. in der Gegend von Lancashire Phänomene am Himmel gab, die am 17. ihren Anfang genommen hätten – »Geräusche, die von vielen Kanonen in der Ferne zu kommen schienen«, sowie »helle Lichtblitze am Himmel«.

Ganz gleich, ob diese Serien von Phänomenen mit Mars oder Marsbewohnern in Verbindung gebracht werden können oder nicht, bemerken wir, daß im Jahre 1871 die Opposition des Mars am 19. März stattfand; im Jahre 1869 am 13. Februar; und 1867 zwei Tage nach den Explosionen von Fort Klamath. In unseren Aufzeichnungen in diesem Buch kann man ein ähnliches Zusammentreffen für das Jahr 1879 feststellen. Ich habe weitere solcher Angaben, die ich hier nicht veröffentliche, und andere, denen ich im folgenden nachgehen will.

In England gibt es ein dreieckiges Gebiet, umschrieben von drei Punkten, die so oft in unseren Daten auftauchen, daß die Region uns besonders im Gedächtnis bleiben sollte. Ich kenne sie selbst als das Londoner Dreieck. Es reicht im Norden bis Worcester und Hereford hinauf, im Süden nach Reading, Berkshire, und im Osten bis Colchester, Essex. Die Linie zwischen Colchester und Reading zieht sich durch London.

Am 18. Februar 1884 war in West Mersea in der Nähe von Colchester ein lauter Schlag zu hören (*Nature*, 53-4). Am 22. April 1884 gab es, mit dem Zentrum um Colchester, die schwersten Erdbeben, die im 19. Jahrhundert in England je registriert wurden. Eine mehrere Spalten lange Beschreibung finden Sie in der Londoner *Times* vom 23. April. Es gibt eine lange Liste

mit Städten, in denen beträchtliche Schäden angerichtet wurden: in 24 Pfarrbezirken in der Nähe von Colchester wurden 1250 Gebäude beschädigt. Einer der Orte, die am stärksten litten, war West Mersea (*Daily Chronicle*, 28. April.)
Etwas war da am Himmel. Nach G. P. Yeats (*Observations upon the Earthquake of Dec. 17, 1896*, S. 6) war zur Zeit der Erschütterung vom 22. April 1884 am Himmel über Colchester eine rote Erscheinung zu sehen.
Am nächsten Tag, so ein Autor in *Knowledge*, 5-336, fiel ein Stein vom Himmel und zerbrach das Glas in seinem Gewächshaus in Essex. Es war ein Quarzstein, ganz anders als alles, was sonst als meteorisches Gestein bezeichnet wird.
Nach meiner Interpretation der vorliegenden Daten und meinen Eindrücken von solchen mehrfachen Vorfällen wie denen in Fort Klamath, fand vielleicht am 18. Februar 1884 in der Nähe von Colchester eine Explosion am Himmel statt; daß am 22. April eine große Explosion über Colchester stattfand, und daß eine große Menge Schutt in nordwestlicher Richtung über England verstreut wurde - hinweg über Worcestershire und Shropshire und weiter bis Liverpool - Schutt, der die Luftfeuchtigkeit kondensieren ließ und als pechschwarzer Regen herunterkam. Vom Stonyhurst Observatory in der Nähe von Liverpool wurde berichtet, daß am 26. April um 11.00 Uhr die »schwärzeste Dunkelheit seit Menschengedenken« eingetreten sei; vierzig Minuten später sei ein »pechschwarzer Regen« gefallen, und danach schwarzer Schnee und schwarzer Hagel (*Nature*, 30-6). Schwarzer Hagel fiel in Chaigley, mehrere Meilen von Liverpool entfernt (*Stonyhurst Magazine*, 1-267). Fünf Stunden später fiel in Crowle in der Nähe von Worcester eine schwarze Substanz vom Himmel (*Nature*, 30-32). Am 28. kamen in Church Stretton und Much Wenlock, Shropshire, Ströme einer tintenähnlichen Flüssigkeit und Wasser von ähnlicher Färbung herunter (*The Field*, 3. Mai 1884). Im *Journal of the Royal Meteorological Society*, 11-7, heißt es, am 28. sei eine halbe Meile von Lilleshall in Shropshire entfernt eine unbekannte rosafarbene Substanz von einem Sturm zur Erde

gewaschen worden. Am 3. Mai fiel abermals eine schwarze Substanz in Crowle (*Nature*, 30-32).

In *Nature*, 30-216, schreibt ein Korrespondent, am 22. Juni 1884 habe es in Fletching, Sussex, eine tiefe Dunkelheit gegeben, und daß der Regen dann Rußflocken in solchen Massen herunterbrachte, daß es »schwarz zu schneien« schien. Dies geschah mehrere Monate nach dem Beben von Colchester, aber mein Hinweis, der mich glauben läßt, eine andere Explosion oder Störung irgendeiner Art sei an demselben örtlichen Himmel geschehen, liegt darin, daß nach Berichten von Bewohnern eines Hauses am 24. Juni in Colchester ein leichtes Beben zu spüren war, das andeutete, daß die Phänomene weitergingen. Siehe Ropers *List of Earthquakes*.

War nicht der laute Schlag, der am 18. Februar zu hören war, vermutlich eine Explosion am Himmel, insofern als das Geräusch laut und das Beben schwach war? Gab es nicht in der Folge nach Explosionen am Himmel Geräusche und Schläge und den Niederschlag von Trümmern, sicherlich am 22. April und vielleicht fortgesetzt bis zum 24. Juni? Unter welchen Umständen aber kann ein kleiner Teil der Erdoberfläche kontinuierlich in Beziehung zu irgend etwas irgendwo draußen im Raum stehen?

Comrie, Irkutsk und Birmingham.

KAPITEL 23

Um die Mitternacht des 13. Juli 1875 sahen zwei Offiziere der HMS *Coronation* im Golf von Siam einen leuchtenden Vorsprung am oberen Rand des Mondes (*Nature*, 12-495). Am 14. war die Erscheinung verschwunden, aber ein kleinerer Vorsprung war in einem anderen Teil der Mondscheibe zu erkennen. Dies geschah während der Opposition von Mars.
Am Abend des 20. Februar 1877 sah Monsieur Trouvelot vom Observatorium von Meudon im Mondkrater Eudoxus, der sich wie fast alle Quellen von möglichen Signalen im nordwestlichen Quadranten des Mondes befindet, eine dünne leuchtende Linie (*L'Astronomie*, 1885-212). Es war, als würde ein leuchtendes Kabel durch den Krater gezogen.
21. März 1877 - ein strahlendes Licht, nicht das der Sonne, war nach C. Barrett im Mondkrater Proclus zu sehen (*English Mechanic*, 25-89).
15. und 29. Mai 1877 - ein heller Fleck westlich von Picard (*English Mechanic*, 25-335).
Die Veränderungen auf Linné wurden zuerst von Schmidt im Jahre 1866 beobachtet, kurz vor der Opposition des Mars. Im Mai 1877 verkündete Dr. Klein, auf dem Mond sei ein neues Objekt entdeckt worden. Es war in der Nähe des Zentrums der sichtbaren Scheibe des Mondes, und es befand sich in einer Region, die von den Selenographen überaus gründlich studiert worden war. In *Observatory*, 2-238, finden wir Nelsons Bericht nach eigenen Notizen. Er hatte diesen Teil des Mondes in den Jahren 1874 und 1875 studiert, das neu entdeckte Objekt im Krater Hyginus, das Objekt Hyginus N, wie es die Selenographen in ihrer Sprache nannten, aber nicht gesehen. In *Astronomical Register*, 17-204, führt Nelson unter Angabe von Details

20 gründliche Untersuchungen dieser Region auf, die zwischen Juli 1870 und August 1875 stattfanden. Das auffällige Objekt wird nicht erwähnt.

14. Juni 1877 – ein Licht im dunklen Teil des Mondes, das einem Reflex eines sich bewegenden Spiegels ähnelt; berichtet von Prof. Henry Harrison (*Sidereal Messenger*, 3-150). 15. Juni – der helle Fleck westlich von Picard nach Birt (*Journal of the British Astronomical Association*, 19-376). Am 16. Juni dachte Professor Harrison, er sähe wiederum das sich bewegende Licht vom 14. Juni, das jetzt schwächer leuchtete. In *English Mechanic*, 25-432, schreibt Frank Dennett über eine Beobachtung vom 17. Juni 1877 – »Ich glaubte in der Dunkelheit, die Bessel erfüllte, einen winzigen Lichtpunkt zu entdecken«.

Es gibt Daten über außergewöhnliche Aktivitäten auf dem Mond, die der kritischen Opposition des Mars Anfang September 1877 vorausgingen.

Jetzt ein Bericht über ein Ereignis während einer Mondfinsternis:

Am Abend der Finsternis (27. August 1877) wurde um zehn Minuten vor elf eine Feuerkugel, offenbar in der Größe des Mondes beobachtet, die anscheinend von Wolke zu Wolke sprang. Das Licht fiel flackernd über die Straße (*Astronomical Register*, 1878-75).

Astronomical Register, 17-251:

13. November 1877 – Hyginus N sticht mit solcher Deutlichkeit hervor, daß er auf den ersten Blick zu sehen ist;

14. November 1877 – keine Spur von Hyginus N, obwohl die Sicht ausgezeichnet war;

3. Oktober 1878 – die bisher deutlichste Beobachtung von Hyginus N;

4. Oktober 1878 – keine Spur von Hyginus N.

Am Abend des 1. November 1879, abermals zur Zeit der Opposition des Mars (die am 12. November eintrat), war der helle Punkt westlich von Picard erneut zu sehen (*Journal of the British Astronomical Association*, 19-376). Aber mir liegen mehrere Angaben zu Beobachtungen dieser Erscheinung vor, die nicht aus Zeiten der Opposition des Mars stammen. Ob es nun eine Beziehung zu etwas anderem gibt oder nicht, am 1. November 1879 jedenfalls wurde um fünf Uhr morgens ein »lebhafter Blitz« in West Cumberland gesehen, und man spürte eine Erschütterung (*Nature*, 21-19).

Im Herbst des Jahres 1883 begannen außergewöhnliche atmosphärische Effekte am Himmel über unserer Erde. Professor John Haywoods Beschreibung ähnlicher Erscheinungen auf dem Mond am 4. November 1883 und am 29. März 1884 können Sie in *Sidereal Messenger*, 3-121, nachlesen. Es gab im dunklen Teil des Mondes dunstige Lichteffekte, die anders waren als der »Erdschein«. Wir meinen, daß der Mond der Erde so nahe ist, daß er möglicherweise von Effekten in der Erdatmosphäre beeinflußt wird.

Etwas wie ein weiteres leuchtendes Kabel oder eine glänzende Mauer wurde am 23. Januar 1880 von Trouvelot in Aristarchus beobachtet (*L'Astronomie*, 1885-215). Ein Lichtfleck in Marius am 13. Januar 1881 von A. S. Williams (*English Mechanic*, 32-494); unerklärliche Lichter in Eudoxus von Trouvelot am 4. Mai 1881 (*L'Astronomie*, 1885-213); eine Lichterscheinung in Kepler von Morales, 5. Februar 1884 (*L'Astronomie*, 9-149).

In *Knowledge*, 7-224, schreibt William Gray, er habe am 19. Februar 1885 in Herkules eine trübrote Erscheinung gesehen. In *L'Astronomie*, 1885-227, schreibt Lorenzo Kropp, ein Astronom aus Paysandu, Uruguay, er habe am 21. Februar 1885 in Cassini und nicht weit von Herkules, im nordwestlichen Quadranten des Mondes, eine Formation gesehen, einen rötlichen Rauch oder Dunst. Er hatte gehört, daß mehrere andere Personen dort keine neblige Erscheinung, sondern ein sternenähnliches Licht gesehen hatten, und am 22. hatte auch er ein klares Licht beobachtet, das leuchtete wie der Planet Saturn.

11. Mai 1885 – zwei Lichter auf dem Mond (*L'Astronomie*, 9-73).

11. Mai 1886 – zwei Lichter auf dem Mond (*L'Astronomie*, 6-312).

KAPITEL 24

Daß durch Linsen, eingerahmt von Horizonten, Bewohner der Erde Einblicke in andere Welten bekommen haben – daß atmosphärische Schichten verschiedener Dichte wie Linsen wirken – daß aber die Fehler in den großen Gläsern der Observatorien durch atmosphärische Offenbarungen derart verstärkt werden, daß alle unsere Daten Verzerrungen sind. Wir akzeptieren, daß jedes Spiegelbild eine Quelle hat; daß alle Poesie im menschlichen Bewußtsein auf Beobachtung basiert, und daß Bilder am Himmel ähnlich unschöpferisch sind. Wenn eine Luftspiegelung nicht auf etwas auf der Erde Bekanntes zurückgeführt werden kann, dann nimmt man an, daß sie entweder von etwas Unbekanntem auf dieser Erde stammt, oder daß sie von etwas Unbekanntem irgendwo außerhalb stammt. Wir werden Daten über eine Reihe von Spiegelungen in Schweden sehen oder über Erscheinungen am Ufer der Ostsee zwischen Oktober 1881 und Dezember 1888. Ich entnehme die meisten der Daten den Schriften *Nature*, *Knowledge*, *Cosmos* und *L'Astronomie*, die in jener Zeit veröffentlicht wurden. Ich habe keine Daten über solche Erscheinungen vor oder nach jenem Zeitraum in dieser Region: mir drängt sich die Annahme auf, daß es keine Spiegelbilder von irdischen Quellen waren, weil sie sonst nicht derart auf einen Zeitabschnitt festgelegt gewesen wären, sondern daß es Schatten oder Abbilder von etwas waren, das vorübergehend über der Ostsee und Schweden hing, und daß alle Details verzerrt und in Begriffen vertrauter irdischer Erscheinungen berichtet wurden.

10. Oktober 1881 – daß im pommerschen Rügenwalde das Bild eines Dorfs gesehen wurde; schneebedeckte Dächer, an denen Eiszapfen hingen; menschliche Gestalten waren deutlich zu

erkennen. Man glaubte, das Bild sei das Spiegelbild der Stadt Nexø auf der Insel Bornholm. Rügenwalde liegt an der Ostsee, und Nexø liegt etwa 100 Meilen nordwestlich in der Ostsee.

Der erste eindeutige Bericht, den ich über die Luftspiegelungen in Schweden finden kann, wurde am 29. Januar 1882 von *Nature* abgedruckt. Dort heißt es, daß vorausgegangene Fälle bereits Aufsehen erregt hatten – daß im Mai 1882 über dem Orsasee in Schweden Bilder eines Dampfschiffs gesehen wurden, und dann die Spiegelbilder von »mit Vegetation bedeckten Inseln«. Am Abend des 19. Mai 1883 waren am Ludyikasee in Schweden Lichtstrahlen zu sehen – sie sahen aus wie eine Darstellung eines Sees im Mondlicht, mit baumbestandenen Ufern und schwachen Umrissen von Bauernhöfen (*Monthly Weather Review*, Mai 1883). 28. Mai 1883 – in Finsbo, Schweden – Szenen, die in kurzen Abständen wechseln: Berge, Seen und Bauernhöfe. 16. Oktober 1884 – Lindsberg – eine große Stadt mit vierstöckigen Häusern, ein Schloß und ein See. 22. Mai 1885 – Gotland – eine von hohen Bergen umringte Stadt, ein großes Schiff vor der Stadt. 15. Juni 1885 – in der Nähe von Oxelösund – zwei hölzerne Inseln, eine Konstruktion auf einer von ihnen, und zwei Kriegsschiffe. Es wird berichtet, daß zu dieser Zeit zwei schwedische Kriegsschiffe auf See waren, sich aber in beträchtlicher Entfernung von Oxelösund befanden. 12. September 1885 – Valla – eine Darstellung, die als »bemerkenswerte Illusion« bezeichnet wird, die aber beschrieben wird, als hätte es sich bei den Erscheinungen um Wolkenformationen gehandelt – mehrere Warane, einer verwandelt sich in einen blasenden Wal, der andere in ein Krokodil – dann Wälder – Tänzer – eine hölzerne Insel mit Gebäuden und einem Park. 29. September 1885 – wieder in Valla – zwischen 20.00 Uhr und 21.00 Uhr; ein klarer Blick auf den nordwestlichen Horizont; eine Wolkenbank – Tiere, Gruppen von Tänzern und dann ein Park mit Wegen. 15. Juli 1888 – Hudiksvall – eine stürmische See und ein Schiff; ein kleines Boot legt vom Schiff ab. Am 8. Oktober 1888 wurde in Merexull, an der Ostsee, aber in Rußland gelegen, ein Spiegelbild einer Stadt gesehen, das sich eine

Stunde hielt. Es wird berichtet, daß man einige Gebäude erkannte, und daß die Spiegelung als St. Petersburg identifiziert wurde, das am Finnischen Meerbusen etwa 200 Meilen von der eigentlichen Ostsee entfernt liegt.

***

Daß eine große, wirklich vorhandene Masse, wahrscheinlich eine Landmasse, wenigstens vorübergehend über einem Punkt auf der Erdoberfläche hängen kann, nicht herunterfällt und unter normalen Umständen unsichtbar ist –

In *L'Astronomie*, 1887-426, veröffentlichten die Herren Codde und Payan, beide Astronomen, die für ihre konventionellen Beobachtungen und Schriften bekannt waren, Berichte über einen unbekannten Körper, der nach der Finsternis vom 19. August 1887 zwanzig oder dreißig Sekunden lang am Rand der Sonnenscheibe erschien. Sie sahen einen runden Körper, nach der Zeichnung, die abgedruckt wurde, etwa ein Zehntel so groß wie der scheinbare Durchmesser der Sonne. In *L'Astronomie* schreiben die Beobachter unabhängig voneinander, und in Marseille machten sie ihre Beobachtungen in einiger Entfernung voneinander. Aber der unbekannte Körper wurde am gleichen Punkt der Sonnenscheibe gesehen. Deshalb nimmt man an, daß es sich nicht um einen Ballon oder um eine runde Wolke oder um sonst etwas gehandelt haben kann, das der Erde sehr nahe war. Aber viele Astronomen in anderen Teilen Europas beobachteten die Finsternis, und es scheint akzeptabel, daß außer den beiden auch andere nach der Eklipse mit ihren Beobachtungen fortfuhren; aber von nirgends sonst kam ein Bericht über dieses Objekt, so daß alles darauf hinweist, daß es weit von der Sonne entfernt und Marseille nahe war, aber weiter entfernt, als es Wolken oder Ballone sonst am Himmel über diesem Ort sind. Ich kann keine Zeichnung anfertigen, die all diese Umstände berücksichtigt, außer wenn ich annehme, daß die Sonne nur ein paar tausend Meilen entfernt ist.

***

Wenn kleine schwarze Steine im Verlauf von elf Jahren viermal auf einen Punkt der Erde niedergehen und sonst nirgends fallen, dann halten wir uns, wenn wir uns einen stationären Ursprung irgendwo über einer stationären Erde vorstellen, wenigstens an die vorliegenden Daten, und ob wir nun fanatisch sind oder nicht, so gehören wir doch auf keinen Fall zu den Verfechtern einer stationären Erde, denen Moses wichtiger ist als Daten. Womit ich aber durchaus nicht gesagt haben will, daß wir nicht manchmal große Bewunderer von Moses wären.
Der Fels, der am Himmel über Serbien hing –
Am 13. Oktober 1872 fiel in der Nähe der Stadt Soko-Banja ein Stein vom Himmel auf die Erde. Wenn es nicht ein besonderer Stein gewesen wäre, hätte dieses Faktum freilich keine besondere Beweiskraft. Es heißt, es sei ein unbekannter Stein gewesen. Ein Name wurde für ihn gefunden. Nach der Stadt, in deren Nähe er fiel, wurde der Stein *Banjit* genannt.
Siebzehn Jahre später (1. Dezember 1889) fiel in Serbien in der Nähe von Jelica ein weiterer *Banjit*-Stein vom Himmel.
Meuniers Bericht über diese Steine finden Sie in *L'Astronomie*, 1890-272, und in *Comptes Rendus*, 92-331. Siehe auch *La Nature*, 1881-1-192. Meunier zufolge sind die Steine wirklich vom Himmel gefallen; dieses Gestein ist auf der Erde nicht heimisch; nirgends sonst sind solche Steine vom Himmel gefallen; ihr Material ist identisch; sie fielen im Abstand von siebzehn Jahren.

***

Bisweilen, wenn wir über diese unsere Arbeit mit Wohlgefallen nachdenken, erkennen wir, daß in ihr ein Übel der modernen Spezialisierung aufs Korn genommen wird. Ein Seismologe studiert Erdbeben, und ein Astronom studiert Meteore; keiner der beiden studiert gleichzeitig Erdbeben und Meteore, und folglich sieht keiner, da beide nichts über die vom anderen gesammelten Daten wissen, einen Zusammenhang zwischen beiden Phänomenen. Die Behandlung des Ereignisses vom 1. Dezember 1889 in Serbien ist ein Beispiel für die konventionellen

wissenschaftlichen Versuche, etwas zu verstehen, indem man sich getrennt oder speziell auf verschiedene Aspekte konzentriert und diese nicht zu einem umfassenden Konzept vereint. Meunier schreibt nur über die Steine, die vom Himmel fielen, und erwähnt kein Erdbeben zu jener Zeit. Milne führt das Ereignis in seinem *Catalogue of Destructive Earthquakes* als Erdbeben auf und erwähnt nicht die Steine, die vom Himmel fielen. Alle Kombinationen beeinflussen nachhaltig den Charakter der Komponenten: in unserer Kombination der beiden Aspekte sehen wir, daß das Phänomen kein Erdbeben war, wie man Erdbeben normalerweise versteht, sondern möglicherweise ein meteorisches Phänomen; aber es war nach den gewöhnlichen Vorstellungen von Meteoren auch kein meteorisches Phänomen, weil es unwahrscheinlich ist, daß Meteore identischer Zusammensetzung im Abstand von siebzehn Jahren am selben Ort auf der Erde und nirgends sonst niedergehen.
Dieses Ereignis war natürlich eine Explosion am Himmel, deren Erschütterungen sich bis in die Erde drunten fortsetzten und zu allen Effekten führten, die man sonst von Erdbeben kennt. In unserer anfänglichen Verwirrung über die Daten aus dem ersten Viertel des Jahrhunderts wurde uns diese Kombination und ihre konventionelle Fehlinterpretation bewußt: daß viele Schläge, die von Explosionen am Himmel verursacht wurden, als unterirdische Erdbeben in die Aufzeichnungen eingegangen sind. Wir sind mit unseren Daten über das 19. Jahrhundert ein Stück weitergekommen und stoßen nun auf die Tatsache, daß auch anderen diese Unterscheidung bewußt war. Am 20. November 1887 um 8.20 Uhr hörte und sah man etwas, das in vielen Gemeinden in der Region, die wir das Londoner Dreieck nennen, als Erdbeben registriert wurde, obwohl man in manchen Orten glaubte, es habe sich um eine große Explosion, vielleicht in London, gehandelt. Es wurde auch aus Reading und von vier Städten in der Nähe von Reading gemeldet, wo der Schlag am heftigsten war. Dort gab es mehrere Berichte über eine leichte Unruhe von Schafherden. Diese Tiere reagieren auf Meteoreinschläge und Erdbeben besonders

empfindlich. Aber in *Symons' Meteorological Magazine* schrieb Mr. H. G. Fordham, das Ereignis sei kein Erdbeben gewesen; daß ein Meteor explodiert sei. Er hatte sehr wenig, auf das er seine Meinung gründen konnte: Unter Dutzenden von Schilderungen konnte er nur auf zwei Beobachter zurückgreifen, die etwas am Himmel gesehen hatten. Da das Geräusch aber viel auffälliger war als die Erschütterung, kam Mr. Fordham dennoch zu seiner Schlußfolgerung.

In *Symons' Meteorological Magazine*, 23-154, schreibt Dr. R. H. Wake, am Abend des 3. November 1888 seien im Thames Valley in der Nähe von Reading in einer etwa vier Meilen breiten und zehn bis fünfzehn Meilen langen Zone aufgeschreckte Schafe in panischer Flucht aus ihren Pferchen gestürmt. Etwa ein Jahr später gab es in den Chiltern Hills, die sich vom Thames Valley aus in nordöstlicher Richtung erstrecken, in der Nähe von Reading abermals ein ähnliches Ereignis. Im Londoner *Standard* vom 7. November 1889 schreibt Reverend J. Ross Barker aus Chesham, einer 25 Meilen nordöstlich von Reading gelegenen Stadt, am 25. Oktober 1889 seien viele Schafherden in einer etwa 30 Quadratmeilen großen Region gleichzeitig aus ihren Hürden gebrochen. Mr. Barker fragt, ob jemand von einem Meteor oder einem Erdbeben zu dieser Zeit wisse. In Band 24 von *Symons' Meteorological Magazine* akzeptiert Mr. Symons, daß diese drei Phänomene allesamt Folgen meteorischer Explosionen am Himmel waren. Die Phänomene sind im Vergleich zu einigen, über die wir bereits sprachen, unbedeutend: die Bedeutung liegt in dieser klaren Anerkennung in orthodoxen Kreisen, daß manche vermeintlichen Erdbeben oder die Effekte angeblicher Erdbeben Reaktionen auf Explosionen am Himmel sind.

KAPITEL 25

Explodierende Klöster, die Wolken von Mönchen zusammen mit ähnlich entwurzelten, stürmischen Nonnen in wirbelsturmähnlichen Formationen fortkatapultieren - oder einstürzende Klöster - manchmal langsam zerbröckelnde Verliese der Eingesperrten - die uns als Beispiel für alle Dinge dienen sollen: daß jede Entwicklung einen Prozeß des Einmauerns hinter Hüllen einschließt, die erst zerbrechen müssen. Es gab auch einmal eine Hülle um die Vereinigten Staaten. Die Hülle zerbrach. Ein paar andere Dinge wurden zerstört.

Die Doktrin der großen Entfernungen zwischen Himmelskörpern und die von einer sich bewegenden Erde sind die stärksten Elemente des Exklusionismus: die bloße Idee, durch Millionen Meilen getrennt zu sein, verbietet jeden Wunsch, mit anderen Welten zu kommunizieren; und die bloße Vorstellung, daß die Erde mit einer Geschwindigkeit von 19 Meilen pro Sekunde durch den Weltraum rast, setzt allen Spekulationen ein Ende, man könne sie verlassen und wieder zurückkehren. Aber wenn diese beiden Konventionen Elemente des Einmauerns sind, ähnlich einem Küken in seiner Eierschale oder den Vereinigten Staaten in ihren Grenzen, und wenn sämtliche embryonischen Einengungen eines Tages gesprengt werden, dann soll unsere Prophezeiung in den vagen Begriffen aller erfolgreichen Prophezeiungen lauten, daß ein gereifter Blick auf astronomische Phänomene wie ein Blick vom Scherbenhaufen zerbrochener Beweisführungen sein wird.

Es geht uns nun um die Funktion der Isolation für die Entwicklung. Im Grunde ist es nicht unsere eigene Ansicht, weil ich glaube, daß wir sie von den Biologen übernommen haben, aber wir wollen sie allgemein anwenden. Wenn wir das akzeptieren können, dann stellen wir uns vor, daß die Astronomen ihrer Funktion entsprechend gelehrt haben, daß die Planeten Millionen Meilen entfernt sind, und daß sich die Erde mit so phantastischer Geschwindigkeit bewegt, daß sie vor Tempo gleichsam eingekapselt ist. Ob die Isolation nun funktioniert oder nicht, die Tatsache, daß zusammenbrechende Exklusionen typisch für alle Entwicklungen sind, wird uns durch die Daten über alle wachsenden Dinge nahegelegt, beginnend mit den aristokratischen Samen, die sich die Freiheit nehmen, mit niedrigen und armseligen Stoffen den Verkehr aufzunehmen, weil sie sonst sterben müssen. Alle tierischen Organismen sind zunächst abgekapselt. Für das Leben der Menschen gilt das gleiche. Die Entwicklung jeder Wissenschaft war eine Serie vorübergehender Ausschlüsse, und die Geschichte jeder Industrie ist voller Erfindungen, die anfangs auf Widerstand trafen, aber schließlich doch zugelassen wurden.

Anfang des neunzehnten Jahrhunderts veröffentlichte Hegel seine Beweisführung, daß es nur sieben Planeten geben könne: Als er von Ceres' Entdeckung erfuhr, war es zu spät, das Werk zurückzurufen. Wir sind der Ansicht, daß Hegels geistiger Zustand Ausdruck des Zeitgeistes und daß dies notwendig war oder funktionierte, weil frühere Astronomen ihre Doktrinen kaum hätten systematisieren können, wenn sie von sieben- oder achthundert planetarischen Körpern verwirrt worden wären; und daß die Astronomen, abgesehen von ihrer Funktion, unserer Ansicht nach nützlich waren, als es darum ging, die Mauern der älteren, überholten Orthodoxie niederzureißen. Wir glauben, es sei gut, Kindern eine Vielzahl von Erfahrungen vorzuenthalten, so daß sie, zumindest in jungen Jahren, beispielsweise sexuell isoliert sind. Unsere Vorstellung ist, daß unsere Daten nicht von einer ausgemachten Verschwörung unterdrückt wurden, sondern aufgrund einer Hemmung, die jener ähnlich ist, die uns beispielsweise davon absehen läßt, unsere Kinder einen großen Teil der Biologie zu lehren. Aber wenn wir an etwas in dieser Art denken, dann ist es gleichermaßen akzeptabel, daß die Daten trotz aller orthodoxen Prinzipien in orthodoxen Publikationen aufbewahrt wurden, und daß sie trotz angeblicher Prinzipien wie denen des Darwinismus überleben konnten, weil sie allgemein angewendet wurden, obwohl sie sich nicht in Harmonie mit ihrer Umgebung befanden.

Tonnen von Papier sind für Berechnungen der großen Entfernung von Sternen und Planeten verbraucht worden. Aber ich finde nichts, was berechnet oder gesagt wurde, das klüger klänge als Mr. Shaws Bestimmung, daß der Mond 37 Meilen entfernt sei. Es ist, als seien die Vogels und die Struves und Newcombs funktionell hypnotisiert worden und hätten die nützliche embryonische Illusion verbreitet, daß es um diese Erde einen weiten, unüberbrückbaren Weltraum gebe, oder sie haben sich auf etwas bezogen, das ich unglücklicherweise bisher nicht habe finden können, oder es gibt keine angenehme, von Vorwürfen freie Art und Weise, ihre Gedanken zu erklären.

10. April 1874 – ein leuchtendes Objekt explodierte am Himmel über Kuttenberg in Böhmen. Es wird berichtet, das Strahlen sei hell wie das Sonnenlicht gewesen, und daß auf den »schrecklichen Blitz« eine Detonation folgte, die etwa eine Minute lang grollte. 9. April 1876 – eine Explosion, dem Vernehmen nach heftig, über der Stadt Rosenau in Ungarn. Siehe *Report of the British Association*, 1877-147.

Diese beiden Objekte, die praktisch in der gleichen Region des Himmels über der Erde erschienen – die Explosionsorte sind 250 Meilen voneinander entfernt – kamen buchstäblich vom gleichen Punkt am Himmel: vom Sternbild der Cassiopeia; die Abweichung betrug in Gerader Aufsteigung zwei Grad, die Deklination unterscheidet sich überhaupt nicht. Es war etwa zur gleichen Zeit am Abend: ein Ereignis um 20.09 Uhr, das zweite um 20.20 Uhr. Nach außerirdischen Kalendern war es der gleiche Tag – das Jahr 1876 war ein Schaltjahr.

Wenn es gewöhnliche Meteore gewesen wären, dann müßten zufällig zwei Meteore aus dem gleichen Strom im Abstand von exakt zwei Jahren von fast dem gleichen Punkt am Himmel gekommen sein und fast den gleichen Punkt auf der Erde getroffen haben. Dies waren nur zwei der außergewöhnlichsten Ereignisse in den Unterlagen über Explosionen am Himmel. Die Zufälle müßten sich vervielfachen, oder diese Objekte kamen vom nicht weit entfernten Sternbild Cassiopeia, und die Tatsache, daß sie so dicht nebeneinander einschlugen, ist ein Hinweis darauf, daß die Erde stationär ist; und man könnte sogar an eine Absicht denken. In der Abfolge mit diesen Ereignissen verwandt oder ein Beispiel für weitere Zufälle ist die gewaltige Explosion, die am 9. Juni 1866 am Himmel über Knysahinya, Ungarn, stattgefunden hatte, bei der etwa tausend Steine vom Himmel gefallen waren (*Report of the British Association*, 1867-430.) Rosenau und Knyasahinya sind 75 Meilen voneinander entfernt. Natürlich kann man unsere hier umschriebenen unbedeutenden Ansichten stark ausweiten und sich vorstellen, daß von jenseits der Sterne Geschosse auf uns abgefeuert werden, genau wie man sich vorstellen kann, daß unsere unbekannten Länder nicht unmittelbar über Serbien oder Birmingham oder Comrie am Himmel stehen, sondern jenseits der benachbarten Sterne, und man mag alles, was wir reduzierten, noch weiter reduzieren - aber das Werfen von Steinen auf die Erde scheint mir doch etwas unhöflich. Natürlich sind auch Objekte oder Fragmente von Objekten aus Stahl gleich dem, der auf der Erde hergestellt wird, auf die Erde gefallen und befinden sich jetzt in Sammlungen von »Meteoriten«. Es gibt in einem Buch, das heute schwer zu bekommen ist, weil es nicht neben *Comptes Rendus*, *English Mechanic*, oder *L'Astronomie* in den Regalen steht, eine Geschichte über Steintafeln, die einmal auf die Erde geworfen wurden. Es mag sein, daß Bewohner der Erde seither immer wieder Instruktionen bekommen, aber die eingeritzten Schriften kamen stark beschädigt hier an.

Mir liegen Daten über sich wiederholende Erscheinungen vor, die angeblich »Nordlichter« an einem örtlichen Himmel waren. Wenn es Nordlichter waren, dann fordern die Wiederholungen in regelmäßigen Abständen und an den gleichen Orten die entschlossensten der Erklärer heraus. Wenn sie extra-mundanen

Ursprungs sind, dann sind sie ein Hinweis darauf, daß die Erde stationär ist. Die Regelmäßigkeit läßt an Signale denken. Beispielsweise – ein Licht am Himmel über Lyons im US-Staat New York am 9. Dezember 1891, am 5. Januar, am 2. Februar, am 29. Februar, am 27. März, am 23. April 1892. In *Scientific American*, 7. Mai 1892, schreibt Dr. M. A. Veeder, vom 9. Dezember 1891 bis zum 23. April 1892 sei in jeder 27. Nacht am Himmel über Lyons ein helles Licht zu sehen gewesen, das er als »Nordlicht« bezeichnet. Er bringt das Licht mit der synodischen Periode der Sonne in Verbindung und sagt, an den Tagen vor und nach den nächtlichen Schauspielen habe es jeweils Störungen in der Sonne gegeben. Wie eine Störung der Sonne sich des Nachts auf so kleinem Raum in Lyons, New York, niederschlagen konnte, vermochte freilich niemand zu erklären. In *Nature*, 46-29, bringt Dr. Veeder das Phänomen mit der synodischen Periode der Sonne in Verbindung, sagt aber, die Periode betrage 27 Tage, 6 Stunden und 47 Minuten und bemerkt, daß diese Periode nicht zu den Phänomenen von Lyons paßt, weil sich in der Zeit, die seine Aufzeichnungen umfaßt, eine Abweichung von mehr als einem Tag ergeben habe. Diese präzise Bestimmung ist ein Beispiel für die »exakte Wissenschaft«, die manche von uns vor der Bildung in eine Höhle fliehen läßt. Verschiedene Teile der Sonne bewegen sich mit unterschiedlicher Geschwindigkeit: ich habe von Sonnenflecken gehört, die diagonal über die Sonne zogen.

In *Nature*, 15-451, schreibt ein Korrespondent, er habe um 20.55 Uhr im Sternbild der Schlange, wo er noch nie eine solche Erscheinung beobachtet hatte, einen großen roten Stern gesehen – Gunnersbury, 17. März 1877. Zehn Minuten später wurde das Objekt mehrmals größer und wieder kleiner, es blinkte wie das sich drehende Licht eines Leuchtturms, dann verschwand es. Der Korrespondent schreibt weiter, um etwa 22.00 Uhr habe er einen großen Meteor gesehen. Er deutet keine Beziehung zwischen den beiden Erscheinungen an, aber es mag eine Beziehung gegeben haben, und es mag ein Hinweis auf etwas sein, das mindestens eine Stunde lang stationär über

Gunnersbury verharrte, weil das Objekt, das angeblich ein »Meteor« war, zuerst in Gunnersbury bemerkt wurde. In *Observatory*, 1-20, schreibt Captain Tupman, um 21.57 Uhr sei in Frome, Tetbury, und Gunnersbury ein großer Meteor gesehen worden. Das rote Objekt stand vielleicht gar nicht am örtlichen Himmel über Gunnersbury; vielleicht befand es sich im Sternbild der Schlange, unsichtbar für den Rest der Welt.

Es gibt eine große Zahl von Aufzeichnungen über »Meteore«, die - mit keiner oder nur geringer Parallaxe oder mit einer kleinen Parallaxe, die man damit erklären kann, daß die Beobachtungen nicht exakt gleichzeitig stattfanden - beobachtet wurden, wie sie scheinbar von einem Stern oder einem Planeten kamen, und die vielleicht wirklich von diesen Orten gekommen sind, was darauf hinweist, daß diese nicht weit entfernt sein können.

Nehmen wir etwa den *Report of the British Association*, 1879-77 - der große Meteor vom 5. September 1868. In Zürich konnte man beobachten, daß er von einem Punkt in der Nähe Jupiters zu kommen schien. In Tremont in Frankreich lagen der Ausgangspunkt und Jupiter so eng beisammen, daß man das Objekt und den Planeten aus dem gleichen Blickwinkel sehen konnte; in Bergamo, Italien, wurde das Objekt fünf oder sechs Grad von Jupiter entfernt ausgemacht. Zürich liegt etwa 140 Meilen von Bergamo entfernt, Tremont ist weiter von diesen beiden Orten entfernt.

Wir haben also Daten, die darauf hinweisen, daß Objekte von Planeten oder von Sternen auf die Erde gekommen sind, was unsere Idee unterstützt, daß die entferntesten Planeten nicht einmal so weit von der Erde entfernt sind, wie es nach konventionellen Vorstellungen der Mond sein soll; und daß die Sterne, die alle gleich weit von der Erde entfernt sind, von der Erde aus aufgesucht werden können.

Man bemerkt, daß ich immer den Schluß ziehe, daß der Ursprung von Phänomenen, die sich am örtlichen Himmel auf der Erde wiederholen, auf einen stationären Ort über einer stationären Erde zurückzuführen ist. Wir haben Hinweise auf diesen

stationären Ort über der Erde, aber wir können uns vorstellen, daß dieser stationäre Ort – eine Insel im Raum, eine fremde Küste, was auch immer – die Erde in ihrer Drehung und Kreisbahn um die Sonne begleitet. Wir akzeptieren, daß wir nicht viel über die Gravitation wissen; daß die Schwerkraftastronomie ein Mythos ist; daß Anziehungskraft nur ein paar Meilen um die Erde herum denkbar ist; wenn ich mir etwas vorstellen kann, das ohne Stützen im Raum hängt, dann stelle ich mir immer eine Insel vor, die, sagen wir, über Birmingham oder Irkutsk oder Comrie hängt, die aber aufgrund der Zentrifugalkraft einer rotierenden Erde rasch fortfliegen würde oder die auf der rasenden Bahn um die Sonne bald zurückbleiben würde. Dennoch bleibt hier genug Raum für Diskussionen. Aber wenn wir zu anderen Arten von Daten kommen, dann finde ich, daß alles auf die Erklärung hinausläuft, daß die Erde stationär ist. Aber das Thema ist anscheinend tabu. Man darf nicht glauben, daß die Erde stationär ist. Man darf nicht nachforschen. Über dieses Thema anders nachzudenken, als einem gesagt wird, ist oder gilt anscheinend als gottlos.
Aber wie kann man eine Erde erklären, die sich bewegt?
Indem man sich vorstellt, daß etwas sie in Bewegung setzte, aber nichts sie je aufgehalten hat.
Eine Erde, die sich nicht bewegt?
Daß nichts sie je in Bewegung setzte.
Wieder ein Sakrileg.

KAPITEL 26

Wenn ein Grashüpfer auf eine Kanonenkugel hüpfen könnte, die über ihm vorbeifliegt, dann könnte ich mir vielleicht vorstellen, wie etwas vom Weltraum aus auf eine sich bewegende Erde huscht, sich dort eine Weile umsieht und wieder davonhüpft.

Aber ich glaube, wir müssen akzeptieren, daß es relativ zum Planeten Venus genau solche Fälle von Unternehmungslust und Beweglichkeit gegeben hat. Unabhängig von unserer Annahme, daß möglicherweise manchmal ein Schiff von der Venus zur Erde und wieder zurück segelt, gibt es verblüffende Daten, die, ob man es sich nun vorstellen kann oder nicht, darauf hinweisen, daß leuchtende Objekte von irgendwo erschienen, wahrscheinlich aus dem Weltraum, und die beobachtet wurden, wie sie eine Weile unbeweglich über dem Planeten Venus hingen. Dies stimmt mit unseren Hinweisen dafür überein, daß es Regionen am Himmel gibt, die nahe über der Erde schweben.

Es sieht allerdings schlecht aus für unsere Annahme, daß die Erde stationär sei, aber es ist eher die angenommene Rotation der Erde als die angenommene Umlaufbewegung, die solche benachbarten Körper unserer Meinung nach abschütteln würde; und alle Astronomen, bis auf jene, die sagen, daß Venus sich einmal in 24 Stunden um ihre Achse dreht, sagen, daß Venus sich einmal in 224 Tagen um ihre Achse dreht; eine Geschwindigkeit, die keine große Zentrifugalkraft hervorbringen würde.

Mir liegt eine Anmerkung über den Weg einer bestimmten Leuchterscheinung vor, die sich auf Saturn zubewegte. In *English Mechanic*, 63-496, schreibt ein Korrespondent, am 13. Juli 1896 habe er durch sein Teleskop von 22.00 Uhr bis nach 23.15 Uhr, wonach der Planet zu nahe am Horizont war, als daß man ihn weiter hätte beobachten können, in der Nähe Saturns ein sich bewegendes leuchtendes Objekt gesehen. Er sah es an mehreren kleinen Sternen vorbeiziehen. »Es bewegte sich gewiß mit guter Geschwindigkeit in Richtung Saturn.« Es mag Mauersegler am Himmel geben, die auf einem Planeten landen können. Wenn sie auf eine Erde zu und von einer Erde forthuschen können, die sich mit einer Geschwindigkeit von 19 Meilen in der Sekunde bewegt, die Rotation nicht berücksichtigt, weil man sich einen Eintritt an den Polen vorstellen kann, nun, dann können kleinere Dinge in der Tat auf Kanonenkugeln reiten. Wenn natürlich alle unsere Daten akzeptiert werden, die darauf hinweisen, daß das angebliche Sonnensystem oder das Geosystem weitaus kleiner ist, als uns die Konvention lehrt, dann muß die Umlaufgeschwindigkeit der Venus niedriger angesetzt werden.

31. August 1873 - Brüssel; 20.00 Uhr - es wurde beobachtet, wie ein sternenähnliches Objekt über den Horizont in den klaren Himmel stieg. Es stieg höher und höher, bis es etwa zehn Minuten später verschwand (*La Nature*, 1873-239). Es scheint, dieses auffällige Objekt erschien an einem örtlichen Himmel und war deshalb nicht weit von der Erde entfernt. Wenn es kein Heißluftballon war, dann kann man annehmen, daß es aus dem Weltraum kam und dorthin zurückkehrte.

Vielleicht ein Ding, ähnlich dem, das den Mond besucht hat und dann wieder fortgesegelt ist - im *Astronomical Register*, 23-205, schreibt Professor Schafarik aus Prag, er habe am 24. April 1874 ein »Objekt von so eigenartiger Natur gesehen, daß ich nicht weiß, was ich davon halten soll«. Er sah ein grellweißes Objekt, das langsam an der Scheibe des Mondes vorbeizog. Er hatte nicht gesehen, wie es sich dem Mond näherte. Er beobachtete es, nachdem es den Mond verlassen hatte. 27. September 1881 - Südafrika - ein Objekt wurde von Colonel Markwick in der Nähe des Mondes beobachtet - wie ein Komet, aber sich schnell bewegend (*Journal of the Liverpool Astronomical Society*, 7-117).

Unser Hauptinteresse gilt Objekten, die wie Schiffe an der sich bewegenden Erde »anlegten« und dabei eine Beweglichkeit zeigten, die der eines Kolumbus gleichkommt, der San Salvador ausweicht und vor einer amerikanischen Küste Anker wirft, die mit einer Geschwindigkeit von 19 Meilen in der Sekunde an ihm vorbeirast, oder es gilt Objekten, die so nahe gekommen sind wie atmosphärische Ereignisse, oder unbekannten Bedingungen, die es erlauben, auf den Grund einer Art stationärer See zu tauchen. Wir erheben Captain Noble nun in die Schar der Extra-Geographen. In *Knowledge*, 4-173, schreibt Captain Noble, er habe am Abend des 28. August 1883 um 22.35 Uhr am Himmel etwas »wie einen neuen, hell strahlenden Kometen« gesehen. Zuerst sah er etwas wie den Schweif eines Kometen, der nach des Captains Zeichnung in *Knowledge* aber auch ein Suchscheinwerfer gewesen sein könnte. Dann sah Captain Noble den Kern, aus dem das Licht drang. Es war ein hell leuchtendes Objekt. Auf Seite 207 schreibt W. K. Bradgate, er habe am 29. August um 0.40 Uhr in Liverpool ein Objekt wie den Planeten Jupiter gesehen, von dem ein Lichtstrahl ausging. An den Abenden des 11. und 13. September sah Prof. Swift in Rochester, New York, ein unbekanntes Objekt wie einen Kometen, vielleicht am lokalen Himmel über Rochester, weil es von nirgends sonst gemeldet wurde (*Observatory*, 6-345). In *Knowledge*, 4-219, schreibt Mrs. Harbin, sie habe am Abend des 21. September in Yeovil das gleiche helle Suchlicht beobachtet wie Captain Noble, es sei aber verschwunden, ehe sie ihr Teleskop habe darauf richten können. Mehrere Monate später (November 1883) wurde ein ähnliches Objekt gesichtet, und zwar offenbar nicht weit entfernt, sondern am Himmel über Puerto Rico und dann in Ohio (*American Meteorological Journal*, 1-110, und *Scientific American*, 50-40, 97).

Es mag besser sein, an dieser Stelle zu verschweigen, daß wir Daten haben, die uns denken lassen, daß ein Raumschiff mit einer Art Suchscheinwerfer die Erde besucht und mehrere Monate lang Regionen, die so weit voneinander entfernt sind wie England und Puerto Rico, erforscht hat. Im Augenblick soll es genügen festzuhalten, daß etwas, das höchstwahrscheinlich kein Heißluftballon war, am Himmel über England erschien, der Erde nahe, wenn es nirgends sonst beobachtet wurde, und in zwei Stunden die Entfernung von etwa 200 Meilen zwischen Sussex und Liverpool zurücklegte.

22. August 1885 – Saigon, Kotschinchina – nach Lieutenant Réveillère vom Schiff *Guiberteau* – ein Objekt wie ein prächtiger roter Stern, aber größer als der Planet Venus – es bewegte sich nicht schneller als eine Wolke bei mäßigem Wind; es wurde 7 oder 8 Minuten lang beobachtet, dann verschwand es hinter Wolken (*Comptes Rendus*, 101-680).

In diesem Buch bemühe ich mich verzweifelt, das Thema der stationären Erde hintanzustellen. Mein Thema ist das Neuland – Dinge, Objekte, Wesen, die die Daten kommender Weiterungen sind oder sein können –

Aber die Frage der stationären Position der Erde kann anderen nicht untergeordnet werden. Sie ist von entscheidender Bedeutung.

Um es noch einmal zu sagen – es ist sinnlos, mögliche Forschungsreisen außerhalb der Erde zu diskutieren, wenn sich die Erde mit einer Geschwindigkeit von 19 Meilen in der Sekunde oder 19 Meilen in der Minute bewegt.

Was Reisende angeht, die womöglich von anderen Planeten auf die Erde oder nahe an sie heran kommen – wie sollten sie rasch dahinziehende Planeten verlassen und wieder zu ihnen zurückkehren? Nach unseren Prinzipien der Extra-Geographie bewegen sich die Planeten einen Teil der Zeit mit den sich drehenden Sternen, wobei die entferntesten Planeten jeweils jahrelang in, unter oder nahe einer bestimmten Konstellation verharren. Etwas, das zu einem sich rasch drehenden Sternbild in der Ekliptik gelangen und in ihm eine Reise beginnen kann, könnte eine polare Sternenregion erreichen, wo es relativ zu einem zentralen, stationären Körper keine Bewegung gibt.

KAPITEL 27

Es mag sein, daß wir nun zu unseren Sünden auch noch das Pferd fügen, das am Himmel schwamm. Soweit ich weiß, leisten wir damit einen Beitrag zu einer erweiterten Biologie. In der *New York Times*, 8. Juli 1878, ist ein Bericht aus Parkersburg, West Virginia, veröffentlicht: daß am 1. Juli 1878 drei oder vier Farmer bei wolkenlosem Himmel in einer Höhe von anscheinend einer halben Meile »eine undurchsichtige Substanz« gesehen hätten. Sie kam ihnen vor wie ein weißes Pferd, das »in der klaren Luft schwamm«. Es soll das Spiegelbild eines Pferdes auf einem fernen Feld gewesen sein. Wenn das zutrifft, dann ist es nicht nur interessant, weil es undurchsichtig war, sondern auch aufgrund der Auswahl oder der Vorliebe: das Feld selbst wurde nicht gespiegelt.

Schwarze Körper und dunkle Pöbelhaufen am Himmel - und daß der Krawall aus schwebenden Anarchien oft die Sonne befleckte. Dann, weil es im Gleichgewicht der Existenz für alles eine Kompensation gibt, existieren auch disziplinierte Kräfte am Himmel.

Dem *Scientific American*, 44-291, entnehmen wir, daß nach Zeitungsberichten aus Delaware, Maryland und Virginia Ende September und in der ersten Oktoberwoche 1881 Gestalten am Himmel gesehen wurden. Die Berichte zeigten »einen mittelalterlichen Zustand der Intelligenz, der alles andere als bewundernswert ist«. Der Autor deutet an, daß man zwar möglicherweise etwas am Himmel gesehen habe, daß es sich aber nur um ein Nordlicht gehandelt habe. Unsere eigene Intelligenz und die der Astronomen und der Meteorologen und aller anderen, mit denen wir unsere Erfahrungen gemacht haben, soll hier lieber nicht diskutiert werden, aber der Vorwurf der Mittelalterlichkeit ist etwas, auf das wir empfindlich reagieren, und wir greifen flugs zur *Monthly Weather Review*, und wenn uns das nicht geradewegs in die Moderne bringt, dann habe ich etwas nicht verstanden. *Monthly Weather Review*, September und Oktober 1881 – das Schauspiel eines Nordlichts in Maryland und New York am 23. September; alle anderen Nordlichter im September waren weit nördlich der drei Staaten, in denen die genannten Phänomene beobachtet wurden. Oktober – kein Nordlicht vor dem 18.; dieses zudem im Norden. Es gab am 23. September eine Luftspiegelung, aber das war in Indianola; zwei Fälle im Oktober, aber gegen Ende des Monats und in nördlichen Staaten.

Im *Scientific American* heißt es, laut dem *Warrentown Solid South* aus Virginia habe eine Reihe von Zeugen des Nachts weiß gewandete Gestalten am Himmel gesehen. Die Geschichte im *Richmond Dispatch* besagt, daß viele Personen des Nachts am Himmel einen erschreckenden Anblick sahen oder zu sehen glaubten: eine große Zahl bewaffneter, uniformierter Soldaten beim Drill. Dann eine Meldung aus Wilmington, Delaware – Trupps von Engeln marschierten und exerzierten am Himmel, ihre weißen Gewänder und Helme strahlten hell. Ähnliche Berichte kamen aus Laurel und Talbot. Mehrere Zeugen sagten, sie hätten am Himmel die Gestalt von Präsident Garfield gesehen, der nicht lange vorher gestorben war. Allgemein akzeptieren wir, daß alle Berichte über solche Phänomene in Begriffe jener Erscheinungen und Themen gekleidet werden, die den Leuten am stärksten im Bewußtsein sind.

L'Astronomie, 1888-392:

Daß am 1. August 1888 in der Nähe von Warasdin, Ungarn, mehrere Infanteriedivisionen, angeführt von einem Hauptmann, der ein Flammenschwert schwenkte, an drei aufeinanderfolgenden Tagen mehrere Stunden pro Tag beim Marschieren am Himmel beobachtet wurden. Der Autor in *L'Astronomie* sagt, man versuche vergeblich zu erklären, daß diese Erscheinung eine Luftspiegelung von irdischen Soldaten gewesen sei, die in einiger Entfernung von Warasdin marschierten, weil man trotz

Nachforschung und weiträumiger Bekanntmachung nicht auf solche Soldaten gestoßen sei. Selbst wenn es in der Nähe von Warasdin irdische Soldaten gab, erfordert die Wiederholung der Spiegelungen an einem bestimmten Ort eine Erklärung.

Aber, daß es womöglich Weltraumarmeen gibt, die manchmal Spiegelungen oder Schatten oder Gespenster werfen - eine Prozession, die vor der Sonne vorbeizog: Gestalten, die sich bewegten oder die manchmal in Viererreihen marschierten; beobachtet von Monsieur Bruguière in Marseille am 15. und 16. April 1883 (*L'Astronomie*, 5-70). Eine Armee wurde am 30. August 1886 vierzig Minuten lang von Monsieur Jacquot beobachtet (*L'Astronomie*, 1886-71) - Dinge oder Wesen, die hin und her zu marschieren schienen: alle, die sich in die gleiche Richtung bewegten, marschierten in parallelen Reihen. In *L'Année Scientifique*, 29-8, finden wir einen Bericht über die Beobachtungen von Monsieur Trouvelot vom 29. August 1871. Er sah Objekte, einige rund, einige dreieckig, einige von komplexerer Gestalt. Dann geschah etwas, das uns mindestens die Vermutung nahelegt, daß sich diese Dinge nicht mit dem Wind bewegten oder von der Umlaufgeschwindigkeit von Meteoren im Weltraum gehalten wurden; daß jedes aus eigener Kraft zu fliegen vermochte, und daß einem von ihnen ein Unglück widerfuhr. Alle blieben, auch wenn sie sich die meiste Zeit mit großer Geschwindigkeit bewegten, gelegentlich stehen, aber dann stürzte einer von ihnen zur Erde, und alles deutet darauf hin, daß es ein schwerer Körper war, und daß er nicht vom Wind gehalten worden war, weil der Wind ja kaum einen aus der schwebenden Schar im Stich lassen und die anderen weiter tragen würde. Das Ding fiel herab und pendelte von einer Seite zur anderen wie eine Scheibe, die im Wasser versinkt.

New York Sun, 16. März 1890 - daß am Nachmittag des 12. März um 16.00 Uhr am Himmel über Ashland, Ohio, das Bild einer großen, unbekannten Stadt zu sehen war. Manchen Beobachtern schien es eine Spiegelung der Stadt Mansfield zu sein, die dreißig Meilen entfernt liegt; andere Beobachter glaubten, das sechzig Meilen entfernte Sandusky zu erkennen. »Die eher

Abergläubischen erklärten, es habe sich um eine Vision des neuen Jerusalem gehandelt.«

Vielleicht war es ja auch eine Offenbarung des Himmels, und soweit ich weiß, mag der Himmel Sandusky ähneln, und die von uns, die kein Verlangen spüren, je nach Sandusky zu gehen, mögen darüber nachdenken, aber wir sind der Ansicht, daß am Himmel Abbilder von Dingen erschienen sind, die nicht auf irdische Ursprünge zurückgeführt, aber immer in örtlichen Begriffen interpretiert wurden. Wahrscheinlich ein lebendiges Ding am Himmel – von Farmern gesehen – ein Pferd. Andere Dinge, gebrochene Spiegelbilder von weither oder Schatten – und es waren angeblich große Löwen oder Soldaten oder Engel, je nach vorgefaßter Meinung. Erscheinungen, in Indien beobachtet, wurden als Hindu-Uniformen beschrieben. Angenommen, am Nachmittag des 17. Januar 1892 tobte am Himmel über Montana eine Schlacht – wir wissen bereits mehr oder weniger, mit welchen Begriffen die Beschreibung arbeiten würde. *Brooklyn Eagle*, 18. Januar 1892 – eine Spiegelung am Himmel über Lewiston, Montana – Indianer und weiße Jäger, die einander abwechselnd angreifen und sich zurückziehen. Die Indianer waren zahlenmäßig überlegen und nahmen die Jäger gefangen. Dann die Einzelheiten – Jäger waren an Pfähle gebunden; Scheiterhaufen wurden aufgetürmt; und so weiter. »Soweit man sich gestern abend vergewissern konnte, sind die Indianer im Reservat friedlich.« Ich glaube, auch wir sind mehr als friedlich, aber falls die Astronomen uns nicht in Reservate stecken, wo wir unsere Ansichten mit Glasperlenketten und Muschelschnüren anstelle von Daten formulieren müssen, werden wir den Konflikt mit den Hohlköpfen weitertreiben, denen Spiegelungen der eigenen Leere am manchmal wimmelnden Himmel erscheinen.

Alles in allem gibt es viele Daten, die darauf hinweisen, daß Schiffe und lebende Dinge des Weltraums nahe an die Erde herankommen, aber es fehlt an Daten von Wesen, die je auf der Erde gelandet wären, es sei denn, jemand verfällt auf die Idee, daß Kaspar Hauser beispielsweise von einer anderen physischen Welt auf diese Erde gekommen ist. Ganz gleich, ob die Raumbewohner nun hier drunten geforscht oder aus dem Hinterhalt geschossen haben oder nicht, ob sie uns mutwillig oder im Interesse ihrer Wissenschaften bestürmt haben – es gibt Daten über anscheinende Einfälle und Angriffe von irgendwoher, und ich habe starke Einwände dagegen, zur Erklärung die vierte Dimension zu bemühen, womit ich auch nicht besser dran wäre, weil ich mich doch nur fragen würde, wie die fünfte und die sechste wohl beschaffen wären.

In *La Nature*, 1888-2-66, schreibt Monsieur Adrian Arcelin, als er im August 1878 in der Nähe von Solutré mit Ausgrabungen beschäftigt war, an einem Tag, den er als *superbe* beschrieb, bei einem *parfaitement* klaren Himmel, seien mehrere Dutzend Einwickelpapierbögen plötzlich vom Boden aufgestiegen. In der Nähe hielt sich ein Dutzend Männer auf, und nicht einer von ihnen hatte auch nur den leisesten Lufthauch gespürt. Eine starke Kraft hatte diese auffälligen Objekte erfaßt und nichts sonst berührt. Nach Monsieur Arcelin wurde der Staub unter den Papieren und um die Papiere herum nicht aufgewirbelt. Die Papierblätter stiegen weiter nach oben und verschwanden im Himmel.

Eine mächtige Kraft, die einen Fischkutter ergriff und ihn so weit anhob, daß er unterging, als er zurückfiel – siehe die Londoner *Times* vom 24. September 1875. Eine Viertelmeile entfernt waren andere Boote, von denen sich Rettungsmannschaften zu den ins Meer geschleuderten Seeleuten aufmachten. Es wehte kein Wind; die Retter konnten nicht segeln, sondern mußten ihre Boote rudern.

Am 2. Oktober 1875 zog ein Mann mit seinem Karren von Schaffhausen in der Nähe von Beringen aus. Sein rechter Arm wurde von vorn nach hinten durchbohrt, als hätte ihn eine Musketenkugel getroffen (*Popular Science Monthly*, 15-566). Der Mann war in Begleitung zweier Gefährten. Er hatte ein surrendes Geräusch gehört, aber seine Begleiter hatten nichts vernommen. Zu einer Seite der Straße waren zwar Feldarbeiter beschäftigt, aber sie waren nicht in Schußweite. Was

das Geschoß auch gewesen sein mag, es hat sich nicht finden lassen.
La Nature, 1879-1-166, zitiert den *Courrier des Ardennes* zu einem Vorfall in Signy-le-Petit am Ostersonntag 1879 – ein auffälliges, einsam gelegenes Haus – plötzlich schießt das Schieferdach in die Luft und fällt zu Boden. Es hatte nicht den geringsten Windhauch gegeben. Der Autor des Berichts erklärt, die Kraft, die er als *trouble inouï* bezeichnet, habe sich sein Haus so exakt ausgesucht, daß bereits außerhalb eines Umkreises von dreißig Fuß alles unberührt geblieben war.
Scientific American, 10. Juli 1880 – daß nach dem *Plaindealer* aus East Kent, Ontario, zwei Bürger aus East Kent auf einem Feld einen lauten Schlag hörten. Sie sahen Steine aus einem Acker nach oben schießen. Sie untersuchten die Stelle von etwa 16 Fuß Durchmesser, fanden aber nichts, was als Erklärung für den Vorfall hätte dienen können. Es wird berichtet, daß es weder einen Wirbelsturm noch etwas anderes gegeben habe, das man hätte zur Erklärung heranziehen können.
Kann sein, daß Zeugen gesehen haben, wie menschliche Wesen von einem forschenden Etwas aus unserer Existenz in die zweifelhafte vierte Dimension gezogen wurden, um vielleicht zur fünften überzuwechseln oder gen Himmel gezerrt zu werden. Ich habe Daten, aber sie stammen aus Aufzeichnungen über mediale Forschungen. So wurde beispielsweise ein Mann beobachtet, der eine Straße entlangging – plötzlich verschwindet er. Erklärung: daß er kein lebendes Menschenwesen war, sondern eine Erscheinung, die sich wieder auflöste. Ich konnte solche Interpretationen durch Nachforschungen nicht bestätigen und fand beispielsweise heraus, daß jemand in der Gegend als vermißt gemeldet worden war; aber es mag sein, daß wir Material auf unserem eigenen Gebiet finden können.
Am 10. Dezember 1881 stiegen Walter Powell und zwei Begleiter in Bath mit dem Regierungsballon *Saladin* auf (Valentine und Tomlinson, *Travels in Space*, S. 227). Der Ballon ging in Bridport an der englischen Kanalküste nieder. Zwei Aeronauten stiegen aus, aber der Ballon, in dem sich noch Powell befand,

schoß nach oben davon. Es gab einen Bericht, daß der Ballon beobachtet wurde, wie er in der Nähe von Bridport in den Kanal stürzte, aber nach Captain Temple, der einer von Powells Begleitern war, hat man wahrscheinlich nur etwas fallen sehen, das aus dem Ballon geworfen worden war.
Ein Ballon geht an der Küste oder über dem Meer verloren. Wenn er ins Meer fällt, schwimmt er wahrscheinlich und ist längere Zeit als auffälliges Objekt im Wasser sichtbar; dennoch kann das Verschwinden eines Ballons, der zuletzt über dem Kanal gesehen wurde, ohne weitere Begleitumstände nicht als besonders mysteriös bezeichnet werden. Nun mag man erwarten, von Berichten aus vielen Orten zu hören, wo angeblich Ballons gesehen wurden. Aber der außergewöhnliche Umstand ist, daß Berichte über ein leuchtendes Objekt kamen, das zur Zeit, als der Ballon verschwand, am Himmel beobachtet wurde. In der Londoner *Times* heißt es, ein leuchtendes Objekt sei am Abend des 13. beobachtet worden, wie es in der Nähe von Cherbourg in verschiedene Richtungen zog. Es wird berichtet, daß am Abend des 16. drei Zollwärter in Laredo, Spanien, etwas wie einen Ballon am Himmel gesehen hätten und auf einen Berg gestiegen seien, um ihn besser beobachten zu können. Es habe Funken gesprüht und sei verschwunden – und wurde am nächsten Tag aus Bilbao gemeldet. In der *Morning Post* heißt es, die Leuchtkraft sei die auffälligste Eigenschaft gewesen; daß es dieses Funkeln war, welches das Objekt sichtbar gemacht habe. Im *Standard* vom 16. Dezember finden wir einen Bericht über etwas, das am Morgen des 15. Dezember um 5.00 Uhr von Captain McBain vom Dampfschiff *Countess of Aberdeen* vor der Küste Schottlands, 25 Meilen von Montrose entfernt, gesichtet wurde. Durchs Fernglas wirkte das Objekt wie eine Lampe, unter der etwas hing, das man für die Gondel eines Ballons halten konnte, dessen Größe aber zunahm und abnahm – ein großes Licht – »so groß wie das Leuchtfeuer in Girdle Ness«. Es bewegte sich gegen den Wind, obschon möglicherweise mit dem Wind einer höheren Luftschicht. Es blieb eine halbe Stunde sichtbar, und als es schließlich

verschwand, bewegte es sich in Richtung Bervie, einer Stadt an der schottischen Küste, die etwa zwölf Meilen von Montrose entfernt ist. Die *Morning Post* bietet eine einfache Erklärung an: Jemand in Monfreith, acht Meilen von Dundee entfernt, habe am späten Abend des 15. einen Heißluftballon losgeschickt, der »von einer sanften Brise getragen die Küste entlangtrieb, bis er, nachdem der Brenner unter der Hülle die ganze Nacht in Betrieb gewesen und schließlich erloschen war, am frühen Donnerstagmorgen (am 16.) vor Montrose in sich zusammenfiel«. Diese Geschichte über einen Ballon, der nach Montrose trieb, erklärt freilich nicht ohne weiteres das Objekt, das 25 Meilen vor Montrose beobachtet wurde. Im *Standard* vom 19. Dezember wird berichtet, daß am 11. zwei Lichter über dem Hafen von Dartmouth gesehen wurden.

Walter Powell war Parlamentsabgeordneter für Malmesbury, und er hatte viele Freunde, von denen sich einige sofort auf die Suche begaben. Seine Familie setzte eine Belohnung aus. Ein Dampfschiff suchte den Kanal ab und gab erst am 13. Dezember auf. Fischerboote suchten danach weiter. Eine »Suchexpedition« wurde ausgeschickt, und die Küstenwache wurde doppelt besetzt. Man forschte am Strand nach Wrackteilen, aber kein Stückchen des Ballons oder vom Inhalt der Gondel, abgesehen von einem Thermometer in einem Beutel, wurde gefunden.

In *L'Astronomie,* 1886-312, zitiert Monsieur Paroisse, Schullehrer in Bar-Sur-Aube, zwei Zeugen eines *curieux phénomène,* das sich am 22. Mai 1886 im Garten der Schule ereignet haben soll – wolkenloser Himmel; der Wind *très faible.* In einem kleinen Umkreis im Garten lagen Körbe, Asche und ein sechzig Kilogramm schwerer Fensterrahmen. Diese Dinge wurden plötzlich vom Boden gehoben. In einer Höhe von ungefähr vierzig Fuß blieben sie mehrere Minuten hängen, dann fielen sie wieder an die Stelle zurück, von der sie aufgestiegen waren. Nichts außerhalb des kleinen Kreises wurde von der Kraft erfaßt. Die Zeugen sagten, sie hätten keinen Hauch in der Luft gespürt.

Scientific American, 56-65 – daß im Juni 1886 nach Angaben der Londoner *Times* ein »prominenter Beamter«, als er die Pall Mall betrat, einen heftigen Schlag auf der Schulter spürte und ein zischendes Geräusch hörte. Außer einigen Polizisten in einiger Entfernung war niemand zugegen. Daheim stellte er fest, daß der Flor seines Mantels aussah, als sei ein heißer Draht in langer, gerader Linie auf das Tuch gedrückt worden. Kein Geschoß wurde gefunden, aber man glaubte, etwas von meteorischer Natur habe ihn getroffen.

Charleston News and Courier, 25. November 1886 – daß in Edina, Missouri, ein Mann und seine drei Söhne am 23. November auf einem Bauernhof Mais ernteten. Über die Wetterbedingungen wird nichts gesagt. Und wer weiß, vielleicht haben sie ihren Mais ja tatsächlich während eines heftigen Unwetters geerntet. Jedenfalls fuhr etwas, das angeblich ein Blitz war, vom Himmel herab. Der Mann wurde leicht verletzt, ein Sohn getötet, der zweite schwer verletzt – der dritte aber war verschwunden. »Was aus ihm geworden ist, ist uns nicht bekannt, aber man vermutet, daß er nach dem Schock geblendet oder total verstört war und einfach davongewandert ist.«

Brooklyn Eagle, 17. März 1891 – daß am 16. März zwei Männer in Wilkes-Barre, Pennsylvania, »von einem Wirbelsturm hochgehoben und ein gutes Stück fortgetragen wurden«. Es war eine mächtige Kraft, die aber sonst nichts bewegte. Am selben Tag gab es einen Vorfall in Brooklyn. In der *New York Times* vom 17. März 1891, heißt es, zwei Männer – Smith Morehouse aus Orange County, New York, und William Owen aus Sussex County, New Jersey – seien am Nachmittag des 16. gegen 14.00 Uhr die Vanderbilt Avenue in Brooklyn hinuntergegangen, als es dicht am Kopf von Morehouse eine gewaltige Explosion gab, die ihn verletzte und Owen betäubte. Der Blitz blendete beide für einen Moment. Morehouses Gesicht war von Schwarzpulverspuren wie nach einer Explosion gesprenkelt, und seine Zunge war durchbohrt. Da man niemand sonst anklagen konnte, nahm die Polizei Owen fest, führte als vorgeschobenen Haftgrund aber Trunkenheit an. Morehouse kam ins Krankenhaus, wo ein Metallsplitter, den man für Messing oder Kupfer, gleichwohl nicht für das Fragment einer Patrone hielt, aus seiner Zunge entfernt wurde. Kein anderes Material wurde gefunden, obwohl vermutlich ein Objekt von beträchtlicher Größe explodiert war. Morehouses Hut war an sechs Stellen von unauffindbaren Substanzen durchbohrt worden. Nach Angaben von Zeugen war den beiden Männern im Augenblick der Detonation kein anderer Mensch näher als hundert Fuß gewesen. Ein Zeuge hatte vor der Explosion einen Blitz gesehen, konnte aber nicht sagen, ob dort etwas herabgefallen war oder nicht. Im *Brooklyn Eagle* vom 17. März 1891 steht, daß keiner der Männer eine irgendwie geartete Waffe bei sich gehabt, und daß es zwischen ihnen keinen Streit gegeben hätte. Eine Zeugin sagte, sie habe die Männer zur Zeit der Explosion beobachtet, weil deren ländliche Kleidung ihre Aufmerksamkeit erregt hätte.

Dies ist eine interessante Kombination von Auffindbarem und Unauffindbarem. Ich nehme an, es wird wohl niemand annehmen wollen, jemand habe eine Bombe nach den beiden Männern geworfen. Aber es wurde genug feste Materie gefunden, um den Gedanken an einen »Blitz aus heiterem Himmel« auszuschließen. Etwas von meteorischer Natur scheint ebenfalls ausgeschlossen.

KAPITEL 28

Aus einem runden, roten Planeten ragt ein kleiner weißer Schaft – ein Feenpfeil, der in einen Apfel geschossen wurde. 10. Juni 1892 – ein Licht wie ein kleiner Suchscheinwerfer geht vom Rand des Mars aus. Am 11. und 13. Juli wurde es noch einmal von Campbell und Hussey beobachtet (*Nature*, 50-500).

3. August 1892 – der Höhepunkt der Opposition des Mars.

Am 12. August 1892 sahen viele Menschen Blitze am Himmel über England. Siehe *English Mechanic*, Bd. 56. In Manchester waren die Blitze Signalen so ähnlich und dem, was man gemeinhin als Nordlicht kennt, so unähnlich, daß Albert Buss sie irrtümlicherweise für das Blinken eines Leuchtturms hielt. Sie wurden in Drewsbury bemerkt; geschildert von einem Korrespondenten des *English Mechanic*, der schrieb: »Ich habe noch nie ein solches Nordlicht gesehen.« – »Rasche Blitze« wurden aus Loughborough gemeldet.

***

Ein leuchtendes Dreieck in einem dunklen Kreis.

In *L'Astronomie*, 1888-75, veröffentlicht Dr. Klein einen Bericht über eine Beobachtung von de Speissen vom 23. November 1887 – ein leuchtendes Dreieck auf dem Grund von Plato. Dr. Klein meint, es sei ein Effekt des Sonnenlichts gewesen.

In dieser Periode gab es in Städten der Vereinigten Staaten des Nachts einige der erstaunlichsten Effekte in der Geschichte dieser Erde. Wenn Rigel sich im Orion um die Präsidentschaft bewürbe, und wenn die Sterne im großen Nebel zu marschieren begännen, dann gäbe es ein Schauspiel wie jenes, das Präsident

Grover Cleveland in dieser Zeit in den Vereinigten Staaten für sich bestellte.

So gibt es denn – wenigstens ist es vorstellbar – etwas ähnliches auf dem Mond. Lichtflocken ziehen am Abend des 23. November 1887 von allen Kratern des Mondes hinüber zu Plato; ein Schneesturm leuchtender Punkte, die sich in Plato zu Lichtwehen türmen; dann marschieren die Bewohner von Aristarchus und Kepler und die Bürger der Mondalpen, jeder mit erhobener Fackel, auf einem dreieckigen Weg, so daß das Dreieck im Dunkeln leuchtet – vorstellbar. Es wurden auch andere Formationen in Plato beobachtet, aber nach meinen Unterlagen wurde dieses Symbol, das im Dunkeln leuchtete, nie zuvor und nie wieder danach gesehen.

Etwa zwei Jahre später – Demonstration einer exklusiveren Art – Versammlung aller Totengräber des Mondes. Sie stellten sich im Kreis auf, umgeben von Jungfrauen in Nachtgewändern – und in Nachtgewändern, wie Nachtgewänder sein sollten. Eine Erscheinung in Plinius am 13. September 1889 wurde von Professor Thury aus Genf gemeldet – ein schwarzer Fleck mit einem »hell weißen« Rand.

30. März 1889 – ein schwarzer Fleck, der zum ersten Mal von Gaudibert in der Nähe des Zentrums von Kopernikus gesehen wurde (*L'Astronomie*, 1890-235). 11. Mai 1889 – ein Objekt, schwarz wie Tinte, auf einem Wall von Gassendi (*L'Astronomie*, 1889-275). Er war nie zuvor gemeldet worden; zur Zeit der nächsten Lunation wurde er nicht wiedergesehen. 30. März 1889 – ein neuer schwarzer Fleck in Plinius (*L'Astronomie*, 1890-187).

Das sternenähnliche Licht von Aristarchus – seit seinem letzten Erscheinen ist eine lange Zeit vergangen (7. Mai 1867). Demnach kann man es nicht gewöhnlichen lunaren Umständen zuschreiben. Das Licht wurde am 7. November 1891 von M. d'Adjuda vom Observatorium in Lissabon beobachtet – »ein sehr klarer, leuchtender Punkt« (*L'Astronomie*, 11-33).

Am 1. April 1893 sah Monsieur de Moraes auf den Azoren einen Lichtstrahl vom Mond ausgehen. Eine ähnliche Erscheinung wurde am 25. September 1893 von Monsieur Gaboreau in Paris beobachtet (*L'Astronomie*, 12-34).

***

Eine andere Assoziation, ähnlich der von 1884 - in *English Mechanic*, 55-310, schreibt ein Korrespondent, er habe am 6. Mai 1892 einen leuchtenden Punkt (nicht in der Nähe eines Pols) auf der Venus gesehen. Am 13. August 1892 wurde das womöglich gleiche Objekt in kurzer Entfernung von der Venus gesehen - ein unbekanntes, leuchtendes Objekt wie ein Stern der 7. Größenordnung, das von Professor Barnard in der Nähe der Venus gesehen wurde (*Astronomische Nachrichten*, Nr. 4106).

Am 24. August 1895, in der Periode der größten Leuchtkraft der Venus, wurde, wie man hört, bei Tageslicht von jemand in Donegal, Irland, ein leuchtendes Objekt am Himmel gesehen. An diesem Tag beobachtete laut *Scientific American*, 73-374, ein Junge namens Robert Alcorn ein großes leuchtendes Objekt, das vom Himmel fiel. Es explodierte in seiner Nähe. Die Erfahrung des Jungen ähnelte der von Smith Morehouse. Er schlug die Hände vors Gesicht: es gab eine zweite Explosion, die zu schweren Fingerverletzungen führte. Laut Professor George M. Minchin konnten keine Überreste des explodierten Objekts gefunden werden. Ob es nun einen Zusammenhang gab oder nicht, eine Woche später wurde auch am Himmel über England etwas gesehen. In der Londoner *Times* vom 4. September 1895 schreibt Dr. J. A. H. Murray, daß er am 31. August 1895 kurz vor 20.00 Uhr ein leuchtendes Objekt am Himmel gesehen habe, um einiges größer als die Venus und heller strahlend, das hinter den Baumwipfeln auftauchte und langsam nach Osten glitt. Es bewegte sich, als würde es von einem starken Wind getrieben und verschwand hinter anderen Bäumen. »Die Tatsache, daß es unverkennbar schwächer leuchtete, während es sich entfernte, scheint darauf hinzuweisen, daß es sich nicht in großer Höhe befand, was für einen irdischen Ursprung spricht, auch wenn ich mir nicht vorzustellen vermag, wie etwas Künstliches diese Gestalt hätte annehmen können.« In der *Times* vom 6. September schreibt jemand, der Dr. Murrays Brief gelesen hatte, etwa zur gleichen Zeit und am gleichen Abend habe er in London das gleiche Objekt gesehen, das sich gemächlich nach Osten bewegte, so daß er glaubte, es sei ein Heißluftballon aus einem nahegelegenen Park. Ein weiterer Korrespondent, der Dr. Murrays Brief nicht gelesen hatte – sein Beitrag datiert vom 3. September – schreibt von einem nicht erwähnten Ort, er habe am 31. August um etwa 20.20 Uhr ein sternenähnliches Objekt gesehen, das sich nach Osten bewegte und etwa vier oder fünf Minuten sichtbar blieb. Dann jemand, der am gleichen Abend um 20.00 Uhr, als er zum Bahnhof von Scarborough fuhr, »eine große Sternschnuppe« gesehen haben will, die ihn wegen ihres gemächlichen Fluges erstaunt habe, der so ganz anders war als die Geschwindigkeit der normalen »Sternschnuppen«. Es gibt zwei weitere Berichte über Objekte, die in Bath und Ramsgate am Himmel gesehen wurden, aber nicht zu dieser Zeit, und ich habe in Lokalzeitungen nachgeschlagen und herausgefunden, daß es wahrscheinlich Meteore waren.

In der *Oxford Times* vom 7. September ist Dr. Murrays Brief an die Londoner *Times*, versehen mit folgendem Kommentar, nachgedruckt: »Wir möchten dem gelehrten Doktor nahelegen, daß der angebliche Meteor einer der kleinen Heißluftballons war, die beim Schrebergartenfest losgelassen wurden.«

Mag sein, daß bei Schrebergartenfesten immer Ballons losgeschickt werden, und daß dieser Redakteur sich das nicht nur einbildet. Unsere Daten aber drehen sich um ein Objekt, das zur gleichen Zeit in Oxford, etwa 50 Meilen südöstlich von Oxford und etwa 170 Meilen nordöstlich von Oxford gesehen wurde, und um eine vierte Beobachtung, die wir geographisch nicht genau einordnen können.

Darüber hinaus drehen sich unsere Daten um die allgemeine Ansicht, daß Objekte wie Schiffe gesehen wurden, wie sie nahe an die Erde heransegelten, als Venus der Erde am nächsten stand. 18. September 1895 – untere Konjunktion der Venus.

Noch im gleichen Zeitraum gab es in London zwei Ereignisse, die vielleicht dem in Donegal ähneln. Die Londoner *Morning Post*, 16. November 1895 – daß am Mittag des 15. November irgendwo in der Nähe der Fenchurch Street in London eine »heftige Explosion« stattfand. Kein Schaden wurde registriert, keine Spur ließ sich finden von irgend etwas, das explodiert wäre. Eine Stunde später gab es in der Nähe des Amtssitzes des Oberbürgermeisters, der nicht weit von der Fenchurch Street entfernt ist, eine zweite, noch heftigere Explosion. Die Straßen füllten sich mit Menschen, die aus den Häusern gerannt waren, und man führte eine Untersuchung durch, aber es ließ sich keine Spur von etwas finden, das explodiert wäre. Es wird berichtet, daß jemand »etwas vom Himmel fallen« sah. Aber die todsicheren Erklärer, normalerweise Astronomen, dieses Mal allerdings Polizisten, belästigen oder verhaften uns. In der *Daily News*, obwohl nicht gesagt wird, daß eine Spur von etwas gefunden wurde, das explodiert wäre, heißt es, die Polizei habe verlauten lassen, daß jemand in böser Absicht etwas in die Nebelsignale an der Straße gesteckt habe, das von vorbeifahrenden Fahrzeugen zur Explosion gebracht worden sei.
Eine Beobachtung von Müller aus dem holländischen Nimwegen – ein unbekanntes leuchtendes Objekt, das etwa drei Wochen später in der Nähe der Venus gesehen wurde (*Monthly Notices of the Royal Astronomical Society*, 52-276).
Am 28. April 1897 befand Venus sich in der unteren Konjunktion. In *Popular Astronomy*, 5-55, steht, daß viele Leser dem Chefredakteur geschrieben und von »Luftschiffen« berichtet hätten, die sie zu dieser Zeit beobachtet hätten. Der Chefredakteur erklärt, einige der Beobachtungen beträfen wahrscheinlich den Planeten Venus, andere bezögen sich vermutlich auf Spielzeugballons, die »mit verschiedenfarbigen Lichtern versehen worden waren«.
Die erste Gruppe unserer Daten entnehme ich Mitteilungen an die *New York Sun* vom 2., 11., 16. und 18. April. Am 1. April – das »geheimnisvolle Licht« am Himmel über Kansas City – so etwas wie ein mächtiger Suchscheinwerfer. »Es war auf die Erde

gerichtet und wanderte mit einer Geschwindigkeit von sechzig Meilen in der Stunde nach Osten.« Etwa eine Woche später wurde etwas in Chicago beobachtet. »Das angebliche Luftschiff von Chicago wird trotz der Tatsache, daß zahlreiche Personen sagen, sie hätten den geheimnisvollen nächtlichen Wanderer gesehen, für ein Märchen gehalten. Eine Menschenmenge starrte seltsame Lichter an, die von der Spitze eines Wolkenkratzers in der Innenstadt kamen, und Studenten in Evanston erklärten, sie hätten tanzende rote und grüne Lichter gesehen.«
16. April – gemeldet aus Benton, Texas, aber dieses Mal als dunkles Objekt, das am Mond vorbeizog. Berichte aus anderen Städten in Texas: Fort Worth, Dallas, Marshall, Ennis und Beaumont – »Es war wie eine mexikanische Zigarre geformt, in der Mitte dick und schmaler an den beiden Enden, es hatte große Flügel, die denen eines riesigen Schmetterlings ähnelten. Es wurde von den Strahlen zweier großer Suchscheinwerfer hell angestrahlt, und es bot, wie es mit der Geschwindigkeit des Windes nach Südost segelte, einen prächtigen Anblick.«
New York Herald, 11. April – daß in der Nacht vom 9. auf den 10. April »bis zwei Uhr morgens Tausende erstaunter Zuschauer erklärten, die Lichter, die man im Nordwesten sah, seien die eines Luftschiffes oder eines schwebenden Objekts, das sich Meilen über der Erde befand ... einige behaupteten, sie hätten zwei zigarrenförmige Objekte mit großen Flügeln gesehen«. Es heißt, ein weißes Licht, ein rotes Licht und ein grünes Licht seien beobachtet worden.
Es scheint eine Verbindung zwischen diesem Objekt und dem Planeten Venus zu geben, der in dieser Nacht weniger als drei Wochen von der größten Annäherung an die Erde entfernt war. Dennoch war dieses Objekt nicht Venus, die Stunden vorher untergegangen war. Professor Hough von der Northwestern University wird zitiert – daß die Leute den Stern *Alpha Orionis* für ein Luftschiff gehalten hätten. Professor Hough erklärt, daß vielleicht astronomische Effekte dem Stern seinen veränderlichen roten und grünen Schein gegeben hätten. *Alpha Orionis* als Stern im Norden, das ist wieder einmal die Astronomie der

Astronomen, die am Tag Astronomie lehren und mit Einbruch der Dunkelheit Feierabend machen. Daß atmosphärische Bedingungen diesen einen Stern herauspicken und die anderen hellen Sterne im Orion nicht berühren, ist noch mehr Astronomie. Immerhin verschwindet die Standarderklärung, daß es sich bei dem Ding um Venus gehandelt habe.

Es gab noch andere Erklärer – einer von ihnen sagte, er wüßte von einem Luftschiff (einem irdischen), das in San Francisco gestartet wäre und Chicago erreicht hätte.

New York Herald, 12. April – schreibt, das Objekt sei in Chicago fotografiert worden: »Ein zigarrenförmiger, seidiger Sack« mit einem Innengerüst – andere Erklärungen und Identifizierungen, von denen nicht eine auf das Objekt paßt, wenn wir akzeptieren, daß es in so weit voneinander entfernten Gegenden wie Illinois und Texas gesehen wurde. Es heißt, am 29. März sei das Ding in Omaha als helles Licht gesehen worden, das nach Nordwesten trieb und das in der folgenden Nacht für kurze Zeit in Denver beobachtet wurde. Es wird berichtet, daß die Zeitungsredaktionen in Chicago am Abend des 9. mit zahlreichen Meldungen aus vielen Orten in Illinois, Missouri, Iowa und Wisconsin bombardiert wurden.

»Professor George Hough bleibt dabei, daß das beobachtete Objekt *Alpha Orionis* sei.«

14. April – Geschichte, echte Beobachtung, Seemannsgarn, Zeitungsente – Bericht aus Carlensville, Illinois – daß das Luftschiff am Nachtmittag des 10. April auf einer Farm gelandet, aber wieder davongeflogen sei, als man sich ihm näherte – »zigarrenförmig mit Flügeln und einem Baldachin oben drauf«.

15. April – eine Flut von Telegrammen – Scherzbolde und Erklärer tun sich hervor – das Ding wird als Luftschiff identifiziert, das jemand in Dodge City, Kansas, erfunden habe; als Luftschiff identifiziert, das jemand in Brule, Wisconsin, erfunden habe – Geschichten über Briefe, die auf Farmen gefunden wurden und angeblich von den unbekannten (irdischen) Aeronauten abgeworfen worden waren – Scherzbolde in verschiedenen Städten, die Ballons mit angehängten Lichtern

steigen ließen – ein fleißiger Spaßvogel bastelte etwas, das aussah wie ein Luftschiff, brachte es in eine Baulücke und erzählte, es sei dort heruntergefallen – Seemannsgarn oder Beobachtung über ein »seltsam aussehendes Boot«, das man aus dem Wasser des Eriesees hatte steigen sehen – fortgesetzte Berichte über ein sich am Himmel bewegendes Objekt und seine roten und grünen Lichter.

Gegen eine Verschwörung wie diese zwischen Spaßvögeln und Astronomen werden unsere Daten wenig ausrichten können. Die Chance liegt in der Zukunft. Wenn im April 1897 tatsächlich außerirdische Reisende die Erde besucht haben, dann werden sie wahrscheinlich noch einmal wiederkommen, und dann sind unsere Daten vielleicht gegen die Verschwörung gewappnet.

New York Herald, 20. April – daß sich am 19. April um etwa 21.00 Uhr in Sistersville, West Virginia, ein leuchtendes Objekt von Nordwesten her der Stadt genähert und mit hellen roten, weißen und grünen Lichtern geblinkt habe. »Eine Untersuchung mit starken Ferngläsern führte zu dem Eindruck, es handele sich um einen riesigen, kegelförmig zugespitzten Flugapparat von etwa 180 Fuß Länge mit großen Tragflächen auf beiden Seiten.«

Mein eigener allgemeiner Eindruck:

Der Abend des 12. Oktober 1492 – wenn ich mir das erlauben darf. Ein Abend im Oktober 1492, und Wilde starren am Strand einer Insel zu Lichtern hinaus, die sie nie zuvor gesehen haben. Alles weist darauf hin, daß Reisende von einer anderen Welt in der Nähe sind. Aber die weisen Männer erklären. Eine der fast gesicherten Annahmen in diesem Buch betrifft die Art und Weise, wie sie erklären. Sie erklären in Begriffen des allgemein Bekannten. Zum Beispiel, daß ein Fischkadaver des Nachts zu leuchten beginnt, nachdem alles Seelische aus dem Fisch entwichen ist. Folglich können da draußen im Wasser nur drei große, alte, tote Biester schwimmen –

KAPITEL 29

Es ist eine Reihe von Beobachtungen über die Regelmäßigkeit der Kanonenschüsse von Barisal veröffentlicht worden, die wie regelmäßige Signale wirkten und die, weil nicht in Begleitung von Phänomenen, die man für seismisch halten konnte, möglicherweise Detonationen am Himmel waren und die, weil sie nach Angaben mancher Zuhörer vom Himmel zu kommen schienen, möglicherweise aus einer Region kamen, die stationär am örtlichen Himmel über Barisal verharrte. In *Nature*, 61-127, erscheint ein Bericht von Henry S. Schurr, der in den Jahren 1891 und 1892 Nachforschungen über die Geräusche anstellte:

»Diese Kanonen sind immer in Tripeln zu hören, das heißt, man hört drei Schüsse, einen nach dem anderen in gleichmäßigen Abständen, und auch wenn mehrere Kanonen zu hören sind, ist die Anzahl immer drei oder ein Vielfaches von drei. Dabei ist das Intervall zwischen den dreien immer gleich, das heißt, der Abstand zwischen dem ersten und zweiten Schuß ist genauso groß wie der zwischen dem zweiten und dritten, und diese Pause dauert normalerweise drei Sekunden, auch wenn ich schon hören konnte, daß es bis zu zehn Sekunden waren. Die Pausen zwischen den Tripeln aber variieren, und zwar sehr stark, zwischen ein paar Sekunden und einigen Stunden und Tagen. Manchmal ist nur eine Serie von Dreiergruppen an einem Tag zu hören; an anderen Tagen folgen die Dreiergruppen mit großer Regelmäßigkeit aufeinander, und ich habe bis zu fünfundvierzig von ihnen gezählt, eine nach der anderen, ohne Unterbrechung.«

In den Bänden 16 und 17 von *Ciel et Terre* veröffentlichte Van den Broeck eine Reihe von Schriften über die geheimnisvollen Geräusche, die in Belgien gehört worden waren.

Juli 1892 – vernommen in der Nähe von Brée von Dr. Raemaekers aus Antwerpen – Detonationen in regelmäßigen Abständen von etwa 12 Sekunden, die sich 20mal wiederholten.
5. August 1892 – in der Nähe von Dünkirchen gehört von Professor Gérard aus Brüssel – vier Schläge, die klangen wie Kanonenschüsse.
17. August 1893 – zwischen Oostende und Ramsgate gehört von Professor Gérard – eine Reihe klar unterscheidbarer Explosionen – die Wetterlage gab keinen Grund zur Annahme, es könne sich um meteorologische Manifestationen handeln.
5. September 1893 – in Middelkirke – laute Geräusche von bemerkenswerter Intensität.
8. September 1893 – am Ärmelkanal in der Nähe von Dover – gehört von Professor Gérard – ein Explosionsgeräusch.
In *Ciel et Terre*, 16-485, berichtet van den Broeck von einer eigenen Erfahrung. Am 25. Juni 1894 habe er in Louvain Geräusche wie Artilleriefeuer gehört: er zeichnete die Intervalle und Serien von Geräuschen auf. Auch wenn es Signale waren, die von einer unbekannten, nicht weit von der Erdoberfläche entfernten Region über Belgien oder von außerirdischen Schiffen stammten, und wenn es in dieser Serie von Geräuschen vielleicht etwas wie einen Code gibt, ähnlich dem Morsealphabet, so besteht dennoch keine große Hoffnung, solch begrenztes Material zu interpretieren, aber es könnte immerhin jemand anregen, alle Geräusche und ihre Intervalle und Modulationen aufzuzeichnen, falls solche Phänomene für längere Zeit abermals auftreten sollten. Die Intervalle betrugen vier Minuten und dreiundzwanzig Minuten; dann drei Minuten, vier Minuten, eine Dreiviertelminute, drei und drei Viertel Minuten, eine Dreiviertelminute.
16. September 1895 – ein Dreierschlag von Detonationen, gehört von Monsieur de Schryvere aus Brüssel.
Es gab Erklärungsversuche. Einige von van den Broecks Korrespondenten glaubten, es habe Geschützfeuer in Festungen an der englischen Küste gegeben, und jemand anders meinte, die Phänomene müßten Schwerkrafteinflüssen des Mondes

zugeschrieben werden. Am 13. September 1895 spürte man in Southampton vier Erschütterungen und hörte vier Geräusche: eine Serie von dreien, dann ein weiterer Schlag (*Nature*, 52-552); aber ich habe keine weiteren Aufzeichnungen über Geräusche, die in England zu jener Zeit zu hören waren, abgesehen von den beiden Explosionen, die von der Polizei in London erklärt wurden. Aber Monsieur van den Broeck sagt, Mr. Harmer aus Aldeburgh in Suffolk habe am 1. November dröhnende Geräusche vernommen, die man Kanonenschüssen in Harwich zuschrieb. Mr. Harmer hatte noch andere Geräusche gehört, die man Kanonenschüssen an einem anderen Ort zuschrieb. Er konnte keine eindeutige Meinung über die ersten Geräusche äußern, war aber den anderen nachgegangen und hatte erfahren, daß die Zuschreibung irrig war.

De Schryvere vertrat die Ansicht, daß die Dreierschläge der Detonationen, die er gehört hatte, von Schiffen in der Nordsee stammten. Aber wie sich die Dinge nun entwickeln, kann man die Geräusche in Belgien nicht sehr gut auf irdische Kanonenschüsse in Belgien oder in der Nähe zurückführen: In *Ciel et Terre*, 16-614, werden zwei Artillerieoffiziere zitiert, die die Geräusche gehört hatten, ohne sie aber auf den genannten Ursprung zurückführen zu können: einer der Offiziere hatte eine Serie von Detonationen mit Intervallen von etwa zwei Minuten gehört. Es gab eine ganze Reihe von Erklärungsversuchen, aber in konventionellen Begriffen, und wenn diese örtlich begrenzten, sich wiederholenden Geräusche wirklich vom Himmel kamen, erkennen wir hier nichts weiter als eine ganz neue Reihe von Erklärungsversuchen, und zwar in höchst unkonventionellen Begriffen. Es gibt Aufzeichnungen über den klaren Eindruck, daß die Geräusche vom Himmel kamen: Professor Peleseneer sagt: *positivement aérien*. In *Ciel et Terre*, 17-14, verkündete Monsieur van den Broeck, daß General Hennequin aus Brüssel mit ihm zusammengearbeitet, Nachfragen an Armeeoffiziere und andere Personen geschickt und dreißig Antworten erhalten habe. Einige Briefschreiber hatten Detonationen in regelmäßigen Abständen gehört. Es wird

berichtet, daß die Geräusche wie Kanonenschüsse klangen, aber in keinem einzigen Fall ließen sich die Geräusche auf irdisches Kanonenfeuer zurückführen.
24. Januar 1896 - ein dreifacher Dreierschlag - zwischen 14.30 Uhr und 15.30 Uhr - gemeldet von Monsieur Overloop aus Middelkirke, Belgien - drei Serien von Detonationen mit jeweils drei Geräuschen.
Die Geräusche gingen weiter, aber nach diesem Vorfall sehe ich mich nicht sonderlich bemüßigt, mit diesem Thema fortzufahren. Dies ist ein Hinweis, daß es von irgendwo Signale gab: von extra-terrestrischen Schiffen untereinander, oder von einer unbekannten Region in Richtung Erde, was fast so gesichert scheint, wie wir es nur wünschen können. Es gibt Leute, die in dem Gefühl, in Serien von dreimal Dreien müsse eine Bedeutung liegen, nichts als eine Empfänglichkeit für Zahlenmystik sehen. Aber wenn es einen Versuch geben sollte, von einer anderen Welt aus hier auf der Erde Aufmerksamkeit zu erregen, dann müßte man sich an einen Geisteszustand richten, der für derlei Bedeutungen empfänglich ist. Angenommen, die dreimal Drei sind so mystisch wie die elf Hörner von Daniels viertem Tier; wenn es in der ganzen Natur wie auch in der menschlichen Natur nur Aberglauben in bezug auf solche Serienbildungen gibt, dann wäre dieser Aberglaube, mangels etwas mehr Fast-Intelligentem, eine Empfänglichkeit, an die man sich wenden müßte und von der man Reaktionen erwarten dürfte. Ich glaube, das Gefühl für mystische Bedeutungen der Zahl Drei könnte universell sein, weil es auf dieser Erde allgegenwärtig ist. Es taucht in der Theologie, in ausgeglichenen Kompositionen aller Künste, in logischen Demonstrationen und in den unbestimmten Gefühlen auf, die manche für Aberglauben halten.
Die Geräusche gingen weiter, als hätte es Experimente gegeben oder Versuche, sich mit Hilfe anderer Regelmäßigkeiten und Wiederholungen mitzuteilen. 18. Februar 1896 - eine Serie von mehr als 20 Detonationen in Intervallen von 2 oder 3 Minuten, vernommen in Oostende von Monsieur Pulzeys,

einem Ingenieur aus Brüssel. Vier oder fünf Geräusche wurden in Oostende von jemand anders gehört; sie wiederholten sich am 21. Februar. Berichtet am 6. April von Monsieur Overloop aus Oostende: Detonationen um 11.57.30 Uhr und um 12.01.32 Uhr. Noch einmal am nächsten Tag, vernommen von Monsieur Overloop in Blankenberge um 14.35 Uhr und 14.51 Uhr.

Der letzte Vorfall, der von Monsieur van den Broeck aufgezeichnet wurde, ereignete sich am 23. Mai 1896 am Ärmelkanal: Detonationen um 15.20 Uhr und 15.40 Uhr. Ich habe keine weiteren Daten aus dieser Zeit, aber mir liegen Anmerkungen zu ähnlichen Geräuschen aus Frankreich und Belgien vor, wenn auch bei weitem nicht so ausgiebig dokumentiert und kommentiert, die etwa 15 Jahre später zu hören waren. Es fällt auf, daß die alte Erdbeben-Erklärung für diese Geräusche nicht mehr herangezogen wird.

Aber es gab in diesem Zeitraum andere Phänomene in England, die in beträchtlichem Maße auf konventionelle Weise erklärt wurden. Sie waren nicht von der gleichen Art wie die Phänomene in Belgien, und weil die Manifestationen sichtbar und spürbar waren, führte man sie auf Meteore und Erdbeben zurück. Aber in dieser doppelten Erklärung treffen wir auf eine zerstrittene Opposition. Wir werden nicht mehr vom kompromißlosen Versuch der exklusionistischen Wissenschaft niedergehalten, die alle Störungen auf der Erdoberfläche einem unterirdischen Ursprung zuschreibt. Das Eingeständnis von Symons und Fordham, das wir anläßlich der Ereignisse von 1887 bis 1889 zur Kenntnis nahmen, hat überlebt.

Der früheste Bericht, den ich über die Erdbeben in der Region von Worcester und Hereford (das Londoner Dreieck) gelesen habe, und der die Ereignisse mit Erscheinungen am Himmel in Verbindung bringt, wurde im Jahre 1661 von zwei Küstern veröffentlicht. Er bezieht sich auf die Ereignisse im Oktober 1661 und trägt den Titel *A True and Perfect Relation of the Terrible Earthquake*. Dort heißt es, daß fürchterliche Flammendinger am Himmel zu sehen und auch die Phänomene unten auf der

Erde interessant waren. Wir erfahren »wahrhaftig und gewißlich«, daß Mrs. Margaret Petmore ihre Wehen bekam und drei männliche Nachkommen gebar, die allesamt bei der Geburt schon Zähne hatten und sprechen konnten. Weil nicht berichtet wird, was die Kinder sagten, und ob sie es in verständlichem Englisch vorbrachten oder nicht, ist es denn auch weniger eine außergewöhnliche Geburt, wie sie immer wieder einmal vorkommt, die unsere konventionellen Ansichten über den Haufen wirft, sondern eher die Vorstellung, daß es eine Beziehung zwischen Anomalien in der Geburtshilfe und ungewöhnlichen irdischen Erscheinungen geben könnte. Dem konventionellen Wissenschaftler widerstrebt es nun einmal, Erschütterungen der Erde und Phänomene am Himmel gleichzeitig in Betracht zu ziehen. Wenn er wie wir akzeptieren könnte, daß es oft einen Zusammenhang gab, dann würde sich der scheinbare Zankapfel in einen Gemeinplatz verwandeln, und wie wir würde er nie wieder etwas über außergewöhnlich explosive Meteore hören wollen, die nur durch Zufall über einem Teil der Erde explodieren, wo ein Erdbeben auftrat, oder von Erschütterungen der Erde, die ein ums andere Mal in einer kleinen Region der Erde zu spüren sind, während ein ums andere Mal, nur durch Zufall, Meteore an einem kleinen örtlichen Himmel explodierten. Aber gebt die Idee auf, daß sich die Erde bewegt, und ihr braucht keine sich viele Male wiederholenden Zufälle mehr zu bemühen.
Unser Thema ist nun das angebliche Erdbeben, das sich am 17. Dezember 1896 auf die Gegend von Worcester und Hereford konzentrierte; aber es mag verwandte Ereignisse gegeben haben, die zu diesem Höhepunkt führten und die andeuteten, daß sich am Himmel lange Zeit etwas aufhielt und sich gelegentlich in diesem Winkel des Londoner Dreiecks manifestierte. Mrs. Margaret Petmore war, zumindest in unseren kühleren und mehr fast-wissenschaftlichen Momenten, für unseren Geschmack etwas zu sensationslüstern, und so werden wir ihre Nähe und ihre Daten zu meiden wissen; aber die sogenannten Erdbeben vom 6. Oktober 1863 und vom 30. Oktober 1868

ereigneten sich in dieser Region, und wir haben Angaben gefunden, die uns auf die Idee brachten, daß sie nur als Erdbeben bezeichnet wurden, weil man sie nicht auf oberirdische Explosionen zurückführen konnte.

Am 2. November 1893 war um 17.45 Uhr in einem zehn Meilen nordöstlich von Worcester gelegenen Ort ein lautes Geräusch zu hören, und keine Erschütterung war zu spüren (*Nature*, 49-245); aber in Worcester und in verschiedenen Teilen im Westen Englands und in Wales spürte man eine Erschütterung.

James G. Wood schrieb in *Symons' Meteorological Magazine*, 29-8, am 25. Januar 1894 um 21.30 Uhr habe man in Llanthomas und Clifford, zwei Orten, die weniger als 20 Meilen von Hereford entfernt sind, ein strahlendes Licht am Himmel gesehen, eine Explosion gehört und ein Erdbeben gespürt. Eine halbe Stunde später passierte noch etwas: nach Denning (*Nature*, 49-325) wurde in mehreren Orten in der Nähe von Hereford und Worcester angeblich ein Erdbeben registriert. Aber in Stokesay Vicarage, Shropshire (*Symons' Meteorological Magazine*, 29-8), sah man die gleiche Erscheinung, die man eine halbe Stunde zuvor in Llanthomas und Clifford beobachtet hatte: ein so helles Leuchten, daß für eine halbe Minute alles fast so gut sichbar war wie am Tage.

In *English Mechanic*, 74-155, lenkt David Packer unsere Aufmerksamkeit auf ein »seltsames meteorisches Licht«, das während des Bebens am 17. Dezember 1896 in Worcester am Himmel zu sehen war. Ich sollte erwähnen, daß dies das schwerste Beben war, das im neunzehnten Jahrhundert auf den Britischen Inseln verzeichnet wurde, ausgenommen die Erschütterung, die am 22. April 1884 im östlichen Winkel des Londoner Dreiecks zu spüren war. Dort war etwas am Himmel. In *Nature*, 55-179, schreibt J. Lloyd Bozward, daß in Worcester während des Bebens ein gewaltiges Licht am Himmel gesehen wurde. In *Symons' Meteorological Magazine*, 31-180, werden viele Beobachtungen über Lichter erwähnt, die am Himmel zu sehen waren. In einem Anhang zu seinem Buch *The Hereford Earthquake of 1896* sagt Dr. Charles Davison, zur Zeit des

Erdbebens (5.30 Uhr) sei ein leuchtendes Objekt am Himmel zu sehen gewesen, das »einen großen Teil des Bebengebiets überquerte«. Er meint, es sei ein Meteor gewesen, und zwar ein außergewöhnlicher Meteor, der den Boden so hell erleuchtete, daß man eine Nadel hätte aufheben können. Nach den bisher betrachteten Daten würde fast jeder glauben, daß natürlich ein Objekt am Himmel explodiert war und die Erde drunten erschüttert hatte. Dr. Davison sagt das nicht. Er sagt, daß der Meteor unvermutet »aufgrund eines seltsamen Zufalls« über einem Gebiet auf der Erde erschien, wo gerade ein Erdbeben stattfand.

Angenommen, er hätte dank gewöhnlichen gesunden Menschenverstands nicht zu diesem »seltsamen Zufall« gegriffen, sondern geschrieben, daß die Erschütterung natürlich das Resultat einer Explosion am Himmel war –

Erschütterungen, die am 17. Dezember vor Mitternacht zu spüren waren, dann um 1.30 Uhr, um 1.45 Uhr, um 2.00 Uhr, um 3.00 Uhr, um 3.30 Uhr, um 4.00 Uhr, um 5.00 Uhr und um 5.20 Uhr, und dann weiter um 5.40 Uhr oder um 5.45 Uhr und um 6.15 Uhr – und auch dies waren Reaktionen, aber schwächere und von weiter entfernten Explosionen am Himmel – und warum auch nicht, da natürlich das große Beben um 5.30 Uhr auf eine große Explosion am Himmel zurückgeht – und aufgrund welcher Multiplikation der Seltsamkeit des Zufalls konnten detonierende Meteore oder Explosionen irgendeiner anderen Art sich auf jenen kleinen Himmelsausschnitt über Worcester beschränken, wenn diese Erde eine sich bewegende Erde ist – und wie konnte ihr Ursprung ein anderer sein als eine fest stehende Region in der Nähe?

Für manche Köpfe mag es noch fraglich bleiben, ob die Erde von einer Explosion am Himmel wirklich so beeinflußt werden konnte, wie dies am 17. Dezember 1896 um 5.30 Uhr geschah. Am 10. Februar 1896 gab es am Himmel über Madrid eine gewaltige Explosion: in der ganzen Stadt gingen Fensterscheiben zu Bruch; eine Mauer in einem Gebäude, in dem die amerikanische Gesandtschaft untergebracht war, wurde niedergerissen.

Die Leute in Madrid stürmten auf die Straßen, und es gab eine Panik, bei der viele verletzt wurden. Fünfeinhalb Stunden lang hing eine leuchtende Schuttwolke über Madrid, und Steine fielen vom Himmel.

Angenommen, wir vernachlässigen für einen Augenblick alle Phänomene von Worcester und Hereford außer denen vom 17. Dezember 1896. Zeichnen Sie ein Diagramm, aus dem hervorgeht, daß ein Schwarm von Meteoren die sich angeblich drehende und rotierende Erde auf mehr als 400000 Meilen ihrer Umlaufbahn verfolgt und der herumschwingenden Erde anmutig und zielstrebig hinterherläuft, um in diesem einen kleinen örtlichen Himmel und nirgendwo sonst zu explodieren. Aber wir können uns ja nicht einmal halbwegs vernünftig einen Vogelschwarm vorstellen, der einem Apfel nachfliegt, den jemand in die Luft geworfen hat, um zielstrebig eine Stelle des Apfels anzupicken. Eine andere Zeichnung - stationäre Erde - Bombardement irgendeiner Art, die man sich auszumalen vermag - jedesmal wird die gleiche Stelle getroffen - das ist allerdings vorstellbar.

Die Phänomene fallen mit einer Opposition des Mars am 10. Dezember 1896 zusammen - Opposition des Mars.

Aber wir sind womöglich ein wenig zu forsch vorangegangen und haben uns dabei auf Unzulängliches gestützt. Denn wir können nicht direkt sagen, daß alle Phänomene in der Nacht vom 16. auf den 17. Dezember 1896 Erschütterungen waren, die auf Explosionen am Himmel zurückgehen: nur während der stärksten Erschütterung wurde etwas gesehen, oder etwas war so nahe, daß man es sehen konnte.

Wir wenden die Idee, ein Diagramm zu benutzen, auf eine andere Reihe von Ereignissen in diesem Zeitraum an. Zeichnen Sie nun also ein Diagramm, das den Himmel über Florida zeigt, und sehen Sie, was die Theorie bringt, die von zufälligen Begebenheiten ausgeht. Aber dann stellen Sie sich einmal vor, das Diagramm zeige eine Erde, die sich nicht bewegt und etwas, das über einem Punkt der Erde fixiert ist. Wir können uns vorstellen, daß Dinge von irgendwo anders zu einem bestimmten

Sektor über der Erde herunterkommen, wie wir uns vorstellen können, daß Dinge, die auf einem bestimmten Fenstersims auf der Kippe stehen, manchmal einem bestimmten Nachbarn auf den Kopf fallen.
In der *Monthly Weather Review*, 23-57, finden wir einen Bericht des Direktors des Florida Weather Service über »geheimnisvolle Geräusche« und Leuchteffekte am Himmel über Florida. Nachforschungen ergaben, daß diese Phänomene mittags am 7. Februar 1895, dann noch einmal um 5.00 Uhr am Morgen des 8. Februar und noch einmal zwischen 18.00 Uhr und 22.00 Uhr am Abend des 8. Februar auftraten. Der Herausgeber der *Monthly Weather Review* meint, daß möglicherweise drei Meteore nacheinander am Himmel über Florida explodierten: »durch Zufall«.

KAPITEL 30

Macht mir einen Stift aus einem verkohlten Redwood-Stamm. Gebt mir Seiten aus ragenden weißen Kalkklippen, auf denen ich schreiben kann. Vergrößert mich tausendfach und ersetzt meine lächerlichen Unbescheidenheiten durch titanischen Größenwahn – dann erst könnte ich so groß schreiben, wie es unsere Themen verlangen. Weil die entsprechenden Daten am leichtesten zugänglich und im Überfluß vorhanden sind, drehen sich unsere Berichte zum großen Teil um die relativ unbedeutenden Phänomene Großbritanniens. Aber unser Thema, hätten wir es nicht derart eingeschränkt, wäre die Gewalt, die brüllend vom Himmel niedergefahren ist und mit Feuerzungen ganze Dörfer aufgeleckt hat. Wenn aufgrund von Erscheinungen am Himmel akzeptiert wird, daß einige der sogenannten Erdbeben von Italien und Südamerika Ausdruck von Beziehungen zu Regionen jenseits dieser Erde sind, dann ist auch akzeptiert, daß einige der größten irdischen Katastrophen aus Beziehungen zum Unbekannten und Außerirdischen hervorgingen. Wir haben Daten, die auf Signale hinzuweisen scheinen, aber erst wenn wir uns vorstellen können, daß fremde Giganten explosive Berge auf die Erde geschleudert haben, sehen wir solche Hinweise in allen Daten.

Unsere Daten können anscheinend zwei Gruppen von Phänomenen zugeordnet werden: zum einen den Geräuschen in Melida, Barisal und in Belgien, wo nichts vom Himmel fiel und nichts am Himmel gesehen wurde, und hervorragend dokumentierten Beobachtungen, die nahelegen, daß mindestens in Barisal und in Belgien die Absicht vorlag, Signale zu senden, da die Geräusche in Intervallen und Gruppen kamen; und zum anderen die unregelmäßigen Phänomene von Worcester, Hereford, Colchester, Comrie und Birmingham, bei denen Erscheinungen am Himmel beobachtet wurden oder wo Substanzen vom Himmel fielen, und wo die Auswirkungen auf die Erde, die in Belgien und Bengalen überhaupt nicht registriert wurden, stark und manchmal gewaltig waren. Es scheint, daß die Extra-Geographie in das Extra-Soziologische und das Extra-Physikalische zerfällt; und für die zweite Art von Phänomenen nehmen wir an, daß die Daten sich auf physikalische Beziehungen zwischen der Erde und anderen Welten beziehen.

Wir stellen uns einen Unterschied im Potential vor. Es gab gewaltige Detonationen am Himmel, als in Birmingham und Wolverhampton kleine schwarze Steine vom Himmel fielen, nach den Schilderungen in den Zeitungen waren die elektrischen Manifestationen außergewöhnlich, und gleichzeitig fiel eine große Menge Wasser herab. Folglich wurden die Ereignisse als Gewitter erklärt. Ich selbst glaube, daß es Gewitterstürme waren, allerdings solche, die aufgrund der Potentialdifferenz zwischen der Erde und einer Region entstanden, die mindestens elf Jahre lang über Birmingham und Wolverhampton fixiert war. Steine und Wassermassen von einer anderen Welt kamen herunter, oder Steine kamen herunter und schlugen unterwegs Wassermassen los, die, wie viele unserer Daten nahelegen, im Weltraum existieren, manchmal als Massen von warmem oder heißem Wasser und manchmal als große Ansammlungen oder Felder von Eis.

Nehmen wir einmal an, daß zwei Objekte überwiegend ähnlich, aber in spezifischen Teilen unterschiedlich sind, und eine Beziehung, die wir als Potentialdifferenz bezeichnen können, auch wenn dieser Begriff meist auf elektrische Beziehungen beschränkt wird, entsteht zwischen ihnen. Ganz wie der Golfstrom – auch wenn es keinen Grund zur Annahme gibt, es gäbe einen Golfstrom in der Art, wie man es liest – eine Beziehung zwischen unterschiedlich warmen Gewässern darstellt, können wir uns zwei beliebige Welten vorstellen, die in ihrem Grundaufbau ähnlich sind, sich aber beispielsweise elektrisch so unterscheiden, daß, sobald sie sich nahekommen, Beziehungen zwischen ihnen entstehen, die andere sind als von der Schwerkraft regierte.

Aber diese einsame, abgeschottete Erde und ihre mönchische Wissenschaft scheut vor allen Daten über externe Beziehungen zurück und verleugnet oder vernachlässigt sie gar, abgesehen von einer einzigen kontrollierenden Kraft, die einst Jehova hieß, und die zur Gravitation umbenannt wurde –

Daß die elektrischen Austauschvorgänge, die von den Alten erkannt aber anthropomorphisch erklärt wurden, sich vom Himmel ergossen und in den Himmel schwappten, hinführend und herausführend zwischen der Erde und benachbarten Planeten oder zwischen diesem Festland und seinen San Salvadors, und daß sie von den Modernen oder den Neo-Alten zwar erkannt, nun aber meteorologisch und seismologisch mißdeutet wurden.

Wenn ein ganzes Dorf gen Himmel schießt, dann wird gesagt, es sei von einem Zyklon erfaßt worden: wenn unbekannte Substanzen vom Himmel fallen, dann werden nicht viele Worte über das Thema verloren.

Untergegangene Stämme und die Nationen, die vom Angesicht der Erde verschwunden sind – daß die Himmel vom Modergeruch ehemals irdischer Zivilisationen erfüllt sind, von abgestandenen (Stag-)Nationen, die sich dort ausgebreitet haben, wo ihre Gebeine heute noch sein mögen. Die Maya – und was ist aus ihnen geworden? Knochen der Maya, von Weltraum-Aasgeiern weißgepickt wie Rauhreif, bis auf den heutigen Tag in sterilem Überfluß irgendwo lagernd, ausgebreitet über die Existenz wie der Pseudo-Hauch des Todes, kristallisiert auf einer Himmels-Fläche. Drei große und breite Lücken in der Geschichte Ägyptens – und daß diese Abgründe von Verschwindenden erfüllt wurden – daß manches Verschwinden auf der Erde vielleicht eine Versetzung nach oben aufgrund einer funktionellen Saugkraft war.

Wir stellen uns vor, daß die Entwicklung auf der Erde von einer höheren Macht überwacht wird, daß aber die Namen Jehova und Allah aus der Mode sind – daß Entsprechungen göttlichen Zorns die Unerwünschten auf der Erde zerstört haben, vergleichbar den Zellstürmen, die in ein embryonisches Ding eindringen und die Knorpelzellen zerstören, die nicht mehr nützlich sind. Man kann mit einiger, wenn auch nicht mit letzter Sicherheit annehmen, daß eins der früheren Ägypten von Sphinxen bewohnt war, wenn man zugleich annehmen darf, daß ein paar der in Ägypten noch existierenden Statuen Portraits waren. Das ist eine gute, aber wieder doch nicht so gute orthodoxe evolutionäre Doktrin – daß es nämlich zwischen verschiedenen Typen Übergangsstadien gibt –

Daß Kräfte der Vernichtung und Neuverteilung mit so etwas wie gigantischen Saugrohren über ein früheres Ägypten zogen – weil es in Symbolen des embryonischen Gesetzes geschrieben stand, daß das Leben auf dieser Erde neue Formen bilden müsse – und die hockende Sphinx im ägyptischen Sand, die blinzelnd über die Geheimnisse ihrer morphologischen Mischungen wacht, wollte womöglich für immer den weniger interessanten Typus aufhalten, der sich näherte –

Daß oft eine Klärung die Übergangsstadien zerstörte, auf daß diese nicht die Entwicklung behindern.

Man stellt sich ihre Überreste vor, wie sie bis auf den heutigen Tag in den Strömen des Himmels treiben: schwebende Bahnen gefrorener Sphinxe, die feierlich auf kosmischen Wellen dümpeln, auf denen Prozessionen ägyptischer Mumien entlangziehen.

Ein Astronom auf der Erde bemerkt, daß Dinge in parallelen Reihen an der Sonne vorbeigezogen sind.

Wir meinen, daß dieser Beitrag den Vergleich mit den Werken anderer Historiker nicht scheuen muß. Wir glauben, daß vielleicht einige Details der Überarbeitung bedürfen, daß aber das, was sie umschreiben, irgendwie fast akzeptabel ist.

Breitengrade und Längengrade von Knochen; nicht am Himmel, sondern auf der Erdoberfläche. Baron Toll und andere Forscher haben sich auf der Erdoberfläche durch wahre Irrgärten von Rippen und Berge von Schädeln und Stapel von Wirbelsäulen gewühlt, so zahlreich, als wären sie dort gesprossen. Wer eine der Abhandlungen über Knochen an der Nordküste Sibiriens und auf einigen vorgelagerten Inseln gelesen hat, die buchstäblich aus nichts als mit vereistem Sand zementierten Knochen bestehen, wird mir zustimmen, daß es verheerende Umwälzungen gegeben hat, über die uns Konventionalität und standardisierte Interpretationen nichts verraten. Es geschah einmal, daß eine unbekannte Kraft von irgendwo eine Million Tiere nach Colorado versetzte, wo ihre Überreste heute gewaltige Knochen-Steinbrüche bilden. Wir argumentieren hier lang und breit gegen den Dogmatismus und sind manchmal sogar selbst nicht dogmatisch. So wollen wir gern einräumen, daß wir nicht mit letzter Sicherheit wissen, ob einst wirklich die Fauna einer anderen Welt von dort hinweggerafft wurde und sich schließlich in der garstigsten katzen- und karnickelspritzenden Flut von Mammuten, die der Kosmos je sah, über Sibirien und Colorado vom Himmel ergossen hat. Alles, was wir sagen können, ist, daß wir auf gähnende Leere oder Unterdrückung stoßen, wenn wir uns auf der Suche nach Antworten der Konventionalität zuwenden. Bis auf den heutigen Tag gibt es hin und wieder angebliche Niederschläge von Blut, und mir liegen Aufzeichnungen über mindestens einen Fall vor, in dem die mikroskopisch untersuchte Substanz zweifelsfrei als Blut identifiziert wurde.

Aber wir stellen uns jetzt bewegtere Zeiten vor, in denen hin und wieder ein roter Wasserfall am Himmel hing wie der Brautschleier der Göttin des Mordes. Doch die Wissenschaft von heute ist ein ähnliches Schlafmittel wie der Idealismus Europas, bevor der Krieg ausbrach. Wissenschaft und Idealismus – die Schwingen eines Vampirs, der das Bewußtsein einlullt, das sonst womöglich die Katastrophe voraussehen könnte. Schauer von Fröschen und Schauer von Fischen, die bis auf den heutigen Tag auftreten – daß sie die dahinschwindenden letzten Vertreter sintflutartiger Katastrophen bewegterer Zeiten sind, als die Himmel der Erde von hinführenden Dinosaurierwolken verdunkelt wurden. Wir stellen uns bewegtere Zeiten vor, aber wir stellen uns zugleich alle Zeiten als rhythmische Zeiten vor. Wir wollen uns hier nicht mit Panikmache aufhalten, aber wenn beispielsweise Rom nicht von irdischen Barbaren zerstört wurde, so wie wir uns nicht vorzustellen mögen, daß die Apachen Chicago erobern, dann sind vielleicht öfter extraterrestrische Wandalen auf die Erde herabgestoßen, und sie könnten wieder herabstoßen; und so könnte es uns eines Tages ein Trost sein, mit unserem letzten Atemzug zu erklären, daß wir es vorausgesagt haben.

Geschichte, Geologie, Paläontologie, Astronomie, Meteorologie – daß nichts außer welterschütternden Gedanken diese geeinten Mauern des Exklusionismus niederreißen kann.

Unbekannte Ungeheuer erscheinen manchmal im Meer. Wenn im geschlossenen System gewöhnlicher Voreingenommenheit eine Geschichte über eine Seeschlange auftaucht, dann wird sie ungastlich behandelt. Bei uns, die wir von größerer Herzlichkeit sind, kann sie auf freundlichere Aufnahme rechnen. Ich glaube, daß unsere bizarre Barmherzigkeit dereinst als gutes Werk gepriesen werden wird. Vor langer Zeit war Richard Proctor in der Topographie des neunzehnten Jahrhunderts fast untergetaucht in einem Ozean der Blasiertheit, aber hin und wieder war er wie eine kleine Insel, die aus den sanft schwappenden Zweifeln und Selbstzufriedenheiten seiner Ära ragte, und mit Hilfe mehrerer Schriften über die »Seeschlange« reckte er sich heraus und schenkte einer langweiligen Gleichförmigkeit etwas Abwechslung. Proctor untersuchte einige Geschichten über »Seeschlangen«. Einige von ihnen akzeptierte er. Dies wird einigen Konventionalisten neu sein. Aber das Geheimnis, das er nicht lösen konnte, war die Herkunft solcher Seeungeheuer. Vielleicht ist die Erde doch nicht rund oder wie ein Kreisel geformt, sondern türmt sich, wobei das große antarktische Plateau vielleicht das Vorgebirge darstellt, irgendwo zu einer gigantischen Existenz auf, die angemessen mit Seeungeheuern belebt ist, welche manchmal in uns bekannte Regionen vorstoßen. Nach unseren Erfahrungen mit anderen Forschungsgebieten vermuten wir, daß diese Erde nie umrundet wurde, es sei denn, auf konventionellen Handelsrouten und bei gewöhnlichen Forschungsreisen. Man möchte vermuten, daß gewaltige Lebensformen, die auf der Meeresoberfläche aufgetaucht sind, nicht aus Meerestiefen stammen, in denen großer Druck herrscht. Wenn sie aber in unbekannten Gewässern der Erde keinen Lebensraum haben, sind die Ungeheuer schlicht vom Himmel gefallen und überleben nur eine Weile. Zu seiner Zeit war auch Charles Lyell in seinen Äußerungen nicht absurder – aber wir sind nicht der Ansicht, daß Absurdität allein ein Kriterium ist.

Dann sind diese Dinger vermutlich ab und zu auch aufs feste Land gefallen. Den wissenschaftlichen Köpfen, die aufgrund schlechter Ernährung an Blutarmut leiden, bieten wir neue Nahrung. Es gibt Materialien für eine Wissenschaft der Neo-Paläontologie – sozusagen – zumindest für eine neue Betrachtungsweise tierischer Überreste auf der Erde. Überreste von Ungeheuern, die vor Urzeiten gelebt haben, werden manchmal nicht in alten Lagerstätten gefunden, sondern auf oder dicht unter der Erdoberfläche, manchmal nur gerade eben von Erde bedeckt. Ich besitze Aufzeichnungen über einen großen Stapel Knochen, angeblich die Überreste eines Wals, der im Freien in einer Wüste des amerikanischen Westens liegt.

Im American Museum of Natural History in New York wird der mumifizierte Körper eines Ungeheuers mit Namen *Trachodon* ausgestellt, der im Converse County, Wyoming, gefunden wurde. Er wurde nicht auf der Erdoberfläche gefunden, was freilich für unsere Versuche, die Paläontologie anzuregen, eher ungünstig ist. Aber die verblüffende Tatsache ist für mich, daß die einzige andere große Mumie, von der ich weiß, ebenfalls ein *Trachodon* ist, der sich in einem Museum in Frankfurt befindet. Wenn geologische Prozesse aber nur unter außergewöhnlichen Umständen die Überreste eines riesigen Tiers mumifizieren, dann ist es doppelt außergewöhnlich, daß zwei Tiere der gleichen Art auf jeweils so ausschließliche Weise betroffen sein sollten. Man muß zumindest ein wenig über die Vorstellung nachdenken, daß die *Trachodons* nicht aufgrund geologischer Umstände verendeten, sondern womöglich gemeinsam die Opfer anderer Ereignisse waren. Inspiriert oder im Zustand fortschreitenden Verfalls stellt man sich nun vor, wie die Dinger im Weltraum trieben, austrockneten und schließlich auf die Erde fielen. Unsere herabstoßenden Wandalen werden von herabregnenden Mumien abgelöst. Das Leben kann doch spannend sein.

Organische Substanzen wie die Lebenssäfte lebendiger Dinge regneten vom Himmel herab. Aber es soll für unsere allgemeinen Zwecke erst einmal genügen, einfach die Vorstellung akzeptabel zu machen, daß unbekannte Substanzen in großen Mengen vom Himmel gefallen sind. Das ist, scheint mir, genug des Neoismus. Ich selbst betrachte alle solche Daten vor dem Hintergrund einer stationären oder möglicherweise doch beweglichen Erde. In *Ciel et Terre*, 22-198, heißt es, am 8. Juni 1901 um etwa 14.00 Uhr sei in Sart eine leimähnliche Substanz heruntergekommen. Die Geschichte wird vom Meteorologen Michael berichtet, der der Sache nachging. Er sagt, er habe die Substanz vom Himmel fallen sehen, nennt aber keine Schätzung bezüglich der Niederschlagsdauer: er sagt, er sei während der letzten fünf Minuten des Schauers eingetroffen. Redakteure und Extra-Geographen können nicht anders, als sich an Erklärungen versuchen. Der Herausgeber von *Ciel et Terre* schreibt, drei Tage zuvor habe es in Antwerpen ein großes Feuer gegeben, bei dem unter anderem eine große Menge Zucker verbrannt sei. Er fragt, ob es eine Verbindung geben könnte. Antwerpen liegt etwa 80 Meilen von Sart entfernt.

2. September 1905 – die Tragödie des Weltraumschweins:

In *English Mechanic*, 86-100, schreibt Colonel Markwick, nach Angaben des *Cambrian Natural Observer* sei am 2. September 1905 in Llangollen, Wales, etwas am Himmel gesehen worden. Es wird als tiefschwarzes Objekt beschrieben, das sich etwa zwei Meilen über der Erdoberfläche mit einer Geschwindigkeit von etwa zwanzig Meilen in der Stunde bewegte. Colonel Markwick schreibt: »Kann es ein Ballon gewesen sein?« Wir

schätzen Colonel Markwick als guten Extra-Geographen ein, aber wir halten ihn für einen von der frühen oder differenzierenden Sorte, für einen Übergangstypus oder gar eine Sphinx: jedenfalls war er nicht entwickelt genug, Einzelheiten über das Objekt zu veröffentlichen. Im *Cambrian Natural Observer*, 1905-35 – der Zeitschrift der Astronomical Society of Wales – steht zu lesen, daß nach Zeitungsberichten am 2. September 1905 in Llangollen, Wales, ein Objekt am Himmel erschien. Am Schulhaus in Vroncysylite – ich glaube, nun reicht's: trotz meiner bekannten Gutgläubigkeit kommen mir manche dieser zungenbrecherischen walisischen Namen in meinen Unterlagen unglaublich vor – wurde das Ding, das am Himmel flog, mit starken Ferngläsern beobachtet. Wir erfahren, daß es kurze Flügel hatte und sich auf eine Weise bewegte oder auf eine Weise flog, die als »leichter Schlagseite« beschrieben wird. Es schien vier Beine zu haben, und es sah aus, als wäre es etwa zehn Fuß lang. Nach Angaben mehrerer Zeugen machte es den Eindruck eines großen, geflügelten Schweins mit Schwimmhäuten an den Füßen. »Es gab viele Spekulationen, was das geheimnisvolle Objekt gewesen sei.«
Fünf Tage später fiel nach Angaben eines Mitglieds der Astronomical Society of Wales – siehe *Cambrian Natural Observer*, 1905-30 – in Llanelly, Wales, eine purpurrote Flüssigkeit vom Himmel.
Ich weiß nicht, ob meine eigene Einstellung diesen Daten gegenüber verstanden wird, und ich weiß nicht einmal, ob das überhaupt eine Rolle spielt; von Zeit zu Zeit verändert sich meine Einstellung ohnehin: aber im großen und ganzen habe ich das Gefühl, daß aus unseren mageren Berichten nicht viel geschlossen werden sollte oder dürfte, daß über solche Ereignisse in unserem Forschungsgebiet aber so häufig berichtet wird, daß es mehrmals im Jahr Ereignisse geben muß, die man nur allzu gern von jemand untersuchen lassen möchte, der glaubt, daß wir nichts als Unfug geschrieben haben, und dazu von jemand anders, der mit beinahe religiöser Inbrunst an unsere Daten glaubt. Es mag sein, daß Anfang Februar 1892 ein

leuchtendes Objekt hin und her gereist ist und zehn Stunden lang den Himmel über Schweden erforscht hat. Die Geschichte stammt aus einer Zeitung und wurde in *English Mechanic*, 55-34, ins Lächerliche gezogen. Am 7. März 1893 wurde am Himmel über Val-de-la Haye von Monsieur Raimond Coulon ein leuchtendes Objekt beobachtet, das geformt war wie eine langgezogene Birne (*L'Astronomie*, 1893-169). Monsieur Coulon meint, daß das Licht möglicherweise eine Signallaterne war, die an einem Ballon hing. Der Gedanke an ein Signal ist immerhin interessant.

Im Sommer 1897, mehrere Wochen nachdem Professor Andrée und seine beiden Gefährten mit einem Ballon von Amsterdam Island auf Spitzbergen losgeflogen waren, wurde gemeldet, daß man in British Columbia einen Ballon gesichtet habe. Es machte viel Aufsehen: man ging dem Bericht nach. Mag sein, daß man über die Umstände berichtet hätte, wenn irgendwo in den Vereinigten Staaten oder Kanada ein irdischer Ballon entflogen wäre, oder wenn es zu dieser Zeit einen Ballonstart gegeben hätte. Es kann gut sein, daß das Objekt nicht Andrées Ballon war. Präsident Bell von der National Geographic Society hörte von diesem Objekt und erfuhr, daß die Einzelheiten ans schwedische Außenministerium weitergeleitet worden seien. Er telegrafierte dem amerikanischen Gesandten in Stockholm und bat um Informationen. Der Bericht wurde im *National Geographic Magazine*, 9-102, veröffentlicht. Man verwies ihn an den schwedischen Konsul in San Francisco. In seiner Antwort auf die Nachfrage telegrafierte der Konsul die folgenden Daten, die vom Präsidenten der Geographical Society of the Pacific aufgezeichnet wurden:

»Erklärung zu einem Ballon, der über das Horse-Fly Hydraulic Mining Camp in Caribou, British Columbia, 52°20', Breite 120°30' flog –

Aus Briefen von J. B. Robson, dem Manager der Caribou Mining Co., und Mrs. Wm. Sullivan, der Frau des Schmieds am gleichen Ort, und aus einer Erklärung von Mr. John J. Newsome, San Francisco, der sich zu dieser Zeit im Camp befand. Um etwa

14.00 Uhr oder 15.00 Uhr zwischen dem vierten und siebten August des vergangenen Jahres bemerkte Mrs. Sullivan bei ruhigem Wetter und wolkenlosem Himmel, als sie über die Förderanlage hinwegblickte, rechts neben der Sonne ein rundes, gräulich aussehendes Objekt am Himmel. Während sie es beobachtete, wurde es größer und sank herab. Sie sah den größeren Umriß eines Ballons oben und einen kleineren Umriß, der anscheinend am größeren hing. Es sank weiter herab, bis sie es eindeutig als Ballon erkannte, an dem ein großer Korb hing. Schließlich begann es heftig hin- und herzuschwingen und bewegte sich sehr schnell nach Osten und Norden. Mrs. Sullivan rief ihre achtzehnjährige Tochter herbei, und etwa zu dieser Zeit beobachteten auch Mrs. Robson und deren Tochter das Objekt.«

Wenn jemand einen seltsamen Fisch im Meer gesehen hat, dann wollen wir wissen – wie sah er aus? Hatte er Streifen – Flecken – oder was? Es wäre unbefriedigend, wenn wir immer und immer wieder nichts weiter hörten, als daß ein dunkler Körper durch ein paar Wellen gezogen sei. In *Cosmos*, 39-356, schreibt ein durchaus befriedigender Korrespondent, er habe am 4. September 1898 in Lille, Frankreich, ein rotes Objekt am Himmel gesehen. Es war dem Planeten Mars ähnlich, befand sich aber nicht an der Position irgendeines bekannten Planeten. Der Gewährsmann sah durch sein Teleskop und erblickte ein rechteckiges Objekt mit einem grellbunten Band an einer Seite. Der Rest war schwarz und rot gestreift. Er beobachtete es zehn Minuten. In dieser Zeit blieb es stationär; dann sprühte es Funken wie das Objekt, das zur Zeit des Verschwindens von Powell gesehen wurde und verschwand.

In *English Mechanic*, 75-417, schreibt Colonel Markwick, ein Freund von ihm habe am 10. Mai 1902 im Süden von Devon eine große Zahl grellbunter Objekte wie kleine Sonnen oder Spielzeugballons am Himmel gesehen. »Ich kann es nicht erklären«, sagt Colonel Markwick.

Am 2. März 1899 war in El Paso, Texas, von 10.00 Uhr bis 16.00 Uhr ein leuchtendes Objekt am Himmel zu sehen. Es wird in *Observatory*, 22-247, erwähnt – angeblich soll es die Venus gewesen sein, obwohl Venus zu dieser Zeit zwei Monate über die Phase ihrer höchsten Leuchtkraft hinaus war. Das scheint für sich genommen sicher vernünftig, aber es gibt noch weitere Daten, die uns auf den Gedanken bringen, daß zu dieser Zeit am örtlichen Himmel der Südweststaaten ein unbekannter, leuchtender Körper unterwegs war. Im *U.S. Weather Bureau Report*, Ausgabe Arizona, März 1899, heißt es, Dr. Warren E. Day habe in Prescott, Arizona, am 8. März ein leuchtendes Objekt gesehen, das den ganzen Tag bis 14.00 Uhr »mit dem Mond flog«. Es wird berichtet, daß das Objekt am Vortag von Mr. G. O. Scott aus Tonto, Arizona, in der Nähe des Mondes beobachtet worden war. Dr. Day und Mr. Scott waren ehrenamtliche Beobachter für die *Weather Review*. Der Zusammenhang mit dem Mond und die räumliche Begrenztheit der Sichtung sind verwirrend.

La Nature (Sup.), 11. November 1899 – daß Monsieur A. Garrie am 28. Oktober 1899 um 16.50 Uhr in Luzarches, Frankreich, ein rundes leuchtendes Objekt über den Horizont steigen sah. Es hatte etwa die Größe des Mondes. Er beobachtete es 15 Minuten lang, während es sich entfernte und zu einem Punkt schrumpfte. Es mag sein, daß etwas aus äußeren Regionen mehrere Wochen am örtlichen Himmel über Frankreich verbrachte. In *La Nature*, 15. November 1899, schreibt jemand, er habe am 15. November 1899 um 19.00 Uhr in Dourite (Dordogne) ein Objekt beobachtet, das einem gewaltigen Stern glich, das aber mitunter weiß, dann rot und manchmal blau geleuchtet und sich wie ein Drachen bewegt habe. Es sei im Süden gewesen. Er hätte es noch nie zuvor gesehen. In der Ausgabe vom 30. Dezember schreibt jemand, das sei ohne Zweifel der Stern Formalhaut gewesen, und will die genaue Position wissen. In der Ausgabe vom 20. Januar 1900 erwidert der erste Korrespondent, das Objekt habe im Südwesten gestanden, ungefähr 35 Grad über dem Horizont, doch es habe sich bewegt, so daß eine genaue Positionsbestimmung nicht möglich gewesen sei. Die Bewegung, die an einen Drachen erinnerte, soll vielleicht nur eine scheinbare Bewegung gewesen sein – das Objekt kann wirklich Formalhaut gewesen sein, auch wenn mir 35 Grad über dem Horizont etwas hoch für Formalhaut scheinen – aber schließlich neige ich wie auch die Astronomen gelegentlich dazu, zu offenbaren, was ich über die Astronomie nicht weiß. Formalhaut ist kein gewaltiger Stern. Siebzehn andere sind größer.

1. Mai 1908, zwischen 20.00 Uhr und 21.00 Uhr in Vittel, Frankreich – ein Objekt mit einem Dunstschleier darum, dessen Durchmesser dem des Mondes entsprach, gemeldet von einem Korrespondenten des *Cosmos*, 58-535. Um 21.00 Uhr erschien auf dem Objekt ein schwarzes Band, das das Objekt verdunkelte, während es sich bewegte. Dann verschwand das Objekt. Der Herausgeber glaubt, das Objekt könne der Planet Venus unter außergewöhnlichen meteorologischen Bedingungen gewesen sein.

Ein dunkles Objekt, gemeldet von Professor Brooks, 21. Juli 1896, (*English Mechanic*, 64-12); ein dunkles Objekt, Gathmann, 22. August 1896 (*Scientific American Supplement*, 67-363); zwei leuchtende Objekte, Professor Swift, offenbar an einem örtlichen Himmel über Kalifornien, weil sie am 20. September nirgendwo sonst in Kalifornien zu sehen waren; eins von ihnen tauchte noch einmal am 21. September 1896 auf (*Astronomical Journal*, 17-8, 103); »Waldemaths zweiter Mond«, 5. Februar 1898 (*English Mechanic*, 67-545); ein unbekanntes Objekt am 30. März 1908 (*Observatory*, 31-215); ein dunkles Objekt, 10. November 1908 (*Bulletin de la Société Astronomique de France*, 23-74).

KAPITEL 31

Cold Harbor, Hanover County, Virginia – zwei Männer auf einem Feld – »bei anscheinend klarem Himmel«. In der *Monthly Weather Review*, 28-29, heißt es, am 7. August 1900 seien zwei Männer vom Blitz erschlagen worden. Der Herausgeber meint, der Wetterkarte sei kein Hinweis auf ein Gewitter zu entnehmen, und es habe zu dieser Zeit in der fraglichen Region keinen Regen gegeben.

Im Juli 1904 wurde auf dem Gipfel des Mt. San Gorgionio in der Nähe der Mojave-Wüste ein Mann getötet. Es heißt, er sei vom Blitz erschlagen worden. Zwei Tage später wurde auf dem 180 Meilen entfernten Gipfel des Mt. Whitney ein Mann »vom Blitz« getötet (*Ciel et Terre*, 29-120).

In *Ciel et Terre*, 17-42, wird ausgeführt, daß im Jahre 1893 neunzehn Soldaten, die in der Nähe von Bourges in Frankreich marschierten, von einer unbekannten Kraft getroffen wurden. Es heißt, man könne den Vorfall in gewöhnlichen Begriffen nicht erklären. Einige Männer wurden getötet, andere wurden bewußtlos geschlagen. Bei der Untersuchung kam heraus, daß es kein Gewitter gegeben hatte und daß nichts zu hören gewesen war.

Auch wenn es auf der Erdoberfläche Schläge gibt, die aus dem Nichts kommen, wenn Menschen von Nichtsen gepackt werden, wenn aus dem Hinterhalt mit Kugeln aus unauffindbaren Substanzen geschossen wird, zögern wir, Hexerei und Dämonologie zur Erklärung heranzuziehen. Unser allgemeines Thema ist jetzt die Existenz vieler Dinge, die permanent oder vorübergehend in der Nähe unseres Planeten sind, normalerweise unsichtbar bleibend, sich uns aber gelegentlich aufgrund besonderer Umstände offenbarend. Ein Hintergrund von Sternen ist nach unseren Daten nicht mit der Sonne als Hintergrund vergleichbar, wenn es um Offenbarungen geht. Wir akzeptieren, daß es Sonnenflecken gibt, aber wir wissen aus allgemeiner Erfahrung und besonderen Beispielen, daß das Wort »Sonnenfleck« bloß ein standardisierender Begriff ist wie »Nordlicht« oder »meteorisch« oder »Erdbeben«. Siehe Webbs *Celestial Objects.* Dort finden Sie einige Beobachtungen von großen, klar erkennbaren Verdunkelungen, die »Sonnenflecken« genannt werden, die aber vor der Sonne so flüchtig waren, wie es Inseln und Dschungel im Weltraum wären, wenn sie nur ein paar Momente zwischen die Erde und die rasch dahineilende Sonne treten würden. Nach Webb haben Astronomen große Verdunkelungen auf der Sonne betrachtet, sich abgewandt, noch einmal hingesehen und keine Spur der Phänomene mehr gefunden.

Eklipsen sind besondere Umstände, und ziemlich oft wurden durch die unterschiedlichen Lichteffekte bei solchen Finsternissen große, unbekannte Körper offenbart. Beispielsweise entdeckte Lieutenant Blackett von der Royal Navy, der in Viziadrug, Indien, Sir Norman Lockyer assistierte, am 22. Januar 1898 während einer totalen Sonnenfinsternis zwischen Venus und Mars einen unbekannten Körper (*Journal of the Astronomical Society of Leeds*, 1906-23). Wir haben bereits von anderen Beispielen gehört, und ich habe noch mehr zu bieten. Die fotografische Platte ist ein besonderer Umstand, was die Empfindlichkeit angeht. In *Knowledge*, 16-234, schreibt ein Korrespondent, er habe im August 1893 in der Schweiz in einer mondhellen Nacht eine fotografische Platte eine Stunde lang belichtet. Auf dem entwickelten Foto waren unregelmäßige helle Markierungen zu sehen, aber nach Wahrnehmung des Korrespondenten habe es keine Blitze gegeben.

Die Begleitumstände der Panik, in die am 3. November 1888 Schafe gerieten, sind außergewöhnlich. Das betroffene Gebiet war viel größer, als der in einem früheren Kapitel zitierte Autor annahm. In einem anderen Bericht in *Symons' Meteorological Magazine* heißt es, in einer fünfundzwanzig Meilen langen und acht Meilen breiten Region seien Tausende von Schafen gleichzeitig plötzlich aus ihren Pferchen ausgebrochen; man habe sie am nächsten Morgen weit verstreut, einige von ihnen immer noch vor Schrecken keuchend und verängstigt in Hecken kauernd, gefunden. Manche hätten sich in den Ecken von Feldern zusammengedrängt. Siehe dazu die Londoner *Times* vom 20. November 1888. Eine Vorstellung von der großen Zahl der betroffenen Herden gibt uns ein Korrespondent, der sagt, üble Streiche kämen nicht in Frage, weil nicht einmal tausend Männer all diese Schafe hätten erschrecken und freilassen können. Jemand anders versucht zu erklären, daß sich ein Schreck, der in eine Herde fährt, auf die nächste überträgt. Aber alle Schafe brachen um etwa 20.00 Uhr aus den Hürden, und man kann doch annehmen, daß die Hürden nicht unmittelbar nebeneinander standen, und man stellt sich vor, daß eine solche Ansteckung einige Zeit braucht, bis sie sich in einem Gebiet von 200 Quadratmeilen ausgebreitet hat. Etwas Erschreckendes und deutlich Wahrnehmbares hat sich an diesem Abend irgendwo in der Nähe von Reading in Berkshire abgespielt. Auch scheint es mit dem Ort eine besondere Bewandtnis zu haben: im folgenden Jahr gab es in Berkshire, nicht weit von Reading entfernt, nämlich abermals eine Panik.

Mir liegt ein Bericht vor, der sehr nach der Aufdeckung eines Geistermondes aussieht, auch wenn ich selbst eher in physikalischen Begriffen an Lichteffekte denke. In *Country Queries and Notes*, 1-138, 417, heißt es, am Abend des 14. September 1908 habe man am Himmel über Gosport, Hampshire, ein Licht gesehen, das wirkte, als käme es von einem unsichtbaren Mond. Mag sein, daß ich hier festhalten kann, daß an diesem Abend am Himmel über den Midlands und im Süden Englands ein mondähnliches Objekt am Himmel stand, und daß diese Welt, diese Insel im Raum, was immer es auch war, die normalerweise für das menschliche Auge unsichtbar ist, dennoch offenbart wurde. An diesem Abend des 14. September 1908 sah David Packer, seinerzeit in Northfield, Worcestershire, eine leuchtende Erscheinung, die er für ein Nordlicht hielt. Er fotografierte sie. Als die Fotografie entwickelt war, wurde deutlich, daß das »Nordlicht« von einem großen, dem Mond ähnlichen Körper ausgegangen war. Eine Reproduktion des Fotos wurde in *English Mechanic*, 88-211, veröffentlicht. Sie zeigt ein Objekt, das so hell und klar umrissen ist wie der allgemein akzeptierte Mond, aber es hatte sich nur der Kamera offenbart, und Mr. Packer hatte mit dem Film eine Insel im Raum eingefangen, die für seine Augen unsichtbar gewesen war. So scheint es jedenfalls.

In *Country Queries and Notes*, 1-328, steht zu lesen, daß am 2. August 1908 an der irischen Küste bei Ballyconneely, Connemara, eine Phantomstadt mit unterschiedlich großen Häusern in verschiedenen Architekturstilen zu sehen war; sie blieb drei Stunden lang sichtbar. Es wird berichtet, daß die Erscheinung zweifellos das Spiegelbild einer weit entfernten Stadt gewesen sei – weit entfernt, aber natürlich auf der Erde. Diese Erscheinung ist nicht von der Art, die wir für unsere eigenen Daten für überaus wichtig halten. Die sogenannten Luftspiegelungen, für die wir uns interessieren, sind nicht für sich selbst genommen interessant, sondern aufgrund der Tatsache, daß sie zu jener Klasse von Phänomenen oder Beweisen zählen, die so viele Felder unserer Daten vereint: das heißt, Wiederholungen an einem örtlichen Himmel, die erkennen lassen, daß etwas relativ zu einem Teil der Erdoberfläche an einer fixierten Position verharrt. Wir können uns nicht vorstellen, daß Luftspiegelungen, ob irdischen oder außerirdischen Ursprungs, sich so wiederholen könnten. Aber wenn es an einem örtlichen Himmel über der Erde eine feststehende Region gibt, vielleicht nicht unbedingt eine Stadt, sondern etwas mit zackigen, abwechslungsreichen Umrissen, mit Vorsprüngen, die wie Gebäude wirken, dann sind Reflexionen davon, Schatten oder Geisterbilder, die sich stets an einem bestimmten Himmel wiederholen, vorstellbar, außer vielleicht für chinesisch denkende Menschen, die alle unsere Daten für »fremde Teufel« halten.

Der Autor in *Country Queries and Notes* schreibt – »es wurden gar erläuternde Berichte veröffentlicht, die besagen, daß die

Stadt Bristol eindeutig in einer Luftspiegelung erkannt wurde, wie sie gelegentlich in Nordamerika beobachtet worden war«. Wenn wir akzeptieren sollen, daß irgendwo in Nordamerika wiederholt Abbilder der gleichen Stadt oder der gleichen städtischen Szene an ein und demselben örtlichen Himmel aufgetaucht sind, dann ist mir der fremde Gedankenteufel, ob aus der Hölle oder nicht, der mir sagt, daß die Erde stationär ist, allemal lieber als die einheimische Gedankenverirrung, eine Luftspiegelung könne sich auf diese Weise die Stadt Bristol oder irgendeine andere immer wieder herauspicken und gleichzeitig zielsicher als Leinwand einen immer gleichen örtlichen Himmel auswählen, der Tausende von Meilen oder auch nur fünf Meilen entfernt ist.

Im *English Mechanic* vom 10. September 1897 wird ein Korrespondent der *Weekly Time and Echo* zitiert, der gerade vom Yukon zurückgekehrt war. Anfang Juni 1897 hatte er am Himmel von Alaska das Abbild einer Stadt gesehen. »Nicht einer war unter uns, der sich irgendwie vorzustellen vermochte, in welchem Teil der Welt diese Siedlung liegen könnte. Manche vermuteten, es sei Toronto, andere dachten an Montreal, einer schlug sogar Peking vor. Aber ob die Stadt in einer unbekannten Welt auf der anderen Seite des Nordpols existiert oder nicht, es ist eine Tatsache, daß das wundervolle Bild alljährlich von Zeit zu Zeit auftaucht, und wir waren nicht die einzigen, die das Schauspiel gesehen haben. Deshalb ist klar, daß es sich um das Spiegelbild eines Ortes handeln muß, der von Menschenhand erbaut wurde.« Nach diesem Korrespondenten sah das »Bild« nicht wie eine der erwähnten Städte aus, sondern wie »eine riesige Stadt aus der Vergangenheit«.

In der *New York Tribune* vom 17. Februar 1901 heißt es, Indianer in Alaska hätten von einer gelegentlich zu beobachtenden Erscheinung berichtet, die an eine am Himmel schwebende Stadt denken ließ. Ein Prospektor namens Willoughby, der die Geschichten gehört hatte, sei ihnen im Jahre 1887 nachgegangen und habe das Schauspiel selbst beobachtet. Nachdem er mehrmals versucht hatte, die Szene zu fotografieren, hätte Willoughby wenigstens ein Foto der angeblichen Stadt in der Luft vorgelegt. In *Alaska*, S. 140, sagt Miner Bruce, daß Willoughby, einer der ersten Pioniere in Alaska, nach dem Willoughby Island benannt ist, ihm von dem Phänomen erzählt hätte, worauf er Willoughby Anfang 1899 zu dem Ort begleitet hatte, an dem sich das Phänomen angeblich wiederholen sollte. Wie es scheint, bekam er selbst nichts zu sehen, doch er zitiert ein Mitglied der Expedition von Herzog d'Abruzzi zum Mount St. Elias im Sommer 1897. Mr. C. W. Thornton aus Seattle habe das Schauspiel gesehen und geschrieben – »Es erforderte keine großen Bemühungen der Phantasie, das Bild mit einer Stadt gleichzusetzen; es war, ganz im Gegenteil, so deutlich zu sehen, daß man sich nur mit Mühe klarmachen konnte, daß es sich dabei um keine wirkliche Stadt handelte«. Bruce veröffentlicht eine Reproduktion von Willoughbys Foto und erklärt, die Stadt sei als Bristol, England, identifiziert worden. So klar und so wenig phantomgleich ist die Reproduktion mit Bäumen und vielen detailreichen Gebäuden, daß man annimmt, das Original war das Foto einer recht ansehnlichen irdischen Stadt, vielleicht sogar Bristol in England.

In Kapitel 10 seines Buches *Wonders of Alaska* versucht Alexander Badlam sich an einer Erklärung. Er veröffentlicht eine Reproduktion von Willoughbys Fotografie: es ist die gleiche wie bei Bruce, nur daß alle Gebäude spiegelverkehrt sind. Badlam mag Willoughby nicht des Betruges bezichtigen: er denkt, ein unbekannter Spaßvogel hätte Willoughby eine Trockenplatte verkauft, auf der ein Teil der Stadt Bristol bereits abgebildet war. Ich meine, daß in der Tat etwas in dieser Art geschah, und daß dieses Foto, auf das in Berichten über die sich wiederholenden Luftspiegelungen immer wieder verwiesen wird, mit den Bildern nichts zu tun hat. Badlam erzählt dann von einem anderen Foto. Er berichtet, daß zwei Männer in der Nähe des Muir-Gletschers in einer Goldwäscherpfanne voll Quecksilber das Spiegelbild einer unbekannten Stadt gesehen hätten, und daß sie sich vorgestellt hätten, sie liege in der Nähe des

Gletschers am Meeresgrund, spiegele sich am Himmel und werde von der Pfanne noch einmal zurückgespiegelt. Das ist kompliziert. Ein Fotograf namens Taber verkündete dann, er habe die Szene fotografiert, wie sie in einer Goldwäscherpfanne reflektiert wird. Badlam veröffentlicht eine Reproduktion von Tabers Foto oder angeblichem Foto. Dieses Mal sieht jeder, der gelegentlich gern denkt, daß es irgendwo am Himmel von Alaska eine große, unbekannte Stadt gibt, ein äußerst ermutigendes Foto: eine exotisch anmutende Stadt; ein Gebäude wie ein Kolosseum und ein weiteres hohes Gebäude, das an eine Moschee erinnert, dazu viele undeutliche, verschwommene Häuser. Ich selbst würde das Foto gern für echt halten, aber ich stelle mir vor, daß Taber es aufgenommen hat, indem er ein Panorama fotografierte, das er selbst gemalt hatte. Badlams Erklärung lautet, daß in Alaska Spiegelungen von Gletschern häufig vorkommen, und daß sie wie Gebäude wirken können. Vor einigen Jahren las ich fünf- oder sechshundert Pfund Literatur über die Arktis, und ich muß sagen, daß über weite Entfernungen projizierte Bilder in der Arktis keineswegs häufig vorkommen; bloßes Aufragen dagegen ist häufig. Badlam veröffentlicht ein Bild vom Muir-Gletscher. Die aufragenden Teile des Eises wirken wie gotische Architektur, aber sie sind offensichtlich bloß aufragende Teile, die sich ein kurzes Stück aus dem Berg erheben, nicht von ihm losgelöst sind und sich nicht am Himmel spiegeln.

Die erste Identifizierung des Fotos von Willoughby als Foto eines Teils der Stadt Bristol finden Sie in der *New York Times* vom 20. Oktober 1889. Es scheint akzeptabel, daß dieses Foto ein Schwindel ist. Es war nach den Beschreibungen der häufig am Himmel von Alaska zu beobachtenden Szene aber nicht ähnlich. In der *New York Times* vom 31. Oktober 1889 finden wir einen Bericht von Mr. L. B. French aus Chicago über das gespenstische Schauspiel, das er in der Nähe des Mt. Fairweather sah. »Wir konnten deutlich Häuser erkennen, klar gezeichnete Straßen und Bäume. Hier und dort ragten hohe Türme über große Gebäude, die alte Moscheen oder Kathedralen zu sein schienen ... es sah nicht aus wie eine moderne Stadt – eher wie eine alte europäische Stadt.«

Journal of the Royal Meteorological Society, 27-158:

Daß jedes Jahr zwischen dem 21. Juni und dem 10. Juli über einem Gletscher in Alaska eine »Phantomstadt« am Himmel erscheint; daß Elemente in ihr als Gebäude der Stadt Bristol, England, erkannt worden seien, so daß die »Luftspiegelung« angeblich ein Spiegelbild von Bristol war. Es heißt, diese Abbilder seien den Indianern Alaskas schon seit Generationen bekannt, und im Mai 1901 würde eine wissenschaftliche Expedition aus San Francisco der Sache nachgehen. Wir lesen, daß die Szene, abgesehen von leichten Veränderungen, jedes Jahr die gleiche sei.

La Nature, 1901-1-303:

Daß in Victoria, British Columbia, eine Gruppe von Wissenschaftlern zum Mount Fairweather aufgebrochen sei, um ein sich wiederholendes Abbild einer Stadt am Himmel zu untersuchen, das von Herzog d'Abruzzi gemeldet worden sei, der es gesehen und in einer Zeichnung festgehalten habe.

KAPITEL 32

Der Abend des 7. Dezember 1900 - siebzig Minuten lang spielte eine Lichtfontäne auf dem Planeten Mars. Professor Pickering - »absolut unerklärlich« (*Scientific American*, 84-179).

Es könnte ein Nachrichten-Geysir gewesen sein. Vielleicht wird er eines Tages übersetzt. Wenn die Nachricht aus Bildern bestand, die dem Gruß eines Planeten an eine höhere Macht angemessen sind, dann mag sie eines Tages als heroischster Festgesang aller Zeiten in die Literatur dieses Geosystems eingehen. Siehe Lowells Bericht in *Popular Astronomy*, 10-187. Dort sind auch einige Werte veröffentlicht, die sich aus einem möglichen Code von langen und kurzen Blitzen ergeben. Lowell nimmt eine Normalität als Grundeinheit an und zeichnet Variationen von zwei Dritteln, Eineindrittel und Anderthalb auf. Wenn es in Flagstaff, Arizona, Aufzeichnungen über all die langen Blitze und die kurzen Blitze gibt, die an diesem Abend des 7. Dezember 1900 siebzig Minuten lang zu sehen waren, dann sind entweder die Grüße einer Insel im Raum hoffnungslos an kontinentaler Dumpfheit zerschellt, oder es müssen alle Amateur-Champollions dieser Erde in Flagstaff, Arizona, einfallen, um sich in einem ohrenbetäubenden, geschäftigen Summen an der Übersetzung zu versuchen.

Zu dieser Zeit verkündete Tesla, er habe mit seinem drahtlosen Apparat Vibrationen empfangen, die er Marsbewohnern zuschrieb. Sie erfolgten in Dreierschlägen.

***

Wir sind der Ansicht, daß Mondbewohner im Laufe von Eklipsen und Oppositionen und anderen bemerkenswerten himmlischen Ereignissen versucht haben, mit der Erde zu

kommunizieren, da sie eine Vorstellung hatten, daß die Astronomen der Erde bei solchen Gelegenheiten wenigstens halbwegs aufmerksam sind.
Eine Mondfinsternis am 10. und 11. März 1895 - keine Wolke, kein Nebel - elektrische Funken wie Blitze, gemeldet von einem Schiff auf dem Atlantik (*English Mechanic*, 61-100).
Während der Sonnenfinsternis am 29. Juli 1897 hat Mr. E. L. Martindale aus St. Mary's, Ohio, mit einer empfindlichen fotografischen Platte ein seltsames Bild aufgefangen. Es sieht aus wie die Aufnahme eines verknoteten Blitzes. Siehe *Photography*, 26. Mai 1898.
Im *Bulletin de la Société Astronomique de France*, 17-205, 315, 447, heißt es, daß am 1. und 3. März 1903 ein Licht wie ein kleiner Stern, der periodisch blinkte, von Monsieur Rey aus Marseille und von Maurice Gheury aus London im Mondkrater Aristarchus beobachtet wurde. 28. März 1903 - Opposition des Mars.

* * *

In *Cosmos*, 49-259, schreibt Monsieur Desmoulins aus Argenteuil, er habe am 9. August 1903 um 23.00 Uhr ein leuchtendes Objekt gesehen, das sich von Norden nach Süden bewegte. Der Planet Venus erreichte am 13. August 1903 seine größte Leuchtkraft. In dreierlei Hinsicht erinnert dies an die anderen Objekte, die zur Zeit der größten Annäherung der Venus auf der Erde beobachtet wurden: es war ein rotes Objekt; es erschien nur an einem örtlichen Himmel, und es erschien zu einer Zeit, als Venus sichtbar war. Monsieur Desmoulins befand sich in Begleitung von vier weiteren Personen. Einer der Anwesenden hatte einen Feldstecher dabei. Das Objekt wurde zwanzig Minuten lang beobachtet. In dieser Zeit legte es eine Strecke von schätzungsweise fünf oder sechs Kilometern zurück. Es sah aus wie ein Licht, das an einem Ballon hing, aber im Fernglas waren keine Umrisse eines Ballons erkennbar, und es gab keine Lichtreflexe, die man auf den undurchsichtigen Körper eines Ballons hätte zurückführen können. Es war ein roter Körper, dessen Leuchtkraft im Kern am stärksten war. Der *Cosmos*-Redakteur schreibt, daß dieses Objekt nach Angaben anderer Korrespondenten am 19. und 26. Juli um 23.00 Uhr in Chatou beobachtet worden war. Argenteuil und Chatou sind 4 oder 5 Meilen voneinander entfernt, und beide Orte wiederum sind etwa 5 Meilen von Paris entfernt. Alle drei genannten Tage waren Sonntage, und auch wenn man durch Ferngläser keinen Ballon erkennen konnte, nimmt man selbstverständlich an, daß jemand in der Nähe von Paris sich an Sonntagabenden einen Spaß daraus machte, kleine Heißluftballons loszulassen. Der größte Widerstand für alles, was man Fortschritt nennt, ist das, was man »selbstverständlich annimmt«.

In *English Mechanic*, 81-220, schreibt Arthur Mee, was mehrere Personen in der Umgebung von Cardiff am Abend des 29. März 1905 am Himmel sahen: »eine Erscheinung wie ein vertikaler Lichtstrahl, der nicht (wie sie sagten) auf einen Suchscheinwerfer oder eine ähnliche Ursache zurückging«. Es gab noch weitere Sichtungen, die uns an die Beobachtungen von Noble und Bradgate am 28. und 29. August 1883 erinnern: damals war es ein Objekt, das ein Licht wie ein Suchscheinwerfer abstrahlte; dieses Mal war es eine Verbindung zwischen einem Licht, das einem Suchscheinwerfer ähnelte, und einer Leuchterscheinung von klar erkennbarer Form.

Im *Cambrian Natural Observer*, 1905-32, finden wir mehrere Berichte über eine Erscheinung mit klarer erkennbaren Umrissen, die an diesem Abend am Himmel über Wales beobachtet wurde – »wie eine langgestreckte Gruppe von Sternen hinter einem leichten Dunstschleier«. Dies wurde beobachtet, während Venus als »Abendstern« sichtbar war – um etwa 22.00 Uhr. Die Erscheinung wurde heller und sah für etwa eine halbe Stunde aus wie ein weißglühendes Licht. Es war laut einer anderen Schilderung ein auffälliges, klar erkennbares Objekt – »wie eine Eisenstange, die bis zu orangefarbener Glut erhitzt und vertikal aufgehängt war«.

Drei Abende später tauchte etwas am Himmel über Cherbourg auf – *L'Astre Cherbourg* – das Objekt, das Abend für Abend am

Himmel über Cherbourg erschien, als der Planet Venus der Erde am nächsten war (untere Konjunktion am 26. April 1905). Flammarion schreibt in *Bulletin de la Société Astronomique de France*, 19-243, das Objekt sei der Planet Venus gewesen. Deshalb bestreitet er, daß es sich in verschiedene Richtungen bewegt habe. Er sagt, die angeblichen Beobachtungen dieses Effekts seien Illusionen gewesen. In *L'Illustration*, 22. April 1905, erzählt er die Geschichte auf seine Weise und sagt einige Dinge, denen wir beim besten Willen nicht zustimmen können, aber er sagt auch, die Ignoranz gewisser Personen sei *inénarrable*. In *Cosmos*, 42-420, heißt es Monate nach dem Ereignis, viele Korrespondenten hätten geschrieben und nach *L'Astre Cherbourg* gefragt. Der Herausgeber bekennt sich zu der Ansicht, daß es sich bei dem Objekt um Jupiter oder um Venus gehandelt habe. Bei allen unseren Gedanken über Besucher von der Venus war unser wichtigster Punkt das Auftauchen an einem örtlichen Himmel. Dies eint diese Ansichten mit anderen Ansichten, die alle zusammen in unsere allgemeinen extra-geographischen Ansichten einfließen. Der Herausgeber von *Cosmos* sagt, dieses Objekt, über das aus Cherbourg berichtet wurde, sei auch aus anderen Städten gemeldet worden. Wahrscheinlich will er damit sagen, daß es gleichzeitig in mehreren Städten gesehen wurde. Für alle Wächter der irdischen Isolation ist es bequem zu sagen: die Schlußfolgerung ist also, daß der Planet Venus außergewöhnlich hell war und außergewöhnliche Aufmerksamkeit erregte, und daß es sonst nichts am örtlichen Himmel über Cherbourg zu sehen gab. Aber wir wissen ja, daß standardisierende Verkleidungen oft den Blick auf unsere Daten in späteren Berichten verstellen, und wir haben es uns angewöhnt, zu zeitgenössischen Quellen zu greifen. Wir werden herausfinden, daß die Zeitungen jener Zeit über ein leuchtendes Objekt schrieben, das Abend für Abend nur über der Stadt Cherbourg erschien, wie der ihm gegebene Name ja auch andeutet. Es war ein rötliches Objekt. Der Herausgeber von *Cosmos* erklärt, daß atmosphärische Bedingungen der Venus diese Färbung geben könnten. Ich vermute, daß das durchaus passieren kann: aber doch wohl nicht Abend für Abend. Wir werden herausfinden, daß dieses Objekt oder ein ähnliches Objekt von anderen Orten gemeldet wurde, aber nicht gleichzeitig mit seinem Erscheinen über Cherbourg.

Im *Journal des Debats* findet sich die erste Nachricht in der Ausgabe vom 4. April 1905. Es heißt dort, daß ein leuchtender Körper jeden Abend zwischen 20.00 Uhr und 22.00 Uhr über der Stadt Cherbourg erschienen ist.

Dies waren etwa die Stunden, in denen Venus sichtbar war. In dieser Phase ging Venus um 21.30 Uhr unter, Jupiter um 20.00 Uhr. Es ist genug, um allen Konventionalisten ein Gefühl von Vernünftigkeit zu geben, auch wenn die sich ohnehin so fühlen, weil sie glauben können, daß es sich bei diesem Objekt somit selbstverständlich um Venus gehandelt habe. In meinen eigenen früheren Spekulationen über dieses Thema hob sich diese eine Angabe so sehr heraus, daß ich, wären da nicht noch andere Daten gewesen, das Thema fallengelassen hätte. Aber dann las ich von anderen Erscheinungen: ein ums andere Mal wurde etwas an einem örtlichen Himmel über der Erde beobachtet, manchmal so klar, daß man sogar Bewegungen erkennen konnte, nicht wie die der Venus, sondern in verschiedene Richtungen, so daß man denken muß, daß es sich dabei nicht um Venus handelte, auch wenn es zu einer Zeit auftauchte, als Venus sichtbar war. Zwischen diesen Erscheinungen und der Sichtbarkeit der Venus scheint aber in der Tat ein Zusammenhang zu bestehen.

Im *Journal* heißt es, *L'Astre Cherbourg* habe einen scheinbaren Durchmesser von 15 Zentimetern gehabt und einen weniger klar umrissenen Halo von 75 Zentimetern – schien etwa einen Yard breit zu sein – was natürlich bedeutungslos ist. Im *Bulletin de la Société Astronomique de France* finden wir die Erklärung, daß das Objekt nach den Berichten oval gewesen sei. Im *Journal des Debats* erfahren wir, daß das Ding zuerst für einen Fesselballon gehalten wurde, daß diese Idee dann aber aufgegeben wurde, weil es auftauchte und wieder verschwand.

Journal des Debats, 12. April:
Daß das leuchtende Objekt nach wie vor jeden Abend über Cherbourg erschien; daß viele Erklärungen erdacht worden seien: von manchen Leuten, daß es der Planet Jupiter sei, und von anderen, daß es ein Komet sei, aber daß niemand wüßte, was es wirklich war. Die Kometen-Erklärung ist natürlich ausgeschlossen. Der Autor im *Journal* bringt sein Bedauern zum Ausdruck, daß weder das Meteorological Bureau noch das Observatorium von Paris jemand zu Nachforschungen geschickt habe, sagt aber, daß der *préfet maritime* von Cherbourg einen Marineoffizier mit den Nachforschungen betraut habe.
In *Le Temps* vom 12. April ist ein Interview mit Flammarion veröffentlicht, der sich wieder einmal über *inénarrable* Dinge beklagt und sagt, die Angelegenheit wäre bald beigelegt, weil der Kommandant eines Kriegsschiffes dabei sei zu bestimmen, was der leuchtende Körper sei.
Le Figaro, 13. April:
Der Bericht von Kommandant de Kerillis von der *Chasseloup-Laubut* – daß die Position des *L'Astre Cherbourg* nicht mit der Position der Venus übereinstimme, und daß die Scheibe nicht aussähe wie die Sichel der Venus, aber daß man das Objekt unter ungünstigen Bedingungen von einem Schiff aus beobachtet habe, und daß der Kommandant und seine Kollegen keine abschließende Meinung anzubieten hätten.
Ich glaube, da waren allenthalben *inénarrable* Dinge. Gute Sicht vorausgesetzt, kann ich mir nicht vorstellen, worin die ungünstigen Bedingungen bestanden haben sollen. Bedenkt man freilich, daß hier etwas beobachtet wurde, das alle Astronomen der Welt als etwas bezeichnen würden, das nicht sein kann, so kann man sich vorstellen, daß ein Marineoffizier, der kein Astronom war, sich nicht festlegen wollte, wiewohl er fraglos Gerade Aufsteigung von Deklination zu unterscheiden wußte. In *Le Temps* und anderen in Paris erscheinenden Zeitungen wird berichtet, daß nach Angaben des Marineoffiziers das Objekt vielleicht ein Komet war, aber daß man sich auch selbst nicht eindeutig auf diese Meinung festlegen wolle.

Ich glaube, jemand muß jetzt mutig sein; also neige ich, wenn natürlich auch nicht eindeutig, dazu, die Erscheinungen über Cherbourg mit den Beobachtungen in Wales am 29. März in Verbindung zu bringen; auch verweise ich auf einen weiteren Bericht, der dazu in Beziehung stehen könnte. In *Le Temps* vom 12. April heißt es, um Mitternacht vom 9. auf den 10. April sei am Himmel über Tunis ein leuchtendes Objekt wie *L'Astre Cherbourg* erschienen. Obwohl es mehrere Minuten sichtbar blieb, wird gesagt, das Objekt sei wahrscheinlich ein Meteor gewesen.

Jeden Abend vom 1. bis zum 11. April erschien am Himmel über Cherbourg ein leuchtender Körper. Danach wurde er nicht mehr beobachtet. Er mag nach seinem letzten Abschied aus dem Himmel von Cherbourg davongesegelt sein. In *Le Figaro* vom 15. April wird berichtet, daß die Wärter des Leuchtturms von La Blanche am Abend des 11. April so etwas wie einen beleuchteten Ballon am Himmel beobachtet hätten. In der Annahme, es sei ein Ballon, hatten sie ihm signalisiert, aber das Objekt sei verschwunden. Es heißt, daß der Leuchtturm nicht mit dem Festland in Verbindung stand, so daß die Wärter nichts vom Stern von Cherbourg gehört hatten.

***

In der Londoner *Times* vom 23. November 1905 schreibt ein Korrespondent, er und sein Wildhüter hätten am 17. November um etwa 15.30 Uhr in East Liss, Hants, etwa 40 Meilen von Reading entfernt, ein lautes, fernes Grollen gehört. Diesem Ohrenzeugen zufolge schien das Grollen eine Komposition von Dreierschägen zu sein. Wir werden akzeptieren, daß drei Geräusche gehört wurden, aber wir haben keine weitere Bestätigung, daß jedes Geräusch in sich wiederum regelmäßige Rhythmen enthielt. Der Wildhüter sagte, er habe um 11.30 Uhr und um 13.30 Uhr ähnliche Geräusche gehört. Es wird berichtet, daß die Geräusche nicht wie Kanonenschüsse klangen, und daß die Richtung, aus der sie zu kommen schienen, sowie die Nachmittagszeit, die Erklärung ausschlossen, daß es sich um

Artillerieübungen in Aldershot oder Portsmouth handelte. Aldershot liegt etwa 15 Meilen von East Liss entfernt, Portsmouth etwa 20 Meilen.

Times, 24. November – daß das »Erdbeben« am 17. November um 15.30 Uhr in Reading deutlich zu spüren war. *Times*, 25. November – gehört am 17. November in Reading um 11.30 Uhr, 13.30 Uhr und 15.30 Uhr.

Reading Standard, 25. November:

Daß es am 17. November um 11.30 Uhr, um 13.30 Uhr und um 15.30 Uhr in Reading Aufregung gab durch Geräusche und Vibrationen der Erde. Es wird berichtet, daß nichts zu beobachten war, daß aber die Geräusche sehr an jene erinnerten, die während des Meteorschauers von 1866 zu hören gewesen waren.

Mr. H. G. Fordham taucht wieder auf. In der *Times* vom 1. Dezember schreibt er, die Phänomene ließen eindeutig auf eine Explosion am Himmel schließen und nicht auf ein Erdbeben unterirdischen Ursprungs. »Der Lärm und die Erschütterungen, die man spürte, sind zweifellos auf die Explosion (oder mehr als eine Explosion) eines Meteoriten oder Boliden hoch droben in der Atmosphäre zurückzuführen, der eine Welle (oder mehrere Wellen) von Geräuschen und Erschütterungen der Luft in Gang setzte. Es ist in der Tat wahrscheinlich, daß eine ganze Reihe von Phänomenen, die auf diese Quelle zurückgehen, fälschlicherweise leichten und lokalen Erdstößen zugeschrieben werden.«

Mr. Fordham schrieb dies, aber er schrieb nichts weiter, und ich glaube, daß an anderer Stelle etwas anderes geschrieben wurde, dem man im Jahre 1905 Gehorsam leisten mußte; und daß es mit etwa diesen Worten dargestellt werden kann: »Du sollst nicht.« Mr. Fordham forschte nicht über die Vernunft des Gedankens nach, daß Meteore nur durch Zufall binnen vier Stunden in dieser Folge an einem örtlichen Himmel der Erde und nirgends sonst explodiert sein konnten; und auch nicht über die sich daraus ergebende Frage, ob die Erde stationär sei oder nicht.

Wir haben Daten über eine Folge, die weit länger als vier Stunden dauerte.
In der *Times* schreibt Mrs. Lane aus dem 20 Meilen von Portsmouth entfernten Petersfield, sie habe einige Tage vor dem 17. November zwischen 11.30 Uhr und 15.30 Uhr Detonationen gehört, und sie habe sie am 17. November noch einmal vernommen. Mrs. Lane meint, es müßten Artillerieübungen in Portsmouth gewesen sein. Es scheint klar, daß es zu dieser Zeit nirgendwo in England Kanonenschüsse gab. Es scheint klar, daß es Signale von einer anderen Welt gab.
In *English Mechanic*, 82-433, schreibt Joseph Clark, am 18. November, wenige Minuten nach 15.00 Uhr, sei in Somerset ein Dreierschlag von Detonationen zu hören gewesen – »laut wie Donner, aber nicht genau wie Donner«.
Reading Observer, 25. November – daß die Geräusche nach Angaben eines Korrespondenten am 21. November um 13.35 Uhr und noch einmal um 15.08 Uhr in Whitchurch (20 Meilen von Reading entfernt) zu hören waren. Die Geräusche wurden auf Artillerieübungen in Aldershot zurückgeführt, aber der Korrespondent hatte dem Artilleriekommandanten in Bulford Camp geschrieben und von diesem erfahren, daß es zur fraglichen Zeit kein schweres Feuer gegeben hatte. Der Redakteur des *Observer* sagt, auch er habe dem Kommandanten geschrieben und die gleiche Antwort bekommen.
Ich habe ausgiebig gesucht. Ich habe keinerlei Hinweise dafür gefunden, daß irgend jemand diese Detonationen mit einem irdischen Ursprung in Verbindung bringen konnte.

KAPITEL 33

Im Coconino County in Arizona gibt es eine ungewöhnliche Felsformation. Sie ist als Coon Butte und als Crater Mountain bekannt. Vor langer Zeit hat jemand oder etwas diesen Teil von Arizona ausgehöhlt. Die Delle im Boden hat einen Durchmesser von etwa 3800 Fuß und ist, gerechnet vom Rand des Walls bis zum Talboden, ungefähr 600 Fuß tief. Aus diesem Krater wurden Kalksteinblöcke geschleudert, einige über eine Entfernung von bis zu einer Meile, und einige der Blöcke wogen wahrscheinlich bis zu 5000 Tonnen. In dieser Formation und darum herum wurden außergewöhnlich viele Meteoriten oder Bruchstücke eines einzigen Super-Meteoriten gefunden.

In seinem Bericht für die Academy of Natural Science of Philadelphia (*Proceedings of the Academy of Natural Sciences of Philadelphia*, Dezember 1905) schreibt Beringer über die Männer, die mit dem Meteoritenmaterial Handel trieben, er wüßte von zweien, die fünfzehn Tonnen davon verkauft hätten. Aber Beringers Minimalschätzung für einen Körper, der den Grund auf diese Weise aushöhlen kann, liegt bei zehn Millionen Tonnen.

Man nahm an, daß die Hauptmasse von meteorischem Material unter dem Boden der Formation begraben lag, aber man brachte Bohrungen nieder, ohne etwas zu finden, das diese Annahme bestätigen konnte. Eine Bohrung drang 1020 Fuß tief ein und durchbrach 100 Fuß dicken roten Sandstein, der dort anscheinend den natürlichen, unversehrten Untergrund bildet. Der Hinweis, der am stärksten gegen die Vorstellung spricht, dieser Krater sei von einem einzigen Super-Meteoriten geschlagen worden, ist die Tatsache, daß in dem Loch und in dessen Umgebung mindestens drei Arten von Meteoriten gefunden wurden: es handelt sich um Eisen, um Massen von Eisenschiefer und um Schieferkugeln, die so sehr abgerundet und voneinander abgesetzt sind, daß man sie sich nicht als Bruchstücke eines größeren Körpers vorstellen kann, und ebensowenig als gewaltige Tropfen geschmolzener Materie, die von einer brennenden Hauptmasse fortgespritzt wären, weil es keinen Hinweis auf verglühtes Gestein gibt, das einen solchen Kontakt kennzeichnen würde.

Es gibt Daten, die für die Annahme sprechen, daß diese drei Arten von Objekten zu unterschiedlichen Zeiten heruntergefallen sind, wahrscheinlich von einer Quelle, die relativ zu diesem Punkt in Arizona an Ort und Stelle verharrte. Innerhalb der Formation fand man im Boden verschüttet in verschiedenen Entfernungen Tonschieferablagerungen, als wären sie zu unterschiedlichen Zeiten heruntergefallen. Beispielsweise liegen sieben von ihnen in einer vertikalen Linie, die tiefste davon 27 Fuß unter der Erde; auch fand man Schieferablagerungen im Untergrund außerhalb der Formation.

Aber ganz so, als wären sie erst in jüngerer Zeit gefallen, liegen Hunderte von Eisenbrocken offen auf der Erdoberfläche, oder sie sind nur teilweise bedeckt, oder sie sind ganz bedeckt, aber nur mit einer relativ dünnen Erdschicht.

Man kann nicht sagen, wann dieser große Krater geschlagen wurde, aber die Zedern am Kraterrand sind angeblich etwa 700 Jahre alt.

In den Begriffen unserer allgemeinen Ansicht über Potentialdifferenzen und elektrische Beziehungen zwischen benachbarten Welten stelle ich mir eine Explosion zwischen der Erde und einem Land irgendwo in der Nähe vor, und etwas, das mehr war als ein Zyklon, hat diese Delle verursacht.

In Arizona wurden noch andere Meteore gefunden: ein Eisenmeteor von 85 Pfund wurde 1898 in Weaver in der Nähe von Wickenburg, 130 Meilen vom Crater Mountain entfernt, entdeckt, und ein 960 Pfund schwerer Brocken, der angeblich aus dem 140 Meilen vom Crater Mountain entfernten Peach Springs stammt, ist heute im National Museum ausgestellt.

Diese beiden Eisenmeteore deuten auf nichts Besonderes hin; aber wenn wir akzeptieren, daß es irgendwo in Arizona eine weitere Fundstätte für Meteore gibt, die ebenso außergewöhnlich reichhaltig ist, dann läßt diese Reichhaltigkeit an eine Gemeinsamkeit im Wesen und vielleicht sogar an eine Gemeinsamkeit im Ursprung der beiden Lagerstätten denken.
Es gibt mehrere große Eisenmeteore, die als die Tucson-Meteore bekannt sind. Einer wiegt 632 Pfund, der andere 1514 Pfund. Beide befinden sich heute in Museen. Sie stammen von einem Ort in den Santa Rita Mountains, der Iron Valley genannt wird. Dieses Tal liegt etwa 30 Meilen südlich von Tucson und ist ungefähr 200 Meilen vom Crater Mountain entfernt. Das Iron Valley bekam seinen Namen, weil dort eine große Zahl von Meteoriten gefunden wurde. Nach Angaben der Leute aus Tucson kamen sie um das Jahr 1660 herunter. Siehe *American Journal of Science*, 2-13-290.
Am 24. Juni 1905 fand Barringer auf der Ebene etwa anderthalb Meilen nordwestlich des Crater Mountain einen Meteoriten einer vierten Art. Es war ein Meteoritenstein, der sich »deutlich von allen anderen Proben unterschied«. Barringer glaubt, der Stein sei etwa am 15. Januar 1904 heruntergekommen. An einem Abend Mitte Januar 1904 wurden zwei seiner Angestellten von einem lauten zischenden Geräusch geweckt. Sie sahen im Norden der Formation einen Meteor niedergehen. Zur gleichen Zeit sahen zwei Ärzte aus Arizona, die sich nördlich der Formation aufhielten, den Meteor aus ihrer Sicht im Süden fallen. Eine Analyse und Beschreibung des Objekts können Sie in *American Journal of Science*, 4-21-353, nachlesen.
Barringer, der glaubt, daß einmal ein einziger Super-Meteorit, von dem bisher nur ein kleiner Teil gefunden wurde, das Loch in den Boden geschlagen hat, schreibt – »Daß ein kleiner Steinmeteorit auf praktisch den gleichen Fleck der Erdoberfläche fällt, auf dem vor vielen Jahrhunderten der Eisenmeteor vom Cañon Diablo niederging, ist gewiß ein äußerst bemerkenswerter Zufall. Ich habe die Fakten so akkurat wiedergegeben, wie es mir möglich war, und ich habe keine Meinung darüber

anzubieten, ob es sich hier um mehr als einen Zufall handelt oder nicht.«

Andere Phänomene in Arizona:

Am 24. Februar 1897 war über der Stadt Tombstone eine gewaltige Explosion zu hören. Es wird berichtet, daß bei St. David ein Bruchstück eines Meteors herunterkam (*Monthly Weather Review*, 1897-56). Yarnell, Arizona, 12. September 1898 – »ein lautes, tiefes Donnerhallen« war zwischen Mittag und 13.00 Uhr zu hören. »Der Lärm kam von der Granite Range diesseits von Prescott. Aus allen Berichten geht hervor, daß zu dieser Zeit ein großer Meteor einschlug« (*U.S. Weather Bureau Report*, Ausgabe Arizona, September 1898).

Am 19. Juli 1912 gab es in Holbrook, Arizona, etwa 50 Meilen vom Crater Mountain entfernt, eine laute Detonation, und einer der bemerkenswertesten Niederschläge von Steinen überhaupt wurde registriert. Siehe *American Journal of Science*, 4-34-437. Einige Steine sind sehr klein. Etwa 14000 wurden gesammelt. Nur zweimal seit 1800 fielen nach konventionellen Aufzeichnungen Steine in großer Zahl vom Himmel.

Etwa einen Monat später (18. August) gab es in Holbrook eine zweite Erschütterung. Dieses Mal soll es sich um ein Erdbeben gehandelt haben (*Bulletin of the Seismographic Society of America*, 1-209).

KAPITEL 34

Die kritische Opposition des Mars von 1909 – die letzte in unseren Aufzeichnungen – die nächste wird 1924 kommen –

8. August 1909 – siehe *Quarterly Journal of the Meteorological Society*, 35-299 – bei klarem Himmel wurden in Epsom in der Grafschaft Surrey und an anderen Orten im Südosten Englands Blitze gesehen. Man konnte sie nicht auf Gewitterblitze in England zurückführen. Der Autor des *Journal* fand heraus, daß es in Frankreich, mehr als hundert Meilen entfernt, ein Gewitter gegeben hatte. Einen Bericht über diese Blitze, die in Epsom registriert wurden – »in einer schönen, sternenklaren Nacht« – finden Sie in *Symons' Meteorological Magazine*, 44-148. In jedem Abschnitt von jeweils fünf Minuten zwischen 22.00 Uhr und 23.15 Uhr kamen die Blitze in folgenden Abständen: 16-14-20-31-15-26-12-20-30-18-27-22-14-12-10-21-8-5-3-1-0-1-0. Ich sehe keine Möglichkeit, in diesem zeitlichen Takt so etwas wie einen Code zu entdecken. Ich sehe aber eine Entwicklung. Es gab ähnliche Beobachtungen während der günstigen Oppositionen des Mars in den Jahren 1875 und 1877.

Im Jahre 1892 wurden die Blitze besonders deutlich wahrgenommen. Jetzt sind sie notiert und in ein Raster gesetzt, aber auf einer Grundlage, die möglicherweise nur für Meteorologen interessant ist. Wenn sie auch 1924 zu sehen sein werden, können wir sie wieder beobachten und in Raster eintragen, und vielleicht bekommen wir dann wundervoll neue und andersartige Übersetzungen zu sehen. Danach werden dann einige unerträglich ähnliche Übersetzungen erscheinen, deren Veröffentlichung merkwürdig lange hat auf sich warten lassen.

23. September 1909 – Opposition des Mars.
In all unseren Daten bemerkten wir Abfolgen von Erscheinungen an örtlichen Himmeln dieser Erde, die darauf hinweisen, daß die Erde stationär ist, die aber zugleich mit den größten Annäherungen des Mars in Verbindung stehen. In der Nacht vom 16. auf den 17. Dezember 1896 war in Worcester ein Schlag nach dem anderen zu spüren; ein großer »Meteor« wurde zur Zeit des heftigsten Schlages beobachtet. Mars war sieben Tage über die Opposition hinaus. Wir hielten es für recht einleuchtend, daß Explosion auf Explosion über Worcester geschah, und daß nur zur Zeit der größten oder nächsten Explosion etwas am Himmel zu sehen war. Mit der konventionellen Erklärung, daß nur durch Zufall ausgerechnet im exakten Moment der größten Erschütterung ein großer Meteor über einer Region explodiert war, wo es gerade eine Reihe von Erdbeben gab, waren wir nicht sehr zufrieden.
Im November 1911 vollendete Mars seinen fünfzehn Jahre währenden Zyklus von unterschiedlich großen Annäherungen und wiederholte die Beziehung, die bereits im Jahre 1896 bestanden hatte. Um 22.00 Uhr am Abend des 16. November 1911 war in Deutschland und in der Schweiz eine Erschütterung zu spüren, die konventionell als Erdbeben gedeutet wird. Aber offensichtlich gab es auch eine Explosion am Himmel. Im *Bulletin of the Seismological Society of America*, 3-189, schreibt Graf Montessus de Ballore, er habe 112 Berichte über Blitze und andere Leuchterscheinungen am Himmel untersucht, die dem »Erdbeben« um wenige Sekunden vorausgegangen waren. Er zieht daraus den Schluß, daß ein großer Meteor nur zufällig über einer Region explodierte, wo es wenige Sekunden später zufällig ein Erdbeben gab. »Deshalb halte ich es für sehr wahrscheinlich, daß das Erdbeben zufällig mit einem Fall von Meteoren oder Sternschnuppen zusammentraf.«
Die Duplizität der Umstände vom Dezember 1896 geht noch weiter. Wenn, selbstverständlich, diese Erschütterung in Deutschland und in der Schweiz die Auswirkung von etwas war, das am Himmel explodierte – wovon waren dann die

Erschütterungen, die später zu spüren waren, die Auswirkungen? De Ballore erwähnt nichts von späteren Ereignissen. Aber wenige Minuten nach Mitternacht und dann noch einmal um 3.00 Uhr am Morgen des 17. Dezember gab es weitere, leichtere Nachbeben. Nur zur Zeit der größten Erschütterung war etwas am Himmel zu sehen gewesen.

Nature, 88-117 – daß diese Abfolge von Phänomenen sich so ereignete. Wir bringen die Phänomene mit dem Planeten Mars in Verbindung, aber wir fragen auch: Wie können Meteore – wenn alle drei Erschütterungen folgerichtig die Beben nach Explosionen am Himmel waren, nachdem es ja eine von ihnen sicherlich war – so zielgenau eine kleine Region einer sich bewegenden Erde heimsuchen, oder wie können Projektile mit solcher Zielgenauigkeit und Präzision abgefeuert werden?

17. November 1911, das war sieben Tage vor der Opposition des Mars. Die Opposition trat zwar erst am 24. November ein, aber Mars befand sich am 17. am Punkt der größten Annäherung.

Ganz gleich, wie schwer unsere eigenen Ansichten zu akzeptieren sein mögen – auf der Gegenseite finden wir nichts als Barbarentum, Einfalt und schwer zu schluckende Pillen:

Sieben Tage vor der Opposition des Mars explodierte im Jahre 1896 ein großer Meteor über einer Region, wo es eine Serie von Erdbeben gegeben hatte – angeblich rein zufällig;

Sieben Tage vor der nächsten ähnlichen Opposition des Mars explodierte ein großer Meteor über einer Region, wo es eine Serie von Erdbeben geben sollte – erneut durch Zufall.

***

Die Mondbewohner, die mit uns kommunizieren wollen, versuchen, himmlische Ereignisse wie Oppositionen und Eklipsen zu ihrem Vorteil zu nutzen, weil sie glauben, daß Astronomen oder Nachtwächter oder Polizisten auf der Erde bei solchen Gelegenheiten womöglich aufmerksamer zum Himmel hochblicken –

Ein großes leuchtendes Objekt oder ein Meteor, der zur Zeit der Eklipse vom 28. Juni 1908 gesehen wurde – »als wollte er das

Datum der Eklipse noch denkwürdiger machen«, sagt W. F. Denning (*Observatory*, 31-288).
Nicht lange vor der Opposition des Mars im Jahre 1909 wurde westlich von Picard zweimal ein heller Punkt beobachtet: am 26. März und am 23. Mai (*Journal of the British Astronomical Association*, 19-376.)
16. November 1910 – eine Mondfinsternis und ein »Meteor«, der fast zeitgleich mit Eintreten der totalen Finsternis auftauchte (*English Mechanic*, 92-430). In *Nature*, 85-118, wird berichtet, daß Madame de Robeck in Naas, Irland, das Objekt »anscheinend aus einer Lichtquelle direkt unterhalb des verfinsterten Mondes« habe kommen sehen. Das Ding könnte vom Mond gekommen sein. Anscheinend vom gleichen Ausgangspunkt kommend, wurde es weit entfernt in Frankreich beobachtet. In *La Nature*, 26. November 1910, heißt es, während der Eklipse habe man in Besançon einen Meteor wie eine prächtige Feuerwerksrakete gesehen, »qui serait partie de la lune«. Es mag sein, daß zu dieser Zeit auf dem Mond etwas vor sich ging. In *Journal of the British Astronomical Association*, 21-100, wird berichtet, daß Mrs. Albright während der ganzen Eklipse auf dem Mond einen leuchtenden Punkt beobachten konnte.

***

Wir sind der Ansicht, daß es eine Verbindung zwischen beobachteten Objekten – etwa außerirdischen Besuchern – und den größten Annäherungen des Planeten Venus an die Erde gibt. Vielleicht ist es ein Unglück, daß wir dieser Meinung sind, denn sie sorgt für stärkere Einschränkungen, als uns lieb ist. Die Objekte oder die Besucher wurden oft während der wenigen Stunden beobachtet, in denen Venus sichtbar und der Planet uns am nächsten war. »Dann ist ein solches Objekt Venus selbst«, sagen die Astronomen. Wer sich nun fragt, warum diese vermuteten Navigatoren nahe an die Erde herankommen – und das tun sie, wenn sie an einem örtlichen Himmel erscheinen – aber nicht ganz auf die Erde herunterkommen, der soll einen Kapitän zur See fragen, warum dieser niemals absichtlich zum

Grund des Meeres hinabsteigt, obwohl er nicht weit von ihm entfernt an der Oberfläche dahinzieht.
Aber ich stelle mir eine große Vielzahl von Außerirdischen vor, und ich sammle jetzt Daten für eine besser untermauerte zukünftige Ansicht – daß nämlich einige Arten von Wesen aus dem Weltraum sich an unsere Lebensbedingungen anpassen können, die für sie denen auf dem Meeresgrund ähnlich sein mögen, und daß die Wesen bemerkt, aber für psychische Phänomene gehalten wurden.
Am 31. Oktober 1908 war der Planet Venus vier Monate über die untere Konjunktion hinaus und hatte sich damit weit vom Punkt der größten Annäherung entfernt, aber es gab vage Berichte über seltsame Objekte, die am Himmel über der Erde zu sehen waren – konzentriert auf Neuengland –, die bis zur Zeit der größten Annäherung zurückreichten. In der *New York Sun* vom 1. November 1908 ist eine Meldung aus Boston veröffentlicht, die vom 31. Oktober datiert. Dort heißt es, am 31. Oktober um vier Uhr morgens hätten zwei Männer in der Nähe von Bridgewater ein Schauspiel am Himmel gesehen. Die Männer waren keine Astronomen. Sie waren Totengräber. Man mag dazu neigen, diese Beobachter als Laien abzutun, und man mag glauben, wir seien in bezug auf die Zuverlässigkeit unserer Quellen nicht sehr streng. Aber wir müssen uns nun einmal auch auf Totengräber verlassen, die des Nachts draußen sind, denn schon recht früh haben wir gelernt, daß das enorme Ansehen der Astronomen vermutlich vor allem auf ihrem moralisch einwandfreien Lebenswandel beruht, gehen sie doch in vorbildlicher Weise kurz nach Sonnenuntergang zu Bett, damit sie früh aufstehen und den ganzen Tag lang gelehrt über astronomische Themen schreiben können.
Aber was in einer Hinsicht beispielhaft ist, muß in anderer Hinsicht nicht unbedingt zu großen Fortschritten führen. Unsere Leichenbestatter sahen am Himmel etwas wie einen Suchscheinwerfer. Der Lichtkegel zielte herab und strich über das Gelände, als werde er von einem Forscher gelenkt, und dann blitzte er nach oben. »Alle Ballone, die heute in diesem Staat

aufgestiegen sind, waren gemeldet und scheiden deshalb aus, und eine Suche im Südwesten von Massachusetts führte auf keine Spur eines weiteren Luftschiffs.«

Es heißt, daß »geheimnisvolle helle Lichter«, die, wie man glaubte, von einem Ballon kamen, aus vielen Orten in Neuengland gemeldet worden waren. In der Woche davor hatten Zeugen in Ware gesagt, sie hätten früh am Morgen einen erleuchteten Ballon über die Stadt fliegen sehen. Im Sommer waren solche Berichte auch aus Bristol in Connecticut und später aus Pittsfield, Massachusetts, und aus White River Junction, Vermont, gekommen. »Jedoch konnte in keinem einzigen Fall ein Ballon gefunden werden, und keins der bekannten Luftschiffe war zur angegebenen Zeit an den entsprechenden Orten gewesen.« In der *New York Sun* vom 13. Dezember 1909 heißt es, daß im Herbst 1908 Berichte aus verschiedenen Orten in Connecticut gekommen seien, in denen von einem geheimnisvollen Licht die Rede war, das sich rasch am Himmel bewegte. Venus zog weiter und umrundete die Sonne, die sich um die Erde drehte, oder reiste, wie auch immer man glauben mag, daß sie reist. Im Dezember 1909 näherte sich der Planet abermals der Erde. Venus kam der Erde so nahe, daß am 15. Dezember 1909 Menschenmengen in den Straßen von Rom standen und sie beobachteten (*New York Sun*, 16. Dezember). Um 15.00 Uhr am Nachmittag des 24. Dezember standen Menschenmengen in den Straßen von New York und beobachteten den Planeten Venus (*New York Tribune*, 25. Dezember). Ich vermute, daß die Venus bei diesen Gelegenheiten bis auf einige tausend Meilen an die Erde herankam. Auf jeden Fall habe ich nie einen auch nur halbwegs guten Grund dafür gehört, etwas anderes anzunehmen. Wenn abermals etwas an einem örtlichen Himmel der Erde oder am Himmel über Neuengland und manchmal während der wenigen Stunden passierte, in denen Venus sichtbar war, dann war das Objekt Venus oder auch nicht, je nach den Details der vielfältigen Beschreibungen und der Glaubwürdigkeit dieser Details. Nehmen wir zum Beispiel den Suchscheinwerfer; mehr als ein einziges Licht; er wurde gesteuert und bewegte sich. Venus ging zu dieser Zeit, mehrere Stunden nach Sonnenuntergang, langsam im Südwesten unter: der Zeitpunkt der höchsten Leuchtkraft war der 8. Januar 1910; die untere Konjunktion kam am 12. Februar.

Zunächst müssen wir eine amüsante Verwirrung ausräumen. Am Abend des 8. September 1909 wurde ein leuchtendes Objekt beobachtet, das über Neuengland zog. Von ihm drangen Geräusche herunter, die nach einem Motor klangen. Dann verkündete Mr. Wallace Tillinghast aus Worcester, Massachusetts, das Licht sei eine Lampe seines »geheimen Aeroplans« gewesen, und er sei in dieser Nacht damit von Boston nach New York und wieder zurück nach Boston geflogen. Zu dieser Zeit war der längste bekannte Flug in einem Flugzeug der von Farman, der im August 1909 in Reims aufgestiegen war und 111 Meilen zurückgelegt hatte.

Nach meinen Unterlagen flog Curtiss erst am 29. Mai 1910 von Albany nach New York City. Er legte auf den 150 Meilen jedoch einen Zwischenstop ein. Tillinghasts nicht registrierter Flug sorgte also in den Zeitungen für einiges Aufsehen. Mr. Tillinghast hat sich natürlich einen Scherz erlaubt. Ich erwähne die Geschichte nur, weil jeder, der die Angelegenheit nachschlägt, das Seemannsgarn in die Zeitungsberichte eingewoben findet. Wenn sonst nichts gesehen worden wäre, dann könnte Mr. Tillinghast heute noch sein Garn spinnen und erklären, warum er mit seinem erstaunlichen »geheimen Aeroplan« nichts weiter unternahm; aber es wurde etwas anderes gesehen, und in einer der Nächte, in denen es auftauchte, war Mr. Tillinghast nachweislich daheim.

Nach Angaben der *New York Tribune* vom 21. Dezember 1909 hatte Inspector Hoe von der Einwanderungsbehörde in Boston am 20. Dezember um 1.00 Uhr morgens »ein helles Licht über den Hafen ziehen« sehen und gefolgert, er habe eine Art von Luftschiff beobachtet.

New York Tribune, 23. Dezember – daß ein »geheimnisvolles Luftschiff« über Worcester, Massachusetts, erschienen war und »mit einem ungeheuer starken Suchscheinwerfer den Himmel

absuchte«. Es war von Südosten gekommen und nach Nordwesten gefahren, schwebte über der Stadt und verschwand in Richtung Marlboro. Zwei Stunden später kehrte es zurück. »Tausende drängten sich in den Straßen und beobachteten den geheimnisvollen Besucher.« Wieder schwebte es, dann zog es davon und wandte sich zuerst nach Süden, dann nach Osten.
Am nächsten Abend wurde um 18.00 Uhr etwas in Boston beobachtet. »Die Suchscheinwerfer tasteten über die Stadtsilhouette« – »Als es nach Norden davonflog, strömten Neugierige in die Zeitungsredaktionen und Polizeiwachen und erzählten von dem bemerkenswerten Besuch.« Es heißt, daß anderthalb Stunden später ein Objekt, das man für ein Luftschiff mit einem mächtigen Suchscheinwerfer hielt, in Willimantic, Connecticut, am Himmel erschien und etwa 15 Minuten über der Stadt »schwebte«. In der *New York Sun* vom 24. Dezember finden wir weitere Einzelheiten. Dort steht, daß man in Willimantic einen großen Suchscheinwerfer sah, der sich von Osten näherte, und daß danach die dunklen Umrisse von etwas hinter dem Suchscheinwerfer sichtbar wurden. In der *New York Sun* heißt es außerdem, was auch immer in Boston beobachtet worden sei, es habe sich um ein dunkles Objekt mit mehreren roten Lichtern und einem Suchschweinwerfer gehandelt, das sich Boston von Westen her näherte, 10 Minuten schwebend verharrte und dann nach Westen verschwand. In Lynn, Massachusetts, wurde es als »langes schwarzes Objekt« beschrieben, das sich in Richtung Salem bewegte und dann »mit hoher Geschwindigkeit« zurückkam. Es heißt, das Objekt sei seit dem 14. Dezember neunmal in Marlboro, Massachusetts gesehen worden.
New York Tribune, 1. Januar 1910 – eine Meldung aus Huntington, West Virginia, vom 31. Dezember 1909 – »Drei riesige Lichter von fast identischen Ausmaßen erschienen heute in dieser Gegend früh am Morgen am Himmel. Der Farmer Joseph Green erklärte, es habe sich um Meteore gehandelt, die auf seinem Bauernhof niedergingen. Eine gründliche Suche durch andere, die die Lichter gesehen hatten, verlief ergebnislos.

Viele Zeugen glaubten, ein Luftschiff sei über das Land geflogen.«
In der *Tribune* vom 13. Januar 1910 heißt es, am Morgen des 12. Januar sei in Chattanooga, Tennessee, um 9.00 Uhr ein Luftschiff gesichtet worden. »Tausende sahen das Schiff und hörten das Tuckern seiner Maschine.« Später wurde das Objekt in Huntsville, Alabama, gesehen. *New York Tribune*, 15. Januar – eine Meldung aus Chattanooga vom 14. Januar – »Den dritten Tag hintereinander glitt ein geheimnisvolles weißes Luftschiff über Chattanooga vorbei, heute um die Mittagszeit. Es kam von Norden, fuhr nach Südosten und verschwand hinter einer Hügelkette. Am Mittwoch kam es von Süden, und am Donnerstag kehrte es nach Norden zurück.«
Mitte Dezember 1909 hatte jemand schon einen Preis dafür gewonnen, daß er mit einem lenkbaren Luftschiff von St. Cyr zum Eiffelturm und zurück gefahren war.
St. Cyr ist nur ein paar Meilen von Paris entfernt.
Huntsville, Alabama, und Chattanooga, Tennessee, sind 75 Meilen voneinander entfernt.
Eine Verbindung zwischen dem Planeten Venus und »geheimnisvollen Besuchern« zieht sich durch unsere Daten oder spukt in ihnen herum. In der *New York Tribune* vom 29. Januar 1910 lesen wir, daß ein leuchtendes Objekt, das man für Winneckes Kometen hielt, am 28. Januar in der Nähe der Venus beobachtet worden war; dies wurde vom Observatorium von Manila gemeldet.
Ich habe eine weitere Angabe, die vielleicht in diese Reihe von Ereignissen gehört. Vom 14. bis zum 23. Dezember 1909 wurde, wenn wir den Bericht aus Marlboro akzeptieren, am Himmel über Neuengland ein leuchtendes Objekt beobachtet, das herumfuhr oder forschte. Es war gewiß kein »geheimes Luftschiff« von der Erde, es sei denn, der Navigator war fest davon überzeugt, Geheimhaltung lasse sich am besten mit roten Lichtern und einem Suchscheinwerfer erreichen.
Wie wir diese Erklärungsversuche aufnehmen, hängt freilich von allgemeinen Daten über den Entwicklungsstand der irdi-

schen Fliegerei zur fraglichen Zeit ab. Doch am Abend des 24. Dezember wurde das Objekt nicht in Neuengland gesehen. Es kann irgendwo anders gefahren sein oder geforscht haben. Der Abend des 24. Dezember – Venus steht in den frühen Abendstunden im Südwesten am Himmel. In *English Mechanic*, 104-71, schreibt ein Korrespondent, der mit »Rigel« unterzeichnet, er habe am 24. Dezember um 20.30 Uhr ein leuchtendes Objekt am nordöstlichen Horizont auftauchen und langsam nach Südwesten fliegen sehen, bis es um 20.50 Uhr kehrt machte, auf dem gleichen Weg zurückflog und um zwei Minuten nach einundzwanzig Uhr dort verschwand, wo es aufgetaucht war. Der Korrespondent ist James Ferguson aus Rossbrien, Limerick, Irland. Er schreibt häufig über astronomische und meteorologische Themen und liefert bis heute Beiträge für die immerhin ein wenig erleuchteten Spalten des *English Mechanic*.

***

19. November 1912 – Explosionsgeräusche werden aus Sunninghill, Berkshire gemeldet. Im Kew Observatory wurde kein Erdbeben registriert, und nach Ansicht von W. F. Denning (*Nature*, 9-363, 417) fand die Explosion am Himmel statt. Es war nach Angaben der *Westminster Gazette* (19. November) eine gewaltige Explosion. Es gab entweder eine große Explosion, die fünf Minuten lang grollte und nachhallte, oder es waren mehrere Detonationen, die an Kanonendonner erinnerten – »wie ein gewaltiges Feuer von großen Kanonen«, heißt es in Berichten aus Abingdon, Lewes und Epsom. Sunninghill liegt etwa zehn Meilen von Reading entfernt, Abingdon liegt in der Nähe von Reading, aber das Geräusch wurde auch in London vernommen und noch weiter südlich am Ärmelkanal und sogar auf der Insel Alderney.

In der *Gazette* vom 28. November schreibt Sir George Fordham (H. G. Fordham), seiner Ansicht nach habe es sich um eine Explosion am Himmel gehandelt. Er sagt – »Die Phänomene im Zusammenhang mit Erschütterungen in der Luft wurden meines Wissens nie völlig erforscht.« Seine Einlassungen und Auslassungen sind die gleichen wie bei den Ereignissen des Jahres 1889. Er erwähnt nicht, daß nach Philip T. Kenway aus Hambledon in der Nähe von Godalming, das etwa dreißig Meilen südöstlich von Reading liegt, die Geräusche am nächsten Tag zwischen 13.45 Uhr und 14.00 Uhr noch einmal zu hören waren. Mr. Kenway glaubt, es müsse das Feuer von großen Kanonen in Portsmouth gewesen sein (*Westminster Gazette*, 21. November). Im Londoner *Standard* schreibt ein Korrespondent aus Dorking, die Phänomene des 19. seien wie ein Widerhall von Kanonenschüssen gewesen – »in regelmäßigen Intervallen« – »in rascher Folge, nach der Uhr fünf Minuten lang, jeweils für einige Sekunden«.

Es zeichnet sich ab, daß Reading das Zentrum war, über dem die Detonationen auftraten. In der *Westminster Gazette* vom 30. November heißt es, die Erschütterungen seien am 19., 20. und 21. in Reading zu spüren gewesen. Zu den Phänomenen vom 21. habe ich nur aus Reading Angaben. Mr. H. L. Hawkins, Geologiedozent an der Universität von Reading, schreibt, aus seinen Untersuchungen gehe hervor, daß es in England kein Kanonenfeuer gegeben habe, auf welches die Detonationen zurückgeführt werden könnten. Er meint, Fordhams Erklärung stimme mit seinen eigenen Nachforschungen überein, oder daß die Detonationen am Himmel passiert seien. Er schreibt, insofern, als die Detonationen an drei aufeinanderfolgenden Tagen aufgetreten seien, müsse man einen lange anhaltenden Meteorschauer vermuten. Wie er sich vorstellte, daß ein zielgenauer Schauer Tag um Tag einen Punkt über der Erdoberfläche trifft und keinen anderen, wenn diese Erde tatsächlich ein rotierender und kreisender Körper ist, kann ich mir freilich nicht vorstellen. Wenn er sagen wollte, daß diese Wiederholung zufällig geschehen konnte, frage ich mich, welcher Oberzufall dann die gleichen Wiederholungen mit dem Zentrum bei Reading sieben Jahre vorher schon einmal hat geschehen lassen? Alles deutet darauf hin, daß die Erde stationär ist, ganz gleich, wie unvernünftig das klingen mag.

In der *Westminster Gazette* vom 9. Dezember schreibt W. F. Denning, bei den Phänomenen habe es sich ohne Zweifel um »meteorische Explosionen« gehandelt. Aber er spielt auch auf das »Erdbeben und die seltsamen Geräusche« an, die am 19. vernommen worden waren. Er erwähnt nicht die Detonationen, die an den folgenden Tagen zu hören waren. Nicht einer der Autoren erwähnt die Geräusche, die im November 1905 in Reading zu hören waren.
Der Londoner *Standard*, 23. November 1912 – daß nach Angaben von Lieutenant Colonel Trewman aus Reading die Geräusche in Reading am 19. November um 9.00 Uhr, am 20. November um 13.35 Uhr und am 21. November um 15.30 Uhr gehört wurden.

KAPITEL 35

»Unbekanntes Flugzeug über Dover.«

Nach dem Korrespondenten der Londoner *Times* in Dover (6. Januar 1913) wurde über Dover etwas beobachtet, das vom Meer her kam.

Im Londoner *Standard*, 24. Januar 1913, heißt es, am Morgen des 4. Januar 1913 sei ein unbekanntes Luftschiff über Dover beobachtet worden, und etwa zur gleichen Zeit seien die Lichter eines Luftschiffs über dem Bristol Channel gesehen worden.

Die Londoner *Times*, 21. Januar – ein Bericht von Captain Lindsay, Chief Constable in Glamorganshire: daß er am Nachmittag des 17. Januar um 17.00 Uhr ein Objekt am Himmel über Cardiff gesehen habe. Er sagt, daß er einen Passanten darauf aufmerksam machte, der mit ihm darin übereinstimmte, daß es ein großes Objekt sei. »Es war viel größer als das Luftschiff von Willows, und es zog eine dichte Qualmspur hinter sich her. Es verschwand rasch wieder.«

Nach Angaben der *Times* gab es am nächsten Tag weitere Meldungen: Zeugen in Cardiff sahen etwas, das beleuchtet war oder Lichter trug und sich rasch über den Himmel bewegte. In der Times vom 28. Januar heißt es, ein Luftschiff, das ein strahlend helles Licht trug, sei in Liverpool gesichtet worden. »Von der Liverpool Aviation Station wird gemeldet, daß keiner der Luftfahrer dort am Samstagabend draußen war.«

Meldungen von einer Stadt nach der anderen – ein Ding, das über den Himmel fuhr, ein Licht trug und außerdem mit einem Suchscheinwerfer den Boden absuchte. Es heißt, ein Schiff, dessen Umrisse deutlich zu sehen waren, sei am Himmel über den Städten Cardiff, Newport, Neath und an anderen Orten in

Wales erschienen. Im *Standard* vom 31. Januar ist eine Liste der Städte veröffentlicht, in denen das Luftschiff gesehen wurde.
Ein Autor versucht sich an der Erklärung, daß ein ausländisches Luftschiff ein halbes Dutzend Besuche in England und Wales gemacht habe oder einmal gekommen und drei Wochen geblieben sei; aber er gibt den Versuch auf und erklärt, nichts habe England erreichen und ein halbes Dutzend Mal wieder fortsegeln können, ohne bereits an der Küste bemerkt zu werden; an die Vorstellung, etwas habe nur eine einzige Reise gemacht und sei drei Wochen in der Luft geblieben, müsse man keinen weiteren Gedanken verschwenden.
Wenn das unbekannte Objekt so etwas wie einen Suchscheinwerfer hatte, dann können wir uns anhand des Berichts im *Cardiff Evening Express* vom 25. Januar 1913 eine Vorstellung von seiner Kraft machen – »Gestern abend wurden strahlende Lichter beobachtet, die himmelwärts schwenkten, und heute, an diesem Abend, werden die Lichter kühner. Straßen und Häuser im Ort Totterdown wurden plötzlich von einem blendend hellen Licht erfaßt, das, als es nach oben schwenkte, vielen Beobachtern einen guten Blick auf die Hügel im Hinterland erlaubte.«
Im *Express* vom 6. Februar finden wir einen Bericht der Polizei von Dulais Valley über dieses Licht, das sich wie ein Suchscheinwerfer benahm, und über das Objekt, von dem es ausging. Außerdem lesen wir dort den Bericht eines Polizeisergeants über ein leuchtendes Ding, das eine Weile unbeweglich am Himmel verharrte und sich dann entfernte.
Doch die konventionellen Erklärungsmuster sind immer noch nicht totzukriegen. Es heißt, die Mitarbeiter des *Evening Express* seien aufs Dach des Verlagshauses gestiegen, hätten aber nur den Planeten Venus bemerkt, der zu dieser Zeit hell leuchtete.
Dann schreibt ein Korrespondent an den *Express*, daß das Objekt nicht Venus gewesen sein konnte, weil er es mit einer Geschwindigkeit von 20 bis 30 Meilen in der Stunde hatte fliegen sehen, und weil er gehört hatte, daß es Geräusche von sich

gab. Jemand anders schreibt, daß das Objekt unmöglich Venus sein konnte: er hatte es als »hellrotes Licht, das sich sehr schnell bewegte«, gesehen. Noch jemand anders sagt, daß er das vermeintliche Schiff am 5. Februar gesehen habe, und daß es plötzlich verschwunden sei.

Es gibt eine Unterbrechung. Zwischen dem 5. und dem 21. Februar wurde am Himmel über England und Wales nichts gesichtet, das an ein Luftschiff erinnerte. Wenn wir herausfinden können, daß in dieser Periode irgendwo anders etwas ähnliches am Himmel beobachtet wurde, dann können wir annehmen, daß es sich um das gleiche Objekt handelte, das an anderer Stelle forschte oder manövrierte. Es scheint aber, daß es mehrere dieser Objekte gab, weil uns gleichzeitig eingegangene Meldungen aus weit voneinander entfernten Orten vorliegen. Wenn wir herausfinden können, daß während der Abwesenheit in England und Wales ähnliche Objekte irgendwo anders gesehen wurden, dann wird ein großer Teil dessen, was wir über das Thema zu denken versuchen, davon abhängen, in welcher Entfernung von Großbritannien sie beobachtet wurden. Wenn es kollektive Halluzinationen waren, dann haben sie sich zumindest am 21. Februar kollektiv in Städten wiederholt, die Hunderte von Meilen voneinander entfernt lagen. Eine außergewöhnliche Parallele ist, daß alle Erscheinungen bis auf die erste in den Stunden auftraten, in denen Venus als »Abendstern« sichtbar war.

Am Abend des 21. Februar, etwa um 22.00 Uhr, wurde ein leuchtendes Objekt aus Orten in Yorkshire und Warwickshire gemeldet, zwei Regionen, die etwa hundert Meilen voneinander entfernt sind. Alle früheren Erklärungsversuche waren aufgegeben worden, und man nahm allgemein an, daß deutsche Luftschiffe über England kreuzten. Aber man hatte nichts gesehen, was die Kanalküste Englands überflogen hatte, obwohl Wächter an der Küste patrouillierten, die eigens angewiesen waren, auf ausländische Luftschiffe zu achten. Seeleute in der Nordsee und die Menschen in Holland und Belgien hatten nichts bemerkt, das man für ein deutsches Luftschiff halten

konnte, das nach England segelte oder von dort zurückkehrte. Ein Autor in *Flight* bezeichnet die Tatsache, daß die Objekte weit im Inland in Warwickshire erschienen, als besonders geheimnisvoll.
Dann kamen Berichte aus Portsmouth, Ipswich, Hornsea und Hull, aber es fällt auf, daß dieses Mal keine weiteren Berichte aus Wales eingingen. In Ipswich, das über hundert Meilen sowohl von den Städten in Warwickshire als auch von denen in Yorkshire entfernt ist, wurde am Abend des 21. Februar ebenfalls ein leuchtendes Objekt gesehen. *Ipswich Evening Star*, 25. Februar – etwas, das einen Suchscheinwerfer hatte, war an den Abenden des 21. und des 24. Februar beobachtet worden, wie es in verschiedene Richtungen fuhr und dann »blitzschnell verschwand« – daß man in Hunstanton drei helle und sich bewegende Lichter gesehen hatte, die im Osten am Himmel auftauchten, 30 Minuten sichtbar blieben, stationär verharrten oder über der Stadt schwebten, um schließlich nach Nordwesten zu verschwinden. *Portsmouth Evening News*, 25. Februar – daß am Abend des 24. Februar um kurz nach 20.00 Uhr ein sehr helles Licht gesehen wurde, das erschien und wieder verschwand, etwa eine Stunde über Portsmouth schwebte und sich dann wieder entfernte. Portsmouth und Ipswich sind etwa 120 Meilen voneinander entfernt. In den Londoner Zeitungen wird berichtet, daß am Abend des 25. Februar Massen von Menschen in den Straßen von Hull standen und etwas am Himmel beobachteten, »dessen Lichter leicht erkennbar waren«. Hull liegt 190 Meilen nordöstlich von Portsmouth. *Hull Daily Mail*, 26. Februar – daß eine Menschenmenge ein Licht hoch am Himmel beobachtet hatte. Es heißt, das Licht sei fast eine halbe Stunde stationär geblieben und dann nach Norden davongeschossen. In der *Times* vom 28. Februar stehen Berichte aus Portland, Burcleaves, St. Alban's Head, Papplewich und von den Orkneys über die »klaren Umrisse eines Luftschiffs, das ein blendend helles Suchlicht hatte«. Der letzte Bericht nach einer langen Unterbrechung ist meines Wissens wieder eine Meldung von Captain Lindsay: daß er mit vielen anderen am Abend des 8. April um etwa

21.00 Uhr über Cardiff etwas gesehen hatte, das ein strahlend helles Licht gehabt habe und mit etwa sechzig oder siebzig Meilen in der Stunde vorbeigeflogen sei.

Am 24. April 1913 befand sich der Planet Venus in der unteren Konjunktion.

In der *Times* vom 28. Februar heißt es, ein kleiner Heißluftballon sei in Yorkshire gefunden worden. Es wird angedeutet, jemand hätte derartige Ballons steigen lassen.

In *Bulletin de la Société Astronomique de France*, 1913-178, wird berichtet, die Menschen in England seien so leichtgläubig wie die in Cherbourg, und daß sie sich vom Planeten Venus hätten täuschen lassen.

Wenn deutsche Luftschiffe über England manövriert haben, ohne beim Anflug oder beim Abflug gesehen zu werden; wenn sie manchmal weit im Landesinneren in England erschienen sind, ohne beim Überqueren der gut bewachten Küsten entdeckt zu werden, dann waren es geheime Manöver, zumal ein entsprechender Vorwurf von deutscher Seite zurückgewiesen wurde (*Times*, 26. und 27. Februar). Es war also entweder ein strahlend verkündetes »Geheimnis«, oder es war Geheimhaltung hinter einem der mächtigsten Suchscheinwerfer, die je gesehen wurden. Möglich, daß ein Luftschiff aus Deutschland über einer Stadt wie Hull an der Ostküste Englands erscheinen konnte, ohne bei der Ankunft oder beim Abflug beobachtet zu werden, aber Portsmouth zum Beispiel ist so weit von Deutschland entfernt, daß man sich doch eine akzeptablere Erklärung zu wünschen beginnt. Die Erscheinungen über Liverpool und anderen Städten in Wales können deutschen Luftschiffen eigentlich nur von Leuten zugeschrieben werden, die seit der Schulzeit keine Landkarte mehr in der Hand hatten. Es gab übrigens weit mehr Beobachtungen über plötzliches Erscheinen und Verschwinden, als ich hier wiedergegeben habe; oft waren die Objekte stationär.

Die Objekte blieben vom 5. Februar bis zum 21. Februar dem Himmel über Großbritannien fern.

Nach Daten, die Professor Chant in *Journal of the Royal Astro-*

nomical Society of Canada, 7-148, veröffentlichte, wurde die außergewöhnlichste Prozession, die uns bekannt geworden ist, am Abend des 9. Februar 1913 am Himmel über Kanada beobachtet. Entweder sind Gruppen von Meteoren in gerader Linie über die Stadt Toronto hinweggeglitten, oder es war eine Prozession unbekannter Objekte, die mit Lichtern ausgerüstet waren. Nach Professor Chant wurde das Schauspiel von Saskatchewan bis Bermuda beobachtet, aber aus den Daten geht nicht hervor, ob diese weite Strecke tatsächlich durchflogen wurde. Die angebliche Route verlief quer durch den Staat New York von Buffalo bis zu einem Punkt in der Nähe von New York City, aber aus dem Staat New York gibt es für diesen Abend keine Aufzeichnungen über Beobachtungen, die sich nicht als gewöhnliche Meteore deuten ließen. Eine Kolonne leuchtender Objekte glitt am Abend des 9. Februar 1913 hintereinander über Toronto hinweg, und der Vorgang dauerte nach unterschiedlichen Schätzungen zwischen drei und fünf Minuten. Wenn man glauben möchte, daß es Meteore waren, dann muß man zumindest bedenken, daß solche Meteore vorher noch nie gesehen wurden. Im *Journal of the Royal Astronomical Society of Canada*, 7-405, schreibt W. F. Denning, er habe, obwohl er seit 1865 den Himmel beobachte, noch nie etwas Derartiges gesehen. Die meisten Beobachter beschreiben die Prozession als Gesamtheit – »wie ein Schnellzug, dessen Fenster nachts erleuchtet sind« – »die Lichter befanden sich an verschiedenen Punkten, eins vorn, ein Rücklicht und eine Folge von Lichtern im Schweif«. Fast alle Beobachter erwähnen den Himmel über Toronto und in der Nähe von Toronto. Es ist fraglich, ob an diesem Abend das gleiche Schauspiel in Bermuda zu sehen war. Der angebliche weite Flug von Saskatchewan bis nach Bermuda könnte auf etwas Meteorisches hinweisen, aber die Meteor-Erklärung muß berücksichtigen, daß diese Objekte der Erde so nahe waren, daß man Geräusche hörte, und daß sie, ohne der Schwerkraft zum Opfer zu fallen, der Erdkrümmung trotz relativ geringer Geschwindigkeit, die man nicht mit der Geschwindigkeit normaler Meteore vergleichen kann, zu folgen vermochten.

Wenn wir jetzt akzeptieren, daß am nächsten Tag Objekte am Himmel von Toronto zu sehen waren, die dieses Mal aber bei Tageslicht nicht beleuchtet waren – ich glaube, da wird manch einer auf den Gedanken kommen, daß es zu ausgefallen ist, worauf das ganze Thema fast sofort wieder vergessen wird. Professor Chant schreibt, nach Angaben des *Toronto Daily Star* seien unbekannte Objekte, aber dieses Mal dunkle Objekte, am Nachmittag des folgenden Tages in Toronto beobachtet worden – »sie waren nicht klar genug zu sehen, als daß man ihre Natur hätte bestimmen können, aber es schien sich keinesfalls um Vögel oder Rauch zu handeln, und man nahm an, daß es Luftschiffe waren, die über der Stadt kreuzten«. *Toronto Daily Star*, 10. Februar – »Sie glitten in drei Gruppen von West nach Ost und kehrten dann in aufgelöster Formation zurück. Es waren insgesamt etwa sieben oder acht.«

KAPITEL 36

August 1914 – diese Erde, die einer Arena gleicht, wo der Horizont sich zu einem Kolosseum auftürmt, wenn man sie aus nicht allzugroßer Höhe sieht – schwache, klappernde Geräusche der sich öffnenden Schranken – lohfarbene Rudel schleichen in die Arena – ihr Kauern und ihr Zupacken und das Knirschen. 13. August 1914 – Dinge, die sich am Himmel sammelten. Sie wurden von G. W. Atkins aus Elstree, Herts, gesehen, und sie tauchten noch einmal am 16. und 17. August auf (*Observatory*, 37-358). 9. September 1914 – ein Trupp am Himmel; mehrere Stunden lang von W. H. Steavenson beobachtet (*Journal of the British Astronomical Association*, 25-27). Es waren runde Formen, aber einige waren auch geformt wie Hanteln. Es waren keine Samen, Schneeflocken, Insekten oder sonst etwas, das sie sein »sollten«, wie Mr. Steavenson berichtet. Er sagt, es seien große Körper gewesen.

10. Oktober 1914 – ein Schiff, das am Himmel gesehen wurde – oder »ein pechschwarzes, spindelförmiges Objekt«, das die Sonne kreuzte. Es wurde in Manchester von Albert Buss beobachtet (*English Mechanic*, 100-236). »Sein außerwöhnlich klarer Umriß war von einer Art Halo umgeben, so daß der Eindruck eines Schiffs entstand, das durch die See pflügt und am Bug weiße Gischt aufwirft.«

Mikkelsen (*Lost in the Arctic*, S. 345):

»In den letzten Tagen (Oktober 1914) flogen unsere Gedanken hin und her aufgrund eines bemerkenswerten Ereignisses, das ein wenig Robinson Crusoes Situation ähnelt, als er Fußabdrücke im Sand entdeckte. Unser Basislager, in das bereits Vorräte geliefert worden sind, ist angegriffen worden – ein leerer Petroleumkanister wird gefunden, übersät mit kleinen

Löchern, wie sie durch einen Schrotschuß entstehen würden! Eine Schrotladung wird aber kaum aus dem Nichts abgegeben; man ist daran gewöhnt, dieses Phänomen mit der Gegenwart menschlicher Wesen in Verbindung zu bringen. Keiner von uns hat damit zu tun – aber wer hat es dann getan? Wir verfallen auf die wildesten Theorien, um es zu erklären, während wir im Zelt sitzen und den auf mysteriöse Weise beschädigten Kanister hin und her wenden. Kein uns bekanntes Tier könnte all diese kleinen runden Löcher stanzen; welches Tier könnte überhaupt sein Maul so weit aufbekommen? Und warum sollte sich irgend jemand die Mühe machen, unsere Ausrüstung als Zielscheibe zu benutzen? Sind hier Eskimos unterwegs? Eskimos mit Schrotflinten? Nirgends sind Fußabdrücke zu sehen: es kann eigentlich kein Tier gewesen sein – die ganze Sache ist äußerst mysteriös.«

31. Januar 1915 – eine symbolisch aussehende Formation auf dem Mond – sechs oder sieben weiße Flecken in Littrow, angeordnet in der Form des griechischen Buchstabens Gamma (*English Mechanic*, 101-47).

13. Februar 1915 – Steep Island, Chusan-Archipel – ein Leuchtturmwärter beklagt sich bei Captain W. F. Tyler von der Royal Navy, ein britisches Kriegsschiff habe eine Granate auf den Leuchtturm abgefeuert. Aber kein Schiff hatte einen Schuß abgegeben, und es wird berichtet, das Objekt müsse ein Meteor gewesen sein (*Nature*, 97-17).

Mitte Februar 1915 war der Planet Venus etwa zweieinhalb Monate über die untere Konjunktion hinaus. Wenn zu dieser Zeit Objekte wie navigierende Konstruktionen am Himmel gesehen wurden, dann mag es einen Zusammenhang geben, aber ich wende mich gegen diesen Zusammenhang, weil ich den Eindruck habe, er könnte unserer umfassenderen Ansicht schaden, daß extra-terrestrische Schiffe am Himmel dieser Erde gesehen wurden, und daß sie aus Regionen kommen, die uns zur Zeit noch unbekannt sind.

New York Tribune, 15. Februar 1915 – daß nach vorliegenden Berichten am 14. Februar um 22.00 Uhr drei Flugzeuge gesehen wurden, die in der Nähe von Morristown, New York, den St.-Lorenz-Strom überquerten, daß aber nach Ansicht der kanadischen Polizei nichts weiter als Heißluftballons gesehen wurden. Es wird gemeldet, daß zwei »zuverlässige Bürger« beobachtet hätten, wie zwei der Objekte zwischen 20.00 und 20.30 Uhr den Strom überquert hätten und fünf Stunden später zurückgekehrt seien. Sir Wilfried Laurier hatte im kanadischen Parlament erklärt, er sei um 21.00 Uhr vom Bürgermeister von Brockwell angerufen worden, der ihm erzählt habe, drei Flugzeuge mit »mächtigen Suchscheinwerfern« hätten den St.-Lorenz-Strom überquert. Die Geschichte wird im *New York Herald* wiedergegeben. Dort heißt es, nach einem Bericht des Polizeichefs von Ogdensburg, New York, habe ein Farmer, der fünf Meilen von Ogdensburg entfernt lebt, am 12. Februar die Sichtung eines Flugzeuges gemeldet. Dann heißt es, das Geheimnis sei gelöst: Während der Feiern zum hundertsten Jahrestag der endgültigen Grenzziehung zwischen den USA und Kanada hätten einige junge Männer in Morristown Papierballons steigen lassen, die am Abend des 14. Februar nach 21.00 Uhr am Himmel in Brand geraten seien. *New York Times* – daß die Objekte zuerst in Guananoque, Ontario, gesichtet wurden. Dort lesen wir, die Ballon-Geschichte sei absurd. Dem kanadischen Wetteramt zufolge wehte der Wind zu dieser Zeit von Osten, und die Objekte waren nach Nordosten geflogen. Es wird berichtet, daß einige der Objekte mehrere Minuten lang mächtige Suchscheinwerfer auf Brockwell richteten.

Am 11. Dezember 1915 sah Bernard Thomas in Glenorchy, Tasmanien, einen »besonders hellen Fleck auf dem Mond« (*English Mechanic*, 103-10). Er befand sich am Nordrand des Mare Crisium und sah »fast wie ein Stern« aus. Nach Dr. Thomas' Meinung war es Sonnenlicht, das vom Rand eines kleinen Kraters reflektiert wurde. Der Krater Picard liegt in der Nähe des Nordrandes des Mare Crisium, und die meisten Leuchterscheinungen in der Nähe von Picard traten mehrere Monate von einer Opposition des Mars entfernt auf.

Im Dezember 1915 wurde eine weitere neue Formation auf dem Mond beobachtet - berichtet vom Observatorium von Paris - etwas wie eine schwarze Mauer vom Zentrum bis zum Wall des Aristillus (*Bulletin de la Société Astronomique de France*, 30-383).

12. Januar 1916 - eine Erschütterung in Cincinnati, Ohio. Gebäude schwankten. Das Erdbeben ging auf eine Explosion am Himmel zurück. Am Himmel wurden Blitze gesehen (*New York Herald*, 13. Januar 1916).

9. Februar 1916 - Opposition des Mars.

In *English Mechanic*, 104-71, schreibt James Ferguson, daß jemand am Abend des 31. Juli 1916 um 23.00 Uhr in Ballinasloe, Irland, genau so ein Ding sich bewegen oder ein segelndes, forschendes Objekt von genau der Art sah, wie wir es aus unseren Aufzeichnungen kennen. Fünfzehn Minuten lang bewegte es sich in nordwestlicher Richtung. Eine Dreiviertelstunde lang blieb es stationär. Dann bewegte es sich wieder an den Punkt zurück, an dem es aufgetaucht war, und blieb bis etwa vier Uhr morgens sichtbar. Was das Objekt auch war, es verließ den Himmel etwa zu der Zeit, als Venus als »Morgenstern« am Himmel über Ballinasloe auftauchte. Es ähnelt der Erscheinung vom 11. September 1852, die von Lord Wrottesley gemeldet wurde. Die untere Konjunktion der Venus war am 3. Juli 1916. Wir bemerken, daß alle Erscheinungen, die wir etwas zögernd mit der Nähe der Venus in Verbindung bringen, eher mit den Phasen der größten Leuchtkraft zusammenfallen, die jeweils fünf Wochen vor oder nach der unteren Konjunktion liegen, als mit den Daten der Konjunktion selbst. Vielleicht läßt sich einmal beweisen, daß Venus zu diesen Zeiten der Erde am nächsten kommt.

10. Oktober 1916 - ein rötlicher Schatten, der sich über einem Teil des Mondkraters Plato ausbreitete; gemeldet vom Observatorium von Florenz (*Scientific American*, 121-181).

25. November 1916 - etwa fünfundzwanzig helle Blitze in rascher Folge am Himmel über Cardiff, gemeldet von Arthur Mee (*English Mechanic*, 104-239).

Colonel Markwick schreibt im *Journal of the British Astronomical Association*, 27-188, er habe am 15. April 1917 um 18.10 Uhr auf der Sonne einen einzelnen Fleck gesehen, der anders aussah als alle Sonnenflecken, die er im Laufe seiner dreiundvierzigjährigen Erfahrungen beobachtet hätte. Colonel Markwick hatte an Mr. Maunder vom Observatorium in Greenwich geschrieben und erfahren, daß auf den Fotos, die man an diesem Tag von der Sonne gemacht hatte - eins um 11.17 Uhr und das zweite um 11.20 Uhr - keine Spur eines Sonnenflecks zu sehen war.

4. Juli 1917 - eine Sonnenfinsternis und ein außergewöhnliches leuchtendes Objekt, dem Vernehmen nach ein Meteor, in Frankreich (*Bulletin de la Société Astronomique de France*, 31-299). Am selben Tag um 18.20 Uhr gab es über der Stadt Colby, Wisconsin, eine Explosion, und ein Stein fiel vom Himmel (*Science*, 14. September 1917).

29. August 1917 - ein leuchtendes Objekt wurde beobachtet, das sich über den Mond bewegte (*Bulletin de la Société Astronomique de France*, 31-439).

21. Februar 1919 - eine tiefschwarze Linie kriecht aus dem Mondkrater Lexall hervor (*English Mechanic*, 109-517).

Am 19. Mai 1919, als Harry Hawker auf See war, wurden, wie aus Meldungen an die Zeitungen hervorging, vom Telegrafen unergründliche Nachrichten aufgefangen, die in den Sprachen der Erde keinen Sinn ergaben. Sie wurden als die Buchstaben *KUJ* und *VKAJ* interpretiert.

Im Oktober 1913 geschah etwas, das wegen der Nähe der See vielleicht doch nicht gar so geheimnisvoll ist. Man nimmt an, daß irdische Aeronauten, wenn extra-terrestrische Schiffe tatsächlich nahe an die Erde herangekommen und wieder fortgesegelt sind, die Erde verlassen haben oder erfaßt und von der Erde fortgetragen worden sein können. Am Morgen des 13. Oktober 1913 begann Albert Jewel seinen Flug von Hempstead Plains auf Long Island nach Staten Island. Die Route, die er nehmen wollte, verlief über Jamaica Bay, Brooklyn, Coney Island und die Narrows. *New York Times*, 14. Oktober 1913 -

»Das war das letzte, was man von ihm sah oder hörte ... er verschwand spurlos, als hätte er sich in Luft aufgelöst.«
Doch was das Verschwinden von Captain James betrifft, gibt es Umstände, die unsere besondere Aufmerksamkeit verlangen.
New York Times, 2. Juni 1919 – daß Captain Mansell R. James auf dem Flug von Boston nach Atlantic City irgendwo in den Berkshire Hills verschwand, oder besser, auf dem Teil seiner Route, der zwischen Lee, Massachusetts, und Mitchell Field, Long Island, liegt. Er hatte Lee am 29. Mai verlassen. Über den Berkshires oder in den Berkshires verschwand er. Nach späteren Meldungen hatten Suchtrupps die Berkshires »abgegrast«, ohne auch nur eine Spur von ihm zu finden. Am 4. Juni trafen Armeeflugzeuge ein, die erneut systematisch suchten. Es gab eine große Aufregung wegen dieses Geheimnisses um Captain James. Eine Belohnung wurde ausgesetzt; alle Teilnehmer der Southern New England Telephone Company wurden in die Suche nach Neuigkeiten einbezogen; Pfadfinder machten sich auf die Suche. Bis heute, da ich dies schreibe, gibt es nichts außer verwirrenden Zeitungsberichten: daß zwei Kinder etwa dreizehn Meilen vom Long Island Sound entfernt ein Flugzeug gesehen hätten; daß zwei Männer in der Nähe von Poughkeepsie ein Flugzeug in den Hudson River hatten stürzen sehen; daß in einem Graben am Mount Riga in der Nähe von Millerton, New York, die Überreste eines Flugzeuges gefunden wurden; daß auf der Höhe von Branford am Long Island Sound ein Flugzeug an den Strand gespült wurde. Die letzten Meldungen, die ich zu diesem Fall habe, stammen aus dem Sommer 1921. Ein schweres Objekt wurde in der Nähe von Poughkeepsie am Grund des Hudson River entdeckt. Man hielt es für Captain James' Flugzeug. Das Objekt wurde geborgen und entpuppte sich als Baumstamm.
Eine außergewöhnliche Geschichte über Fenster in Newark, New Jersey, die von unauffindbaren Kugeln durchsiebt worden waren, finden Sie im *New York Evening Telegramm* vom 19. September 1919 und in den *Newark Evening News*. Diese Ereignisse sind ein Gegenstück zu Mikkelsens Erlebnissen in der Arktis.

Die Detonationen von Reading erklangen im Abstand von sieben Jahren. Jetzt sind noch einmal fast sieben Jahre vergangen. Die Londoner *Times*, 26. September 1919 – daß am 25. September in Reading ein Erdstoß registriert wurde; daß Untersuchungen keinen Hinweis auf irgendwelche Explosionen in der Nähe von Reading ergaben. In der *Times* vom 14. Oktober 1919 schreibt Mr. H. L. Hawkins, die Erschütterung sei »eindeutig ein Erdbeben gewesen, aber der Ursprung lag über der Erdoberfläche«, und die Erschütterung wurde »eher durch die Erde als durch die Luft weitergeleitet«. Im Londoner *Daily Chronicle* vom 27. September 1919 hatte Mr. Hawkins nach Berücksichtigung aller Äußerungen, daß die Erschütterung ein unterirdisches Erdbeben gewesen sei, geschrieben: »Aber die Tatsache, daß die ganze Sache mit einem Stoß und einem großen Knall endete, ohne daß danach Erschütterungen der Erde zu spüren waren, weist eher auf eine Explosion natürlichen Ursprungs am Himmel als auf ein echtes Erdbeben hin.« In der Londoner *Daily Mail* wird Mr. Hawkins folgendermaßen zitiert: daß er, sollte die Detonation örtlich beschränkt gewesen sein, zur Ansicht neigen würde, daß es sich um eine Explosion in der Luft (»meteorisch«) gehandelt habe; daß man sie aber, wenn sie weithin zu spüren gewesen wäre, als Erdbeben ansehen müsse. In der ganzen Reihe der Phänomene von Reading war diese heftige Detonation diejenige, die am eindeutigsten auf den Ort Reading beschränkt war.

Reading Observer, 27. September 1919 – »Die wahrscheinlichste Erklärung für den Vorfall ist die, daß es irgendwo, nahe genug, um in der Stadt spürbar zu sein, eine Explosion gab ... Mitarbeiter des Observatoriums von Greenwich konnten kein Licht in die Angelegenheit bringen. Sie sagten, ihre Instrumente hätten keine Störungen in der Erde angezeigt.«

Es wird berichtet, daß die Erschütterung und die Explosion heftig waren, und daß in den Wohnvierteln von Reading die Straßen voller Menschen waren, die über das Ereignis redeten.

Am 27. November 1919 gab es einen ähnlichen Erdstoß in Michigan. In vielen Städten stürzten die Menschen aus ihren

Häusern, weil sie glaubten, es habe ein Erdbeben gegeben (*New York Times*, 28. November). Aber in Indiana, Illinois und Michigan wurde am Himmel ein »blendend heller Glanz« beobachtet. Wir sind der Ansicht, daß dieses Ereignis in kleinem Maßstab den vielen Katastrophen beispielsweise in Italien und Südamerika entspricht, wo ein ähnlich »blendend heller Glanz« zu sehen war, dessen Daten jedoch von den konventionellen Wissenschaftlern unterdrückt wurden oder dessen Daten die konventionellen Wissenschaftler nicht zu beeindrucken vermochten.

English Mechanic, 110-257 – J. W. Scholes aus Huddersfield schreibt, er habe am 19. Dezember in der Nähe des Mondkraters Littrow »einen sehr auffälligen, tintenschwarzen Fleck« gesehen. Auf Seite 282 schreibt W. J. West aus Gosport, er habe den Fleck am 7. Dezember gesehen.

22. März 1920 – ein Licht am Himmel über dieser Erde und eine Leuchterscheinung auf dem Mond (*English Mechanic*, 111-142). Daß der Mond der Erde so nahe ist, daß Leuchterscheinungen, die »Nordlicht« genannt werden, oft sowohl die Erde als auch den Mond beeinflussen.

20. Juli, 21. Juli und 13. September 1920 – dumpfe rumpelnde Geräusche und Erdstöße in Comrie, Perthshire (Londoner *Times*, 23. Juli und 14. September 1920).

Nach einer Meldung an die *Los Angeles Times* – der Ausschnitt wurde mir von Mr. L. A. Hopkins aus Chicago geschickt – gab es am 21. Juli 1920 in Portland, Oregon, Donner und Blitze und schwere Regenfälle: Objekte fielen vom Himmel; funkelnde, weiße Bruchstücke, die aussahen wie »polierte Porzellanbrocken«. »Die Erklärung des örtlichen Wetteramtes lautet, daß die Objekte möglicherweise von einem Wirbelsturm erfaßt und in den Bezirk getragen wurden, wo man sie fand.« Der Einwand gegen diese Standarderklärung ist die Homogenität der fallenden Objekte. Wie kann man sich einen Hurrikan vorstellen, der über einer Region wütet, in der es die übliche Bandbreite beweglicher Objekte und Substanzen gibt, und der eine besondere Vorliebe für kleine weiße Steine entwickelt, wobei er vielleicht eine Million schwarze, grüne, weiße und rote Steine siebt, um die gewünschten herauszufischen? Man sollte eher annehmen, daß ein Sturm aus einer anderen Welt Fragmente eines künstlichen, aus porzellanartigem Material bestehenden Objekts auf die Erde brachte.

Im *Literary Digest* vom 2. September 1921 ist ein Brief von Carl G. Gowman aus Detroit, Michigan veröffentlicht. Dort wird über den Niederschlag einer Substanz im Südwesten Chinas am 17. November (1920?) berichtet, die Blut ähnelte. Sie kam in drei benachbarten Dörfern herunter und soll noch an einem anderen, vierzig Meilen entfernten Ort gefallen sein. Es handelte sich um eine große Menge; in einem der Dörfer bedeckte die Substanz »den ganzen Boden«. Mr. Gowman akzeptiert, daß die Substanz vom Himmel fiel, weil man sie nicht nur auf dem Boden, sondern auch auf Dächern fand. Er weist die anfängliche Erklärung, es sei roter Staub gewesen, zurück, weil die Flecken sich bei mehreren späteren Regenschauern nicht auflösten. Er sagt, etwas wie Pollen käme ebenfalls nicht in Frage, weil zu dieser Zeit keine Pflanzen geblüht hätten.

23. November 1920 – ein Korrespondent schreibt in *English Mechanic*, 112-214, er habe vom Rande des Mondes in der Region des Funerius ein Lichtbündel ausgehen sehen, oder einen Fleck, der so hell war, daß er wie ein herausragender Balken wirkte.

1. Januar 1921 – mehrere unregelmäßige, schwarze Objekte, die die Sonne querten. Reverend William Ellison kamen sie vor wie Stücke verbrannten Papiers (*English Mechanic*, 112-276).

25. Juli 1921 – ein lauter Schlag, gefolgt von einem heftigen Beben und einem rumpelnden Geräusch in Comrie (Londoner *Times*, 27. Juli 1921).

31. Juli 1921 – einer der häufigen Hinweise auf andere Länder, von denen Objekte und Substanzen auf die Erde fallen – aber unser Widerstreben, uns mit etwas so gewöhnlich Wundervollem zu beschäftigen –

Weil wir uns bewegtere Zeiten und tobende Potentialdifferenzen zwischen der Erde und anderen Welten vorstellen können: Ströme von Dinosauriern in breitem Schwall, durchsetzt mit kleineren Tieren, ergießen sich aus dem Himmel, eine Gischt von Stoßzähnen und Hauern, eingehüllt von blutigem Dunst, in dem die Sonne höhnisch einen falschen Regenbogen aufscheinen läßt. Oder ein solcher Erguß war in Begriffen planetarischer Emotionen die Serenade einer anderen Welt an diese Erde. Wenn Poesie mit Bildern arbeitet, und wenn ein Strom von Bildern verdichtete Poesie ist, dann war ein solcher Vortrag eine dreidimensionale Übertreibung, die vermutlich gesehen oder gehört und auf dem Mars kritisiert und auf dem Jupiter für ihre Extravaganz verurteilt wurde. Eine andere Welt, die diese Erde traf, wucherte mit massigen Bildern und brachte lebendige Metaphern hervor: sie sang eine Flut von Mastodonten, schnurrte Schmetterlinge, bellte inbrünstig Büffel. Sie segelte davon – schlich sich an den Planeten Venus an, murmelte ihre Antilopen oder machte einen Buckel und bespuckte Venus mit Pferden –

Arme, heruntergekommene Zeiten – heutzutage kommt etwas nahe an die Erde heran und lispelt ihr lediglich kleine Alltäglichkeiten ins Ohr –

31. Juli 1921 – ein Schauer kleiner Frösche kam in der Nähe von Stirling, Connecticut, auf Anton Wagners Farm herunter (*New York Evening World*, 1. August 1921).

Bei Sonnenuntergang des 7. August 1921 wurde am Mt. Hamilton in der Nähe der Sonne ein leuchtendes Objekt beobachtet: von einem Astronomen namens Dr. Campbell und von einem, der eines Tages vielleicht ausziehen und den Fuß in Gefilde setzen wird, die es nicht geben dürfte: von dem Flieger Captain Rickenbacker[14]. In *English Mechanic*, 114-211, führt Colonel Markwick, ein weiterer Schauspieler in diesen flimmernden Ausblicken auf das kommende Drama der Extra-Geographie, ein konventioneller Astronom und zugleich ein Sammler selt-

[14] Vermutlich Edward Vernon (»Eddie«) Rickenbacker (1890–1973), der amerikanische Fliegerheld.

samer Dinge, weitere Beobachtungen über dieses Objekt auf; die früheste ist vom 6. August und stammt von Dr. Emmert aus Detroit.

H. P. Hollis, einst köstlich »exakt« und von sich überzeugt, läßt zu diesen Beobachtungen einen Kommentar verlauten, der wie eine kleine Schwäche des Exklusionismus wirkt, weil die alte Sicherheit ein wenig zu bröckeln scheint – »daß es mehr wundervolle Dinge am Himmel gibt, als wir vermuten, oder daß es leicht ist, sich selbst zu täuschen«.

Es ist seltsam, von einem »Erdbeben« zu lesen, das in technischen Begriffen beschrieben wird, und ein Datum zu betrachten, das darauf hinweist, daß es überhaupt kein Erdbeben im üblichen seismologischen Sinne war, sondern die Erschütterung nach einer Explosion am Himmel. 7. August 1921 – eine heftige Erschütterung in New Canton, Virginia. Siehe *Bulletin of the Seismological Society of America*, 11-197 – Professor Stephen Taber erklärt, daß die Erschütterung wahrscheinlich im Schiefergürtel des Buckingham County ihren Ursprung nahm. Die Stärke lag bei 5 auf der Richter-Skala. Aber dann heißt es, den »Fachleuten« vom McCormick Observatory zufolge sei die Erschütterung auf eine Explosion am Himmel zurückzuführen.

Die Zeit wird kommen, da man an diesem Thema nichts Komisches mehr finden wird, wenn eines Tages zumindest Teile der Massen von Daten, die ich jetzt noch zurückhalte, akzeptiert werden, und wenn ich sie ausführlicher darlegen kann – daß nämlich einige der größten Katastrophen, die das Antlitz dieser Erde verwüstet haben, die Schläge von Explosionen am Himmel waren, die sich wochenlang und manchmal über Monate, oder mit Unterbrechungen über Jahrhunderte an einem örtlichen Himmel wiederholten, so daß man einen fixierten Ursprung über dem verwüsteten Sektor auf der Erde annehmen muß.

New York Tribune, 2. September 1921:

»J. C. Macbeth, der Londoner Geschäftsführer der Marconi Wireless Telegraph Society, Ltd., erzählte gestern anläßlich

eines Mittagessens im Rotary Club von New York vor mehreren hundert Gästen, Signor Marconi glaube, er habe, als er kürzlich an Bord seiner Jacht *Electra* im Mittelmeer atmosphärische Experimente mit drahtlosen Empfängern durchführte, Signale vom Mars aufgefangen. Mr. Macbeth sagte, Signor Marconi sei außerstande gewesen, eine andere Erklärung für die Tatsache zu finden, daß er während seiner Versuche magnetische Wellen mit einer Länge von 150000 Metern aufgefangen habe, wogegen die heute auf der Erde maximale erzeugbare Wellenlänge bei 14000 Metern liege. Die Regelmäßigkeit der Signale, erklärte Mr. Macbeth, spreche gegen jegliche Annahme, die Wellen könnten durch elektrische Störungen entstanden sein. Die Signale waren nicht zu entziffern, sie bestanden anscheinend aus einer Art Code, sagte der Redner, und das einzige erkennbare Signal habe dem Buchstaben V im Marconi-Code geähnelt. Siehe Aufzeichnung vom 19. Mai 1919.
Aber im Sommer des Jahres 1921 war der Planet Mars weit von der Opposition entfernt. Die magnetischen Schwingungen können auch von einer anderen Welt gekommen sein. Sie könnten vom gleichen Ausgangspunkt wie die Geräusche stammen, die in regelmäßigen Abständen gehört wurden –
Die San Salvadors am Himmel –
Und wir kehren zum Prinzip zurück, das uns in unserer Überzeugung stets bestärkt hat: nämlich daß die Existenz eine unendliche Serienbildung ist, und daß sie sich, außer in den Einzelheiten, wiederholt –
Daß der Punkt, der am 4. März 1493 westlich von Lissabon am Horizont auftauchte, näher kam und größer wurde, nicht das einzige Schiff sein kann, das je beladen mit Neuigkeiten aus dem Unbekannten zurückgekommen ist –
Und es könnte irgendein Tag im September des Jahres 1920 oder 1930 oder so sein, oder ein Tag im Februar des Jahres 1920 oder 1930 oder so – und später, siehe die Angaben dazu in *English Mechanic* oder *Scientific American*, dieser Band und diese oder jene Seite – ein Fleck am Himmel oder auf der Erde – jemand kehrt von einem San Salvador am Himmel zurück –

und die Verleugnung durch den Himmel selbst, der mit Explosionen auf das Geschrei drunten oder auf die falschen Berechnungen seiner Entferntheit reagiert. Wenn der Himmel sich nicht mit Schnee beteiligt, dann werden die Wolkenkratzer Papierschnipsel und Konfetti auf die heimgekehrten Entdecker regnen lassen, oder Hemden und Röcke, wenn ihnen das Papier ausgeht.

Es wird eine Prozession geben. Jemand wird kleine schwarze Steinchen in die Menge werfen. Über seiner Prozession werden blau gesäumte Cupidos fliegen. Später wird er beleidigt und beschimpft und schließlich zu Tode gehetzt. Aber in dieser Prozession wird er ein unverschämtes Wesen am Nasenring heranführen – ein Wesen, das es eigentlich gar nicht geben dürfte: ungefähr zehn Fuß lang und mit kurzen Flügeln –, das auf Schwimmhäuten dahergewatschelt kommt. Beleidigung und Beschimpfung und Tod – er wird die Finger unter der Nase des unverschämten Wesens schnippen. Es wird viel wert sein, so ein Wesen an der Nase zu führen und zu zeigen, daß dergleichen am Himmel gesehen wurde, auch wenn man sie früher für Engel hielt. Es wird ein großer Moment für jemand sein. Er wird nach New York zurückkehren und mit seinem Engel den Broadway hinaufmarschieren.

Irgendein heute noch unbekannter de Soto dieser Erde wird den Vater der Wolkenbrüche mit eigenen Augen sehen.[15]

Ein großer Balboa, vorerst nur sich selbst bekannt, wird zwischen zwei Nordlicht-Meeren auf einem Bergrücken am Himmel stehen.

Brunnen der Ewigen Herausforderung.

Schiffe in Kiellinie und Pöbelhaufen einzelner Abenteurer. Man kann gut sagen, daß sie wie Samen am Himmel sind. Von solcher Art sind die Keime zukünftiger Kolonien.

[15] Hernando (oder Fernando) de Soto (ca. 1500–1542). Spanischer Entdecker. Entdeckte 1541 den Mississippi, den »Vater der Flüsse«.

KAPITEL 37

Daß das Geo-System ein bebrüteter Organismus ist, dessen Kern die Erde ist – aber ein Organismus, der so stark von eigenen Bedingungen und Zügen charakterisiert ist, daß ein Vergleich mit irgendeinem Objekt in seinem Innern der Interpretation eines Dings anhand seiner Bestandteile entspräche – so daß wir uns einen Organismus vorstellen, der unvollständig oder auf absurde Weise unzulänglich in Begriffen des Ei-ähnlichen oder des Larvenhaften oder anderer Formen des Unreifen ausdrückbar ist – ein System mit der Erde als Kern, das vom Draußen ebenso abhängt wie auf die eine oder andere Weise jedes ähnliche aber kleinere und eingeschlossene Ding – stimuliert von Kraftströmen, die man heute als meteorisch bezeichnet, auch wenn viele sogenannte »meteorische« Ströme eher elektrischer Natur zu sein scheinen, die durch Nabelschnur-Kanäle von seinen Sternbildern übertragen werden – vitalisiert von seiner Sonne, die ihrerseits von Kometen gespeist wird, welche von äußeren Kraftquellen herkommen, der Sonne ihre Fracht abliefern und, unbeeinflußt von der Gravitation, zu einer äußeren Existenz zurückkehren, wobei einige von ihnen sogar die Sonne berühren, ohne aber der angeblichen Anziehungskraft der Sonne anheimzufallen.

Genaugenommen geben wir die Doktrin der Evolution auf. Wir stellen uns eine super-embryonische Entwicklung in einem geschlossenen System vor. Wir stellen uns einen allem zugrunde liegenden Bauplan vor, der sich in allen Dingen in diesem einen System manifestiert, wobei der Höchste Planer ausgespart wird, weil wir uns keine planende Kraft vorstellen können, die nicht ihrerseits das Produkt einer noch ferneren Planung wäre. In Begriffen unserer eigenen Erfahrung können wir uns einen letzten

Planer so wenig vorstellen, wie wir uns etwas absolut Letztes in anderer Hinsicht vorzustellen vermögen. Aber wir diskutieren über ein System, das unserer Ansicht nach keine endgültige Größe ist; und deshalb ist dafür keine metaphysische Sichtweise notwendig.

Ich weise darauf hin, daß diese unsere Ansicht nicht der Beruhigung und dem Trost von Reaktionären wie beispielsweise Colonel W. J. Bryan dienen soll: sie ist nicht ganz und gar antidarwinistisch: das Konzept der Entwicklung ersetzt das Konzept der Evolution, aber wir akzeptieren den Prozeß der Selektion, nicht aufgrund dessen, was im weitesten Sinne als Umwelt bezeichnet wird, sondern im Verhältnis zu einem tieferen Fahrplan und Bauplan, der vorbestimmt ist und gewissermaßen auch überwacht wird, allerdings von nichts, das wir uns in anthropomorphischen Begriffen vorstellen könnten.

Ich definiere, was ich in der Entwicklung jedes embryonischen Dings mit dem dynamischen Entwurf meine: ein vorbestimmter oder nicht zufälliger oder nicht verantwortungsloser Weg entsprechend einem Fahrplan verschiedener Phasen, der seinen Höhepunkt in der Vereinigung zahlreicher Bestandteile findet. Einige Aspekte dieses Prozesses sind die gleichzeitig vorhandenen Varianten der Teile, die der jeweiligen Bestimmung entsprechend und nicht etwa unabhängig auftreten, da sich die Teile auf ihr zukünftiges Zusammenwirken und letztendliches Funktionieren vorzubereiten haben; und ihr Überleben, während sie noch im Entstehen begriffen sind, beruht nicht darauf, daß sie relativ zur zeitgenössischen Umgebung die tüchtigsten wären, also nicht auf Nützlichkeit oder Vorteilen in der Gegenwart, zumal sie anfänglich nicht bloß funktionslos sind, sondern sich sogar im Konflikt mit etablierten Beziehungen befinden; sondern sie überleben, weil sie in Harmonie mit dem dynamischen Plan des ganzen Seins sind: und aufgrund der Anwesenheit von Kräften, die unterdrücken oder behindern, sowie von Kräften, die anregen und schützen, so daß Teile zurückgehalten werden oder sich nicht entwickeln dürfen, bevor ihre Zeit gekommen ist.

Wenn wir akzeptieren, daß diese Umstände der embryonischen

Entwicklung die Umstände aller umfassenderen Entwicklungen innerhalb eines geschlossenen Systems sind, dann muß die Doktrin der Darwinschen Evolution, soweit sie allgemein angewendet wird, unserer Ansicht nach durch die Annahme einer super-embryonischen Entwicklung ersetzt werden, und der unmodifizierte Darwinismus wird für uns zu einer der vielen Unzulänglichkeiten der Vergangenheit werden. Der Darwinismus beschäftigt sich mit den Anpassungen der Gegenwart und berücksichtigt den Part, den die Vergangenheit dabei spielte, aber im Darwinismus gibt es keinen Raum für den Einfluß der Zukunft auf die Gegenwart.

Betrachten Sie irgendeinen Teil eines embryonischen Dings – das Herz eines Embryos – und zuerst ist es nur ein Haufen von Zellen. Es wird überleben, und es wird in seiner funktionslosen Entstehungsphase genährt; auch wird ihm nicht erlaubt sein, ein voll entwickeltes Herz zu werden, ehe die vorbestimmte Zeit gekommen ist; die Umstände werden von dem dominiert, was es in der Zukunft sein wird. Das Auge eines Embryos ist ein noch besseres Beispiel.

Betrachten Sie irgend etwas von soziologischer Natur, das je herangewachsen ist: daß es nie eine Kunst, eine Wissenschaft, eine Religion, eine Erfindung gab, die nicht zuerst in Zwietracht mit der etablierten Welt gelegen hätte. Visionär und vorwitzig im Lichte späterer Maßstäbe wird so ein Ding, nutzlos während seiner Entstehung, behindert von den etablierten Kräften, so daß es anscheinend etwas gab, das animierend und schützend hinter ihm stand und es trotz seiner scheinbaren Untüchtigkeit aufgrund einer lediglich zukünftigen Nützlichkeit überleben ließ. Auch gibt es Daten, die für die Annahme sprechen, daß alle Dinge im größeren Sein zurückgehalten und beschützt und versorgt werden und sich nicht entwickeln dürfen, bevor nicht ihre Zeit gekommen ist.

Langleys[16] Flugmaschine läßt mich an etwas in dieser Art denken

[16] Samuel Pierpoint Langley (1834–1906). Amerikanischer Astronom und Flugpionier.

– daß diese Maschine zu früh kam; daß sie der Zeit des irdischen Fliegens ein wenig voraus war, und daß Langley deshalb nicht fliegen konnte. Aber seine Maschine war flugfähig, denn Curtiss hat sie ein paar Jahre später geflogen. So denkt man, daß die Gebrüder Wright Erfolg hatten, weil sie mit der vorbestimmten Zeit synchron waren. Ich habe gehört, es sei fraglich, ob Curtiss nicht doch Veränderungen an Langleys Flugapparat vorgenommen habe. Aber wir haben keinen Mangel an Beispielen. Eins der größten Geheimnisse, das man schließlich doch lüften konnte, war bereits seit ewigen Zeiten von allen Töpfen und Kesseln der Welt herausgesprudelt worden – aber es ist doch so, daß das Geheimnis der Dampfmaschine sich weder dem niedrigsten noch dem angeblich höchsten aller Intellekte mehr als schemenhaft offenbaren konnte, solange nicht die Zeit für seine Übereinstimmung mit den anderen Phänomenen und Erfordernissen des industriellen Zeitalters gekommen war.
Und Kohle, die in der Nähe der Erdoberfläche im Übermaß lagerte – und die Siedler, die Brennstoff brauchten und über Kohlelagern lebten, über Adern, die oft sogar frei an der Erdoberfläche lagen – aber, daß auch dieses Geheimnis offensichtlich nicht enthüllt werden konnte, solange die Industrialisierung noch nicht gekommen war. Dann tauchten der Bau von Fabriken, das Erfinden von Maschinen, der Abbau von Kohle und der Gebrauch des Wasserdampfes als Antriebskraft allesamt koordiniert in gleichzeitigen Variationen auf.
Die Küsten Nordamerikas – heute, da die Ehrfurcht vor früheren Zeiten doch gehörig nachgelassen hat, erzählen uns die Historiker, englischen und französischen Fischern sei die Küste Neufundlands durchaus schon vor dem Jahr 1492 bekannt gewesen; dennoch war sie der Welt allgemein nicht bekannt, und nach unseren Annahmen konnte sie das auch nicht sein. Im Jahre 1500 wurde eine portugiesische Flotte durch Stürme an die Küste Brasiliens getrieben und kehrte nach Europa zurück. Man sollte nun meinen, daß auch schon vor dem Jahre 1492 Schiffe auf diese Weise an die Küsten der westlichen Hemisphäre gefegt worden sein müssen, worauf sie zurückkehrten –

daß aber die Daten von Ländern im Westen sich nicht aus der Unterdrückung jener Zeit befreien konnten – daß diese Daten dennoch überlebten oder für zukünftigen Nutzen erhalten blieben – daß in etwas, das allen Dingen zugrunde liegt, die Worte »Du sollst nicht« eingemeißelt sind, die gelöscht werden, sobald die jeweiligen Phasen vorbei sind.
Wir stellen uns jetzt alle Gebäude – innerhalb eines geschlossenen Systems – in Begriffen eines embryonischen Aufbaus vor, und alle Verästelungen der Geschichte als örtliche Aspekte einer super-embryonischen Entwicklung. Zellen eines Embryos bauen sich in dem Sinne falsch und vergeblich auf, daß das, was sie bauen, nur vorübergehend von Bedeutung und später nicht mehr angepaßt sein wird. Wenn es aber Bedingungen gibt, die dazu führen, daß aufeinanderfolgende Stufen durchlaufen werden müssen, bevor der Reifezustand erreicht ist, dann kommen wir zu der Ansicht, daß auch das Falsche und Vergebliche eine Funktion hat, in welchem Falle diese Begriffe nicht als Herabsetzung benutzt werden sollten.
Wir sehen, daß die Zellen, die wachsen, keine eigene Grundlage haben, daß es für ihre Verbände keinen Grund und keine eigene Notwendigkeit gibt, weil sie in anderen Verbänden ebenfalls recht gut gedeihen. Wir sehen, daß sie keine Grundlage und keine eigene Anleitung brauchen, weil Grundlage und Anleitung im Wesen des Ganzen liegen. Alle sind Reaktionen oder Bezugsgrößen in einer Abfolge von Kommandos, oder von dominanten, leitenden, überwachenden Geistern verschiedener Zeitalter: daß sie Erscheinungsformen annehmen, die mit der allgemeinen Entwicklungsphase in Übereinstimmung sind und sich verändern, wenn ein Reiz sie anregt, mit der reptilischen Ära in Übereinstimmung zu sein, und abermals harmonisch reagieren, wenn die Säugetier-Ära kommt. Es stimmt mit unseren Erfahrungen überein, daß das menschliche Bewußtsein in der Wissenschaft, in der Religion oder in der Philosophie noch nie einen grundlegenden Gedanken formuliert oder ein letztes wahres Gesetz oder Prinzip oder eine Grundannahme formuliert hat, aus welcher sich eine Anleitung zum Handeln

ableiten ließe. Wenn irgendein Gedanke wahr und endgültig wäre, dann würde er das Gefolgerte einschließen.
Wir stellen uns trotzdem vor, daß es eine Anleitung gab, sobald wir daran denken, daß Menschen Zellverbände in einem einzigen sich entwickelnden Organismus sind; und daß der menschliche Geist eine eigene Grundlage so wenig braucht wie die sub-embryonischen Zellen, die im Vorgriff auf die Maßstäbe späteren Wachstums sinnwidrig aufgebaut werden, und die dennoch aufgebaut werden, wie es der Anleitung entspricht. In dieser Hinsicht ist die menschliche Vernunft ein Tropismus oder eine Reaktion auf einen Reiz, und der Gebrauch der Vernunft entspricht dem empirischen Herumprobieren eines primitiven Einzellers oder ist einer Empfänglichkeit für tiefere Anforderungen gleichzusetzen, einem Tasten, das zu allen möglichen Verformungen führt, bis die Anpassung an die tieferen Erfordernisse erreicht ist. So gesehen, mag es zwar beispielsweise keine Atome im Daltonschen Sinne geben, aber wenn im Dienste einer sich aufbauenden Wissenschaft die falsche Doktrin der Atome gebraucht wird, dann handelt ein Bewußtsein, das darauf reagiert – vielleicht nicht auf Reize, sondern auf Erfordernisse, die ein negativer Reiz zu sein scheinen – und sich Atome vorstellt, angepaßt und erreicht den Zustand, den wir als Erfolg bezeichnen. Ich selbst akzeptiere, daß es vielleicht eine Letzte Wahrheit gibt, und daß man sie erreichen kann, aber nie durch eine Dienstleistung für irgendeine Wissenschaft oder Nation oder Welt, die örtlich begrenzt oder spezialisiert ist.
Wir sind der Ansicht, daß vorübergehende Isolation für das embryonische und das super-embryonische Wachstum so kennzeichnend ist, wie es Expansion und Koordination sind. Örtliche Entwicklungszentren in einem Ei – sie sind isoliert, ehe ihnen der Versuch von Beziehungen vorgezeichnet ist. Oder in einem größeren Sein – eine Hemisphäre ist von der anderen, eine Nation von der anderen isoliert – dann brechen die Barrieren nieder – das Auftauchen Japans gleichsam aus dem Unbekannten – Fäden eines militärischen Plasmas werden von den Vereinigten Staaten aus über einen Ozean gesponnen.

Lichtkegel, die die Dunkelheit in der Nähe von Planeten durchbrachen - und etwas wie ein Stern leuchtet im Mondkrater Aristarchus. Ein embryonischer Himmel, der geträumt hat - und daß seine Bilder eines Tages Wirklichkeit werden. Geräusche und Pausen; Geräusche und die gleichen Pausen; abermals Geräusche - daß es einen alles umfassenden Organismus gibt, und daß wir seinen Pulsschlag gehört haben.

KAPITEL 38

7. Februar 1922 – eine »erschreckend laute« Explosion am Himmel über der nordwestlichen Spitze des Londoner Dreiecks (*Nature*, 23. Februar 1922).
Sich wiederholende Phänomene an einem örtlichen Himmel – in *L'Astronomie*, 36-201, heißt es, am 15. Februar 1922 habe man in Orsay (Seine-et-Oise) eine Detonation am Himmel gehört, und neun Stunden später sei noch einmal ein ähnliches Geräusch zu hören gewesen. Es seien Lichter am Himmel beobachtet worden. Es wird berichtet, daß 10 Nächte später in Verneul in der Nachbarprovinz Oise ein großer, feuriger Klumpen beobachtet wurde, der vom Himmel fiel.
12. März 1922 – Steine, die drei Wochen lang in Chico, einer Stadt in einem »Erdbebengebiet« in Kalifornien, »aus den Wolken« gefallen sind (*New York Times*, 12. März 1922). Große, glatte Steine, die »direkt aus den Wolken zu kommen schienen«.
Im *San Francisco Chronicle*, in Ausgaben zwischen dem 12. und dem 18. März – Mr. Maynard Shipley, Autor und Lehrer für wissenschaftliche Themen, soweit es überhaupt solche Themen gibt, schickte mir die Ausschnitte – finden wir Berichte über Steine, die vier Monate lang in Chico regelmäßig vom Himmel gefallen und fast immer auf den Dächern zweier benachbarter Lagerhäuser gelandet waren. Aber einmal kamen sie drei Blocks entfernt herunter: »Ein Schauer von ovalen Steinen«; »ein schwerer Schauer von warmen Steinen«. *San Francisco Call*, 16. März – »warme Steine«. Es heißt, eine Menschenmenge habe sich gesammelt, und am 17. März sei eine »Sintflut« von Steinen auf eine Menge gefallen und habe einen Menschen verletzt. Die Polizei »durchkämmte« die

ganze Umgebung: Die einzige Erklärung, mit der man aufwarten konnte, war, daß jemand Steine aus einem Katapult verschossen haben mußte. Eine Person geriet in Verdacht, aber am 14. März fiel ein Stein, als der Betreffende nachweislich nicht in der Nähe war.

Die Umstände deuten auf eine Quelle dieser Steine. Sie verharrte stationär am Himmel über der Stadt Chico.

Am 1. Januar 1922 wurde Marshal J. A. Peck aus Chico auf die Phänomene aufmerksam gemacht. Nach mehr als zweimonatigen Ermittlungen sagte er (*San Francisco Examiner*, 14. März 1922): »Ich konnte im Laufe meiner Ermittlungen niemand finden, der die Angelegenheit hätte aufklären können. Mehrmals hörte und sah ich die Steine selbst. Ich glaube, jemand mit einer Art von Maschine ist der Urheber.«

Professor C. K. Studley, der Vizepräsident des Teacher's College in Chico wird im *Examiner* folgendermaßen zitiert:

»Einige der Steine sind so groß, daß sie nicht auf normale Weise geworfen werden konnten. Einer der Brocken wiegt 16 Unzen. Sie sind auch nicht meteorischen Ursprungs, wie angedeutet wurde, weil zwei von ihnen Spuren von Zement aufweisen, der natürlicher oder künstlicher Natur sein mag, und weil bisher kein meteorischer Faktor je mit einer Zementfabrik in Verbindung gebracht worden ist.«

Vor langer Zeit einmal vermuteten Dogmatiker, versicherten und erklärten manchmal sogar aufgebracht, daß alle Steine, die vom Himmel fielen, aus »echtem meteorischem Material« zu sein hätten. Diese Zeit gehört inzwischen der Vergangenheit an. Siehe *Nature*, 105-759 – eine Beschreibung von zwei einander unähnlichen Steinen, die aneinander zementiert am 9. April 1919 in Cumberland Falls, Kentucky, gesehen wurden, als sie vom Himmel fielen.

Miriam Allen de Ford (Postfach 573, San Francisco, Kalifornien – siehe auch den *Readers' Guide*) hat mir einen Bericht über ihre eigenen Beobachtungen geschickt. Etwa Mitte März 1922 befand sie sich in Chico und forschte nach. Sie besuchte den Ort, an dem die Steine heruntergekommen waren; sie diskutierte mit Leuten, die sich in der Menschenansammlung befunden hatten. »Während ich mich mit einigen Passanten unterhielt, blickte ich nach oben zum wolkenlosen Himmel und sah plötzlich einen Stein gerade herunterfallen, als wäre er sichtbar geworden, sobald er nahe genug war. Der Stein schlug mit einem Knall auf ein Hausdach, prallte ab und fiel auf den Weg neben dem Lagerhaus, wo ich ihn aber nicht finden konnte.« – »Ich erfuhr, daß die Steine bereits seit Juli 1921 gefallen waren, auch wenn es erst im November Aufsehen gab.«

Es gab noch andere Phänomene in Chico. In der *New York Times* vom 2. September 1878 lesen wir, daß nach Angaben des *Chico Record* am 20. August 1878 in Chico eine große Zahl kleiner Fische vom Himmel gefallen sei. Sie hätten das Dach eines Ladens bedeckt und seien in einem mehrere Morgen großen Gebiet auf den Straßen gelandet. Die vielleicht wichtigste Beobachtung ist die, daß sie aus wolkenlosem Himmel gefallen waren. Mehrere Ereignisse werden von Dr. Holden in seinem Katalog als Erdbeben geführt; aber die Detonationen, die am 2. Januar 1887 in Oroville, einer Nachbarstadt von Chico, gehört wurden, ereigneten sich nach der *Monthly Weather Review*, 1887-24, am Himmel. In der Nacht vom 5. auf den 6. März 1885 fiel nach Angaben des *Chico Chronicle* in der Nähe von Chico ein großes Objekt aus sehr hartem Material, das mehrere Tonnen wog, vom Himmel (*Monthly Weather Review*, März, 1885). Im Jahre 1893 wurde in Oroville ein eisernes Objekt, das man für einen Meteoriten hielt, gefunden (*Memoirs of the National Academy of Science*, 13-345).

Meine eigenen Vorstellungen gehen dahin, daß es ein Land über der Stadt Chico gibt, das nicht weit entfernt sein kann, weil ja Objekte von dort auf einen eng begrenzten Bereich herunterfallen können; oder daß es weit entfernt und deshalb unsichtbar ein Land gibt, von dem Objekte in einem besonderen Strom zu einem sehr kleinen Teil der Erdoberfläche getragen wurden. Wer einen Bericht über die Steine lesen möchte, die im Dezember 1842 in Livet, Frankreich, gleichmäßig mehrere

Tage lang vom Himmel fielen, was sehr deutlich auf einen Strom oder ein besonderes Kraftfeld hinweist, der kann die Londoner *Times* vom 13. Januar 1843 zur Hand nehmen. Es gibt noch mehr solcher Ereignisse. Absurderweise hielt man sie, wenn man sie überhaupt zur Kenntnis nahm, für übersinnliche Phänomene. Ich stelle mir vor, daß diese Ereignisse nicht übersinnlicher sind als die Ankunft von Samen aus Westindien an der englischen Küste. Steine, die in der Nähe des Pantheon in Paris im Januar 1849 drei Wochen lang vom Himmel fielen – siehe Dr. Wallaces *Miracles and Modern Spiritualism*, S. 284. Ich habe in diesem Buch mehrmals versucht, vernünftig zu bleiben. Ich habe gefragt, worauf sonst solche sich wiederholenden Phänomene an einem örtlichen Himmel hinweisen sollen, wenn nicht auf einen fixierten Ursprung am Himmel. Und wenn solche Ereignisse, die von vielen Daten auf anderen Gebieten gestützt werden, nicht auf die stationäre Position der Erde hinweisen, über der nicht weit entfernt neue Länder liegen – dann sage mir einer, was das alles zu bedeuten hat. Die fallenden Steine von Chico – Neuland am Himmel – oder was?

Boston Transcript, 21. März 1922 – der Ausschnitt wurde mir von Mr. J. David Stern geschickt, dem Herausgeber des *Camden Daily Courier* (New Jersey) –

»Genf, 21. März – während eines schweren Schneesturms in den Alpen regneten kürzlich Tausende von exotischen Insekten, die Spinnen, Raupen und großen Ameisen ähnelten, auf die Hänge herab und verendeten rasch. Naturforscher aus der Gegend konnten das Phänomen nicht erklären, aber eine Theorie besagt, daß die Insekten mit dem Wind aus einer wärmeren Gegend herangeweht wurden.«

Der Niederschlag unbekannter Insekten bei einem Schneesturm ist nicht der Umstand, auf den ich die Aufmerksamkeit in erster Linie lenken möchte. Es ist bemerkenswert, daß ich Aufzeichnungen über ein halbes Dutzend ähnlicher Vorfälle in den Alpen habe, die sich meist um den 31. Januar ereigneten. Der verblüffendste Umstand ist, daß Insekten von verschiedenen Arten und mit unterschiedlichen spezifischen Gewichten zusammen herabfielen. Die konventionelle Erklärung lautet, daß ein Wind in weiter Ferne eine Vielzahl kleiner Objekte auflas und sie entsprechend ihrer spezifischen Gewichte voneinander trennte, so daß Zweige und Gräser an einem Ort fielen, der Staub an einem anderen, die Kiesel wieder woanders und die Insekten noch weiter entfernt. Das wäre eine sehr schöne Trennung. Bei diesem Vorfall gab es keine sehr schöne Trennung. Ich vermute, dahinter steckt eher so etwas wie eine fehlgeleitete jahreszeitlich bedingte Wanderbewegung dieser Tiere in einer anderen Welt, die sich damals relativ zu den Alpen am örtlichen Himmel befand.

4. Mai 1922 – F. Burnerd entdeckte drei längliche Hügel im Mondkrater Archimedes. Siehe *English Mechanic*, 115-194, 218, 268, 278. Es schien fast so, als wären die Erhebungen erst kürzlich gebaut worden.

St. Thomas, Virgin Islands, 18. Mai 1922 (*Associated Press*) – Materiepartikel fielen unablässig über mehrere Tage. »Das Phänomen soll vulkanischen Ursprungs sein, aber alle Vulkane auf den Westindischen Inseln sind den Berichten zufolge ruhig.«

New York Tribune, 3. Juli 1922 – daß zum vierten Mal binnen eines Monats eine extrem große Menge Wasser oder ein »Wolkenbruch« aus dem örtlichen Himmel über Carbondale, Pennsylvania, herunterkam.

15. Oktober 1922 – eine große Menge einer weißen Substanz, die am Ufer des Lake Michigan in der Nähe von Chicago herunterregnete. Sie fiel auf die Kleidung von Hunderten von Menschen, sie fiel auf den Campus der Northwestern University, sie fiel wahrscheinlich auch auf das astronomische Observatorium der Universität. Mr. L. A. Hopkins, 111 West Jackson Boulevard, Chicago, einer unter diesen Hunderten oder Tausenden von Menschen, kam auf die Idee, etwas von dieser Substanz aufzusammeln. Er schickte mir eine Probe. Ich glaube, es sind Spinnweben, weil sie elastisch sind: wenn man sie verbrennt, schrumpeln sie wie brennende Haare oder Federn

zusammen, und der Geruch ist ähnlich. Aber es ist eine kräftige, zähe Substanz, die sich wie Baumwolle anfühlt, wenn man sie aufrollt. Der interessante Umstand scheint mir der zu sein, daß im Oktober öfter eine ähnliche Substanz auf die Erde gefallen ist, daß man aber nicht in irdischen Begriffen an die jahreszeitlichen Wanderungen fliegender Spinnen denken kann, weil die Schauer im Oktober in den Tropen und in Australien ebenso auftraten wie in den Vereinigten Staaten und in England. So denkt man an etwas Jahreszeitliches, aber etwas Jahreszeitliches im extra-terrestrischen Sinne. Siehe *Scientific Australian*, September 1916 – daß vom 5. Oktober bis zum 29. Oktober 1915 ein gewaltiger Niederschlag einer ähnlichen Substanz in einer Tausende von Quadratkilometern großen Region in Australien registriert wurde.

Immer wieder tauchen in Daten, die ich nur teilweise überprüft habe, Erklärungen auf, daß bei Zerstörungen, die in Chile gemeinhin als »Erdbeben« bezeichnet werden, der Himmel in Flammen gestanden habe, oder daß »seltsame Leuchterscheinungen« am Himmel beobachtet wurden. In *Bulletin of the Seismological Society of America* wurden beispielsweise einige dieser Schilderungen abgedruckt, jedoch mit der Erklärung vom Tisch gewischt, es handle sich dabei um Berichte von Laien.

Das letzte große Erdbeben in Chile – 1500 Tote wurden in einer Stadt in der Provinz Atacama »geborgen«. *New York Tribune*, 15. November 1922 – »Auch heute erschütterten wieder schwere Beben die Provinz Coquimbo und andere Gebiete, und seltsame Leuchterscheinungen wurden vor La Serena und Copiapo über dem Meer beobachtet.«

Zurück zum Crater Mountain, Arizona, für einen tiefen Eindruck – aber weitaus beeindruckender sind ähnliche Daten, die aus Orten wie Atacama und Copiapo in Chile kommen. Im Jahre 1845 verlas Monsieur Darlu aus Valparaiso vor der Académie Française eine Abhandlung, in der er versicherte, daß in der Atacama-Wüste, die bei Copiapo beginnt, Meteoriten in so großer Zahl auf dem Boden verstreut lägen, daß man bei jedem

Schritt über sie stolpere. Wenn die Objekte einst alle gleichzeitig auf dieses Erdbebengebiet heruntergekommen sind, dann haben wir hier einen weiteren Fall, in dem man an ein rein zufälliges Zusammentreffen von Phänomenen in der Luft und in der Erde denken mag. Wenn sie zu verschiedenen Zeiten fielen, dann deutet alles auf eine fixierte Beziehung zwischen diesem Teil von Chile und einem Zentrum irgendwo am Himmel hin, von dem Objekte herunterkommen, die man gemeinhin als »Meteoriten« bezeichnet, während dieser Teil Chiles gleichzeitig von Katastrophen heimgesucht und verwüstet wird, die man gemeinhin als »Erdbeben« bezeichnet. In *Science*, 14-434, finden wir einen Aufsatz zu diesem Thema. Dort wird die von Monsieur Darlu bezeugte Fülle meteorischen Materials in Frage gestellt: es heißt dort, daß nur dreizehn dieser Objekte der Wissenschaft bekannt seien. Aber nach den Beschreibungen sind vier von ihnen Steine oder Eisenerzbrocken, die sich nach Ansicht des Autors und nicht nur aufgrund meiner Interpretation so stark voneinander unterscheiden, daß sie zu verschiedenen Zeiten gefallen sein müssen. Dann werden neun weitere behandelt. Es sind Nickel-Eisen-Klumpen. Auch sie unterscheiden sich voneinander. So wird denn gesagt, daß diese dreizehn Objekte, die alle an einem Ort liegen, mit hinreichender Gewißheit die Produkte verschiedener Niederschläge waren.

Jenseits von Vorstellungen, die manchmal wie ein Fieberwahn anmuten mögen, biete ich – hinreichende Gewißheit –

Daß es irgendwo jenseits dieser Erde, vielleicht jenseits einer rotierenden Hülle, in welcher die benachbarten Sterne Öffnungen sind, stationäre Regionen gibt, denen bei vielen Gelegenheiten »Meteore« entsprungen sind, die manchmal auf katastrophale Weise beispielsweise über der Atacama-Wüste explodierten. Die Küsten Südamerikas bebten, und die Himmel standen in Flammen. Ein Widerhall am Himmel – der Ozean gebar Inseln. Zwischen Himmel und Erde über Chile gab es brennende Liebkosung von Zerstörung und Gemetzel und Pein –

Schweigen, das eine Verschwörung ist, um vergangene Ignoranz zu decken; das Schwachsinn ist oder die Ahnungslosigkeit einer tiefen Hypnose.

Hypnose –

Daß auch die Seismologen wie gewünscht funktioniert haben, um die Illusion von der Isolation dieser Erde zu wahren, und daß sie durch super-embryonische Prozesse hypnotisiert wurden, bis sie das Geheimnis vergaßen, das mit Feuerkaskaden vom Himmel verkündet wurde und das vom Blut vernichteter Völker in Büchern geraunt hat und in gewaltigen Ruinen verewigt ist.

REGISTER

Dieses Buch, einschließlich Vorsatzpapier
und Einband, wurde auf Recyclingpapier gedruckt,
das zu 100% aus Altpapier besteht. Das Kapitalband
und das Leseband wurden aus ungefärbter und
ungebleichter Baumwolle gefertigt.